スッキリわかる
サーブレット&JSP入門 第2版

国本大悟・著
株式会社 フレアリンク・監修

インプレス

本書をスムーズに読み進めるためのコツ！

・本書掲載の主要なソースコードは書籍サイトからダウンロード可能です。また、解説中に登場するツールの導入手順については**特設サイト「sukkiri.jp」**で解説していますので御参照ください（詳細はP11参照）。

・「ちゃんと打ち込んでいるのにうまくいかない」「なぜか警告が出る」などの問題が起きましたら、まずは、陥りやすいエラーや落とし穴をまとめた**巻末付録「エラー解決・虎の巻」**（P455）をご確認いただくと、解決できる場合があります。

本書の内容については正確な記述につとめましたが、著者、株式会社インプレスは本書の内容に一切責任を負いかねますので、あらかじめご了承ください。

OracleとJavaは、Oracle Corporation及びその子会社、関連会社の米国及びその他の国における登録商標です。文中の社名、商品名等は各社の商標または登録商標である場合があります。

本書に掲載している会社名や製品名、サービス名は、各社の商標または登録商標です。本文中に、TMおよび ® は明記していません。

インプレスの書籍ホームページ

書籍の新刊や正誤表など最新情報を随時更新しております。

https://book.impress.co.jp/

まえがき

著者は新入社員をはじめ多くのエンジニアの方々の「サーブレット／JSP」の学習を10年近くお手伝いさせていただきました。しかし、すべての方が学習を順調に進めることができたわけではありません。なかなか思うように学習が進まず苦悩する姿も目にしてきました。そのような姿を見てきて、なんとか学習を楽しくサポートできないものかと苦悩してきました。その結果生まれたのが本書です。執筆に際しては、特に以下の3点を意識しています。

1.「楽しく」学べる

サーブレット／JSP は Java の応用分野のためか、サーブレット／JSP 関係の本は解説が難しいものが多いです。本書は、『スッキリわかる Java 入門』シリーズで好評の親しみやすいイラストと柔らかい文章でしあげています。MVC モデルといった初心者がつまずきやすい分野も、楽しくマスターできると思います。

2.「ひとり」でも学べる

筆者はこれまでの研修を通じて、サーブレット／JSP の学習の難しさは文法ではなく、トラブルシューティングにあると感じています。研修ならばエラーが発生しても講師に質問して解決することができます。しかし、本での独習ではそうはいきません。そこで本書では、多くの若手エンジニアがよく起こしてしまうエラーやトラブルの例とそれらの解決方法をできるだけ多く盛り込み、ひとりでもトラブルシューティングができるようにしました。

3.「実務で役立つ」内容を学べる

サーブレット／JSP に関するすべての知識や技術を1冊の本にすることは非常に困難です。本書では、サーブレット／JSP の開発を行うプロジェクトに配属予定の方に向けて、配属前に学習しておくとよい内容を重点的に解説しています。また、ネット活用の日常化を鑑み、「必要になったら自力で言語仕様を調べればわかる詳細」の取り扱い優先度を下げています。

この第2版では最新の Java やサーブレットに対応し、より快適に読み進めていただけるよう、表記の仕方やデザイン面ほか多くの箇所をアップデートしました。本書を通じて、読者の皆様がサーブレット／JSP のおもしろさに出会い、ひいてはエンジニアへの第一歩を踏み出すお手伝いができれば、著者としてこれ以上の喜びはありません。

著者

【謝辞】

本書の企画から発売まで多くのアドバイスとご支援をいただいた株式会社フレアリンクの中山清喬様、飯田理恵子様、インプレス編集部、シリーズ立ち上げに尽力いただいた樋田様、イラストを担当してくださった高田様、私に教え方を教えてくれた教え子の皆さん、応援してくれた家族、その他この本に直接的、間接的に関わったすべての皆さまに心より感謝申し上げます。

本書の見方

本書には、理解の助けとなるさまざまな用意があります。押さえるべき重要なポイントや覚えておくと便利なトピックなどを要所要所に楽しいデザインで盛り込みました。読み進める際にぜひ活用してください。

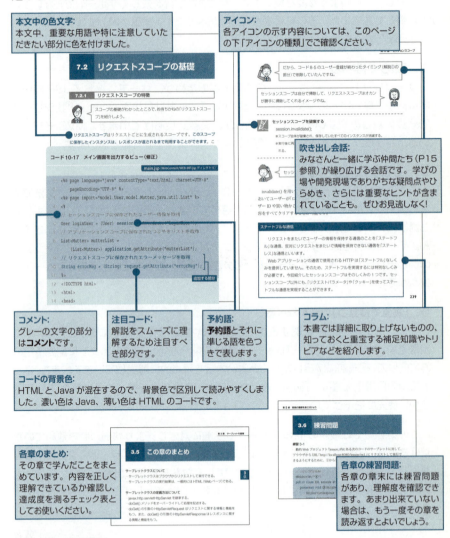

本文中の色文字：
本文中、重要な用語や特に注意していただきたい部分に色を付けました。

アイコン：
各アイコンの示す内容については、このページの下「アイコンの種類」でご確認ください。

コメント：
グレーの文字の部分は**コメント**です。

注目コード：
解説をスムーズに理解するため注目すべき部分です。

予約語：
予約語とそれに準じる語を色つきで表します。

吹き出し会話：
みなさんと一緒に学ぶ仲間たち（P15参照）が繰り広げる会話です。学びの場や開発現場でありがちな疑問点やひらめき、さらには重要なヒントが含まれていることも。ぜひお見逃しなく！

コラム：
本書では詳細に取り上げないものの、知っておくと重宝する補足知識やトリビアなどを紹介します。

コードの背景色：
HTML と Java が混在するので、背景色で区別して読みやすくしました。濃い色は Java、薄い色は HTML のコードです。

各章のまとめ：
その章で学んだことをまとめています。内容を正しく理解できているか確認し、達成度を測るチェック表としてお使いください。

各章の練習問題：
各章の章末には練習問題があり、理解度を確認できます。あまり出来ていない場合は、もう一度その章を読み返すとよいでしょう。

アイコンの種類

構文紹介：
構文の記述ルールと文法上の留意点などを紹介します。

ポイント紹介：
本文における解説で、特に重要なポイントをまとめています。

CONTENTS

まえがき ·· 3
本書の見方 ··· 4

第0章　サーブレット/JSP を学ぶにあたって ········ 13

  0.1 Web アプリケーション開発を学ぼう ················ 14

　Web のしくみを知ろう

第1章　HTML と Web ページ ······························· 21

  1.1 Web ページと HTML ·· 22
  1.2 HTML の基本文法 ·· 27
  1.3 Web ページの作成 ·· 33
  1.4 HTML リファレンス ·· 43
  1.5 この章のまとめ ·· 46
  1.6 練習問題 ·· 47
  1.7 練習問題の解答 ·· 48

CONTENTS

第2章　Webのしくみ ··· 51

2.1　Webページの公開 ··· 52
2.2　Webを支える通信のしくみ ································· 54
2.3　Webアプリケーションのしくみ ························· 59
2.4　開発の準備をしよう ·· 65
2.5　開発環境を体験する ·· 68
2.6　この章のまとめ ··· 75
2.7　練習問題 ··· 76
2.8　練習問題の解答 ··· 77

第 II 部　開発の基礎を身に付けよう

第3章　サーブレットの基礎 ······························· 81

3.1　サーブレットの基礎と作成方法 ························· 82
3.2　サーブレットクラスの実行方法 ························· 88
3.3　サーブレットクラスを作成して実行する ············ 93
3.4　サーブレットの注意事項 ··································· 98
3.5　この章のまとめ ··· 103
3.6　練習問題 ··· 104
3.7　練習問題の解答 ··· 105

第4章　JSPの基本 ··· 107

4.1　JSPの基本 ·· 108
4.2　JSPの構成要素 ·· 112

4.3	JSP ファイルの実行方法	119
4.4	JSP ファイルを作成して実行する	121
4.5	この章のまとめ	126
4.6	練習問題	127
4.7	練習問題の解答	128

第5章 フォーム　129

5.1	フォームの基本	130
5.2	リクエストパラメータの取得	141
5.3	フォームを使ったプログラムの作成	147
5.4	リクエストパラメータの応用	154
5.5	この章のまとめ	156
5.6	練習問題	157
5.7	練習問題の解答	159

第Ⅲ部　本格的な開発を始めよう

第6章 MVC モデルと処理の遷移　163

6.1	MVC モデル	164
6.2	処理の転送	169
6.3	この章のまとめ	184
6.4	練習問題	185
6.5	練習問題の解答	186

CONTENTS

第7章　リクエストスコープ ································ 187

7.1	スコープの基本 ································	188
7.2	リクエストスコープの基礎 ····················	196
7.3	リクエストスコープを使ったプログラムの作成 ···	200
7.4	リクエストスコープの注意点 ····················	209
7.5	この章のまとめ ································	212
7.6	練習問題 ································	213
7.7	練習問題の解答 ································	215

第8章　セッションスコープ ································ 217

8.1	セッションスコープの基礎 ····················	218
8.2	セッションスコープを使ったプログラムの作成 ···	223
8.3	セッションスコープのしくみ ····················	234
8.4	セッションスコープの注意点 ····················	237
8.5	この章のまとめ ································	241
8.6	練習問題 ································	242
8.7	練習問題の解答 ································	243

第9章　アプリケーションスコープ ················ 245

9.1	アプリケーションスコープの基本 ················	246
9.2	アプリケーションスコープを使ったプログラムの作成 ································	252
9.3	アプリケーションスコープの注意点 ············	259
9.4	スコープの比較 ································	261
9.5	この章のまとめ ································	262

9.6　練習問題 ……………………………………………… 263
9.7　練習問題の解答 ……………………………………… 264

第10章　アプリケーション作成 …………………………… 267

10.1　作成するアプリケーションの機能と動作 ………… 268
10.2　開発の準備 …………………………………………… 271
10.3　ログイン機能を作成する …………………………… 276
10.4　メイン画面を表示する ……………………………… 282
10.5　ログアウト機能を作成する ………………………… 289
10.6　投稿と閲覧の機能を作成する ……………………… 293
10.7　エラーメッセージの表示機能を追加する ………… 301
10.8　この章のまとめ ……………………………………… 307

応用的な知識を深めよう

第11章　サーブレットクラスの実行のしくみとフィルタ …………………………………………… 311

11.1　サーブレットクラス実行のしくみ ………………… 312
11.2　リスナー ……………………………………………… 325
11.3　フィルタ ……………………………………………… 330
11.4　この章のまとめ ……………………………………… 337
11.5　練習問題 ……………………………………………… 338
11.6　練習問題の解答 ……………………………………… 339

CONTENTS

第12章　アクションタグと EL 式 ……………… 341

12.1　インクルードと標準アクションタグ ……………… 342
12.2　EL 式 ……………………………………………… 351
12.3　JSTL …………………………………………………… 360
12.4　この章のまとめ …………………………………… 371
12.5　練習問題 …………………………………………… 372
12.6　練習問題の解答 …………………………………… 373

第13章　JDBC プログラムと DAO パターン ……… 375

13.1　データベースと JDBC プログラム ……………… 376
13.2　DAO パターン ……………………………………… 385
13.3　どこつぶでデータベースを利用する …………… 396
13.4　この章のまとめ …………………………………… 407
13.5　練習問題 …………………………………………… 408
13.6　練習問題の解答 …………………………………… 409

第 V 部　設計手法を身に付けよう

第14章　Web アプリケーションの設計 ……………… 413

14.1　Web アプリケーションの設計とは ……………… 414
14.2　プログラムを完成させる ………………………… 429
14.3　この章のまとめ …………………………………… 448

付録 A　使用するソフトウェアの操作手順 ·············· 449

A.1　各種手順について ···································· 450

付録 B　フォーム作成の注意点 ························· 451

B.1　フォームの作り方 ···································· 452

付録 C　エラー解決・虎の巻 ····························· 455

C.1　エラーとの上手な付き合い方 ················ 456
C.2　トラブルシューティング ························ 461

付録 D　補足 ······································· 485

D.1　Java EE の基礎知識 ···························· 486
D.2　Web アプリケーションとデプロイ ·············· 489
D.3　リクエスト先の指定方法 ······················ 495
D.4　本書のデータベース環境を構築 ·············· 499

索引 ··· 503

CONTENTS

COLUMN

DOCTYPE 宣言がない場合	32	Eclipse の内部ブラウザの変更	233
文字コード	35	ステートフルな通信	239
CSS と style 属性	45	セッションスコープと直列化	240
HTML5	49	データベース vs アプリケーションスコープ	246
HTTP のバージョン	55	コンテキスト	265
アプリケーションサーバソフトウェアの呼び方	63	ArrayList の基本的な使い方	270
Apache Tomcat	64	JSP ファイルのインスタンス化	314
ポート番号	71	スレッドとサーブレット	324
Web サーバとアプリケーションサーバの併用	74	サーブレットのバージョンにご用心	329
hoge、foo、bar の意味	77	JSP ファイルと HTML ファイルへの	
Web アプリケーションに関する設定の方法	92	フィルタ適用	336
JSP ファイルから作成される		JSP ファイルのバージョンにご用心	370
サーブレットクラスの場所	111	H2 Database	379
JSP コメントと HTML コメントの違い	118	デザインパターン	388
JSP の文法エラー	125	コネクションプーリング	395
リクエストメソッド	140	機能要件と非機能要件	416
正規表現	153	単体テストと JUnit	435
2 種類のモデル	184	sukkiri.jp	450
MVC モデルと分業	208	Java EE から Jakarta EE へ	487
リクエストとサーブレットクラスの対応	226		

本書掲載のソースコードのダウンロード方法

　本書に掲載している主要なソースコードは、下記の書籍サポート Web サイトからダウンロードすることができます。ぜひ学習に役立ててください。なお、P449 からの付録 A では、「スッキリわかるシリーズ」を中心とした情報サイト sukkiri.jp について紹介しています。

https://sukkiri.jp/books/sukkiri_servlet2

第0章

サーブレット/
JSPを
学ぶにあたって

インターネット環境の向上と拡大に伴い、アプリケーションの形態も変わりました。以前は利用者のコンピュータにインストールして利用する「デスクトップアプリケーション」が当たり前でしたが、今ではインストール不要かつブラウザで利用する「Webアプリケーション」が主流となりました。
本書では、プログラム言語JavaでWebアプリケーションを開発するための技術を学んでいきます。まずはその全体像と学習のロードマップを見てみましょう。

CONTENTS ●

0.1 Webアプリケーション開発を学ぼう

0.1 Web アプリケーション開発を学ぼう

0.1.1　インターネットと Web アプリケーション

　Web アプリケーションとは、Web のしくみを利用して動作するアプリケーションです。ホームページのようにインターネットなどのネットワークに公開されており、ブラウザを使って利用することができます。

　インターネット上にはさまざまなサービスが Web アプリケーションで提供されています。SNS、ショッピングサイト、インターネットバンキング、Wiki、ブログ、電子掲示板、Web 検索、Web メール、地図、乗換案内など、いまや日常生活に欠かせないものとなりました。企業でも、受発注、経理、顧客管理、営業支援などのシステムが Web アプリケーション化されています。

　このように Web アプリケーションが急激に広まった要因としては、インターネット接続環境の拡大と、タブレットやスマートフォンなどの手軽に接続できるデバイスの普及が挙げられます。「いつでもどこでも快適に Web アプリケーションが利用できる」環境は今後も進化を続け、Web アプリケーションの重要性はさらに高まっていくでしょう。

図 0-1　Web アプリケーションで提供されるさまざまなサービス

第 0 章　サーブレット/JSPを学ぶにあたって

しかし、実際にWebアプリケーションを作れるようになるには、**プログラム言語だけでなくWebページやサーバなどに関する幅広い知識が必要**となります。そのため敷居が高いと感じてしまう方が多いことは否めません。

そこで本書では、まず基礎をしっかりマスターすることを目的とし、一度に多くのことを解説しないよう心がけました。また、**よくあるミスやトラブルの解決に役立つ付録「虎の巻」も用意**しています。ぜひ学習に活用してください。

0.1.2　一緒に学ぶ仲間たち

本書でみなさんと一緒にWebアプリケーション開発を学ぶ2人と、彼らを指導する先輩を紹介しましょう。

朝香 あゆみ (25)
湊の同期で一緒にJavaの基礎を勉強した仲。

菅原 拓真 (32)
経験豊富なエンジニア。さまざまな開発のプロジェクトで頼りにされるエキスパート。開発のかたわら若手エンジニアの教育係もしており、湊と綾部のWebアプリケーション開発の教育も担当。結構お酒好き。

綾部 めぐみ (22)
入社1年目。関西出身で菅原の従妹。入社時にはJavaの基礎はすでにマスターしており新人研修では首席。ただ、まだ学生気分が抜けていない面もある。Webアプリケーションの開発経験はなく、湊と一緒に学習を命じられる。

湊 雄輔 (23)
入社2年目。入社まではプログラムの経験はなく、入社1年目にJavaのプログラミングや開発のことを菅原に学ぶ。お調子者だったが、2年目になり少しは落ち着いたようす。しかし相変わらず難しいことはちょっと苦手。

0.1.3　Webアプリケーション開発へのロードマップ

　これから私たちは、湊くんや綾部さんと一緒に、全5部14章を通じて、Webアプリケーション開発のための技術について学んでいきます。

　第I部「Webのしくみを知ろう」では、Webアプリケーションを開発する上で必要となるWebページやサーバといったWebのしくみについて学習します。この部ではHTMLという言語を使ってWebページを作成しますが、Java言語は使用しません。

　第II部「開発の基礎を身に付けよう」では、Java言語を用いたWebアプリケーション開発の基礎を学びます。特に、Webアプリケーション開発の中核となる2つの技術、サーブレットとJSPの基礎を、簡単なサンプルプログラムの作成を通してしっかり理解しましょう。

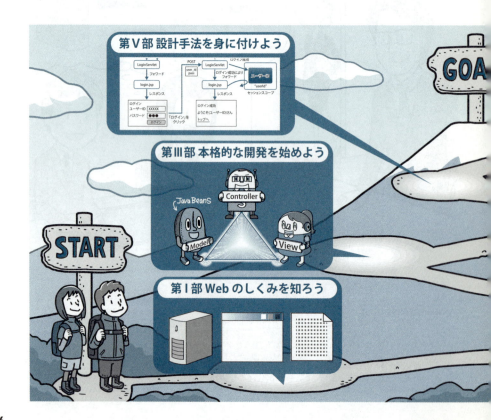

第III部「本格的な開発を始めよう」では、実用に耐える規模と複雑さをもつWebアプリケーションの開発に欠かせない基礎知識を学びます。部の終わりには、それまで身に付けた知識を使って、つぶやき投稿のWebアプリケーションを作成します。

　第IV部「応用的な知識を深めよう」ではWebアプリケーションの開発効率をさらに上げることができるだけでなく、より高度なWebアプリケーションの作成に役立つ、さまざまな応用知識を身に付けます。

　最後の第V部「設計手法を身に付けよう」では、文法やしくみではなく、自分が望むWebアプリケーションを作成するための方法や手順について学びます。業務の現場で使用するような本格的なものではありませんが、初学者にとって敷居が低く、実践しやすい設計手法を紹介します。ぜひ今後のWebアプリケーション開発に役立ててください。

第 I 部

Web のしくみを知ろう

第 1 章　HTML と Web ページ
第 2 章　Web のしくみ

Webページを作ってみよう

菅原さん、またよろしくお願いします。

兄さん、私もよろしく。

会社では「菅原さん」だぞ。ん？　湊くん、どうしたんだい？

僕、Javaも苦労したのに、Webアプリケーションってもっと難しそうだし、ついていけるか心配で…。

基礎からゆっくりやるから大丈夫だよ。楽しみながらやろう！

はい！　よろしくお願いします。

　第1部では、まず、Webアプリケーションの基礎となるWebのしくみを学習することから始めましょう。Webのしくみを知ると、Webページを作って世界に公開することができるようになります。ちょっとワクワクしませんか。ぜひ楽しみながら学習を進めてください。

第1章

HTMLと
Webページ

それではこれからWebアプリケーションの開発を勉強しましょう。初めの一歩は「HTML」です。これをマスターしないと何もできません。とはいえJavaに比べて難しく考える必要はなく、基本的な内容は簡単に習得できます。Webページを作ることを気軽に楽しみながら、学習していきましょう。

CONTENTS

1.1 Webページと HTML
1.2 HTMLの基本文法
1.3 Webページの作成
1.4 HTMLリファレンス
1.5 この章のまとめ
1.6 練習問題
1.7 練習問題の解答

1.1 WebページとHTML

1.1.1 Webアプリケーション開発の基礎知識

今日から2人にはWebアプリケーション開発を勉強してもらうよ。ブラウザで動くいろんなアプリケーションを作れるようになってもらうよ。

はい。

あ！ってことは、僕が毎日使ってるつぶやきアプリみたいなのも作れるようになるんですか！？

ああ、でも、すぐにプログラムに取りかかるわけじゃない。まずはWebページの作り方から始めよう。

Webページと Webアプリケーションって何か関係があるのですか？

もちろん関係あるよ。WebページはWebアプリケーションの画面になるんだからね。

　これから学習するWebアプリケーションはプログラム言語（本書ではJava）の知識だけで作ることはできません。特にWebページに関する知識は必須です。なぜなら、Webアプリケーションの画面は、Webページで作成されているからです。この章では、Javaのことはひとまず置いておき、まずはWebページを作成するために必要な知識を学習しましょう。

1.1.2　HTMLとブラウザ

Webページを作成するのに必要なものが2つあります。1つ目はHTML（HyperText Markup Language）です。HTMLは**Webページを記述する言語**です。

また新しい言語を覚えないといけないのか…。

Javaに比べたらとても簡単だよ。この章だけで文法の基礎はマスターできるからね。

2つ目が**ブラウザ**です。ブラウザは、**HTMLで作成された「Webページ」を表示**します。代表的なブラウザとして、「Microsoft Edge」「Google Chrome」「Mozilla Firefox」「Safari」があります。本書ではシェアが最も高いGoogle Chromeを使用していますが、使い慣れている他のブラウザを使用しても構いません。

いつもブラウザで見ているWebページが、HTMLという言語で作られてるってことか…、なんかピンとこないなあ。

よし、実際に見てみよう。

ブラウザには、WebページがどのようなHTMLで作成されているかを表示する機能があります。Google Chromeの場合なら画面上で右クリックし、ポップアップメニューから「ページのソースの表示」を選ぶと、開いているWebページのHTMLを表示することができます（次ページ図1-1）。

第Ⅰ部　Webのしくみを知ろう

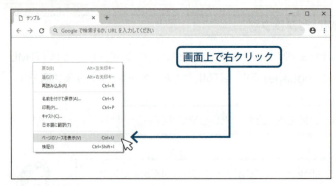

図1-1　WebページのHTMLを表示する

　この機能を使って実際にWebページを開き、そのページのHTMLを見てみましょう。次の例は本書と同シリーズの『スッキリわかるJava入門 第2版』を紹介するWebページのHTMLの一部です（図1-2、次ページコード1-1）。

図1-2　『スッキリわかるJava入門 第2版』を紹介するWebページ
　　　（https://book.impress.co.jp/books/1113101090）

コード 1-1 『スッキリわかる Java 入門 第 2 版』の HTML

```
1   <!DOCTYPE html>
2   <html lang="ja" dir="ltr">
3   <head>
4   <meta charset="utf-8" />
5   <title>スッキリわかるJava入門 第2版 - インプレスブックス</title>
…(省略)…
6   </head>
7   <body class = "module-sub-page">
…(省略)…
8   <p>大手ネット書店部門ランキング1位の大人気Java入門書に改訂版登場！
    本書は、Javaの基礎からオブジェクト指向まで、Javaの「なぜ？」がわかる
    …(省略)…</p>
…(省略)…
9   </body>
10  </html>
```

「<」と「>」で囲まれた、見慣れないテキストが表示されていますね。これが「HTML」です。**ブラウザはこの HTML を読み込み、Web ページとして表示する機能を持っています**（次ページ図 1-3）。皆さんも好きな Web ページを開いて、その HTML を表示してみましょう。HTML の意味は今の段階でわかる必要はありません。

図 1-3　HTML を読み込んで Web ページを表示する

Webページの正体って、ただのテキストデータだったんや！

 Wordのような特別なデータだと思ってたよ。

　繰り返しになりますが、Webアプリケーションを作るには、まず、この「HTML」を使ってWebページを作成できないといけません。そのためには、次の2つを学ぶ必要があります。

・HTML自体の基本的な文法（1.2節）
・HTMLで利用可能なさまざまなタグ（1.3節）

 まずは文法を解説するよ。その後に実際に作成する練習をしていくからね。

 はい！

 Webページの正体はHTML
・WebページはHTMLで作られている。
・ブラウザはHTMLを読み込んでWebページを表示する。

1.2 HTMLの基本文法

1.2.1 タグとは

早速 HTML の文法を学習しましょう。HTML は言語といえども文法はいたってシンプルで、「**タグ**」と「**属性**」という 2 つの文法を覚えるだけです。それを身に付ければすぐに、Web ページを作れるようになります。

Web ページを作れるようになるなんて！　ワクワクしてきたわ♪

僕の自己紹介ページを作って、友達をびっくりさせてやる。

まずは「タグ」から学習しましょう。「タグ」とは Web ページの構成要素を表すもので、下記の構文で記述します。

タグの書式

「**開始タグと終了タグのペアで囲む**」。これがタグの文法です。開始タグと終了タグで囲まれた部分を「内容」といい、タグと内容を併せて「**要素**」と呼びます（「要素」を単に「タグ」と呼ぶこともあります）。

HTML には多種多様なタグが用意されており、それらを使用することで、**タイ**

トル、段落、画像、リンクといった Web ページを構成する要素を作成したり、設定したりすることが可能です（図 1-4）。たとえば、「title タグ」により Web ページのタイトルを、「p タグ」により段落を作ることができます。title タグと p タグの使用例を次に挙げておきます。

・title タグ（title 要素）の使用例
　<title> 湊日記 </title>
・p タグ（p 要素）の使用例
　<p>今日は久しぶりに同期の朝香さんとご飯を食べに行きました。</p>

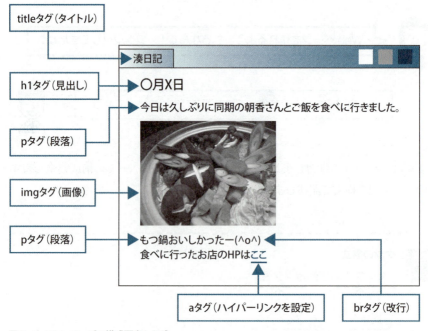

図 1-4　Web ページの構成要素とタグ

　タグの中には内容を持たないものがあります。図 1-4 で言えば、改行の br タグと画像の img タグがそれです。そのようなタグを「空要素」と呼びます。空要素は次のいずれかの方法で記述します。

空要素の記述方法
①<タグ名>
②<タグ名 />
※①は終了タグを省略した書き方。
※②は開始タグと終了タグを一緒にした書き方。本書では①の方法で空要素を記述。

たとえば、改行を表す br タグは、次のいずれかの方法で書くことができます。

・br タグの使用例

1.2.2　属性

これで HTML の文法の紹介は半分終了だよ。残りは「属性」だね。

「属性」とは、タグに加える補足的な情報です。以下の構文で記述します。

属性の書式
<タグ名 属性名="値">…</タグ名>

　どのような属性を加えられるかはタグによって異なります。たとえば、段落を作る p タグは「style」という属性を加えることで、次ページ図 1-5 に示すように、段落内の文字の揃え方を指定することができます。

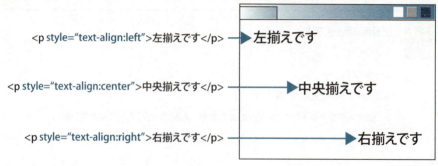

図1-5 style属性

複数の属性を加える場合は、半角スペースで区切ります。

  属性の書式（属性が複数の場合）
　　<タグ名 属性名="値" 属性名="値">…</タグ名>

1.2.3　HTMLの基本構造

　これでHTMLの基本的な文法の紹介は終わりです。とはいえ、テキストファイルにひたすらタグを書いていけばWebページができあがる、というわけではありません。

　Javaのプログラムを作成するには「クラスやメインメソッド」という必要不可欠な基本構造があったように、HTMLにも基本構造があります。その**基本構造に沿ってタグを書いていく必要**があるのです。

 とりあえず書かないといけない、というのがあるんやね。

Javaと一緒でまずは形で覚えたらいいよ。

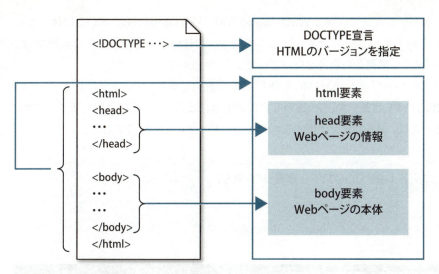

図 1-6　HTML の基本構造

　HTML の基本構造は、html、head、body という特別な 3 つのタグ（要素）と DOCTYPE 宣言で成り立っています（図 1-6）。それぞれのタグは、次のような意味を持っています。

・**html タグ**（html 要素）
　HTML 全体をこのタグで囲む必要があります。タグの内容に head タグと body タグを記述します。
・**head タグ**（head 要素）
　タグの内容に、タイトル、文字コード、作者などの Web ページに関する情報を記述します。ただし、タイトル以外の情報はブラウザに表示されません。
・**body タグ**（body 要素）
　タグの内容に、ブラウザに表示される Web ページの本体を記述します。
・**DOCTYPE 宣言**
　HTML のバージョンを宣言します。

　HTML には Java などの言語と同じようにバージョンがあり、バージョンごとに使用できるタグや属性、要素、その書き方が厳密に決められています。HTML

の各バージョンの内容はW3C（World Wide Web Consortium）という団体によって定められており、バージョン5であるHTML5が最新です。本書では、HTML5に準拠した記述を行っていきます（P49のコラム参照）。

どのバージョンのHTMLを使用するかを指定する（ブラウザに伝える）のがDOCTYPE宣言です。DOCTYPE宣言の書き方はバージョンによって異なります。たとえば、HTML5を使用する場合はコード1-2のように書きます。

コード1-2　DOCTYPE宣言（HTML5）

```
<!DOCTYPE html>
```

DOCTYPE宣言がない場合

DOCTYPE宣言がない場合は、各ブラウザはそれぞれの仕様に従って表示を行います。このとき、同じHTMLでもブラウザAでは正しく解釈されるが、ブラウザBでは正しく解釈されないということも発生します。このようなことを避けるため、**練習用のWebページなどの場合を除き、業務に関わるWebページを作成するときは必ずDOCTYPEを宣言しましょう。**なお、HTML4.01以降ではDOCTYPE宣言が義務付けられています。

ざっくり言えば、以上の基本構造はお約束です。難しく考え過ぎないで形で覚えてしまいましょう。

これでWebページを作るための基礎知識が身に付いたね。続いて、実際にWebページを作ってみよう。

待ってました！

1.3 Webページの作成

1.3.1 基本的なタグ

なんや、HTMLってルール自体は簡単やな。

でも、実際にどんなタグを使っていけばいいんだろう？

ここまで、私たちはHTMLに関する基本的な記述ルールを学びました。あとは、HTMLに用意されているタグを記述していけばWebページができあがります。

ただ、私たちが普段見るような洗練されたページを書くには、非常にたくさんの種類のタグを知っておき、適切に利用する必要があります。次の表1-1には、そのなかでも特に基本的なタグをまとめています。

表1-1 基本的なタグ

タグ名	意味	使う場所
html	HTMLで記述された文書	文書全体
head	Webページの情報	htmlタグ内
body	Webページの本文	htmlタグ内
meta	文字コードの指定など	headタグ内
title	タイトル	headタグ内
h1	見出し	bodyタグ内
p	段落	bodyタグ内
br	改行	bodyタグ内
a	ハイパーリンク	bodyタグ内
table	表組	bodyタグ内
tr	表組内の行	tableタグ内
td	表組内のデータ	trタグ内
th	表組内の見出しデータ	trタグ内

最初からすべてのタグを覚えて使える必要はないよ。まずはよく使うものや重要なものをいくつか紹介しておくから、しっかり押さえておこう。

　それでは、表1-1に挙げた基本的なタグを使用して、自己紹介のWebページを作ってみましょう。「スッキリメンバー一覧」ページと「湊　雄輔のプロフィール」ページを作成し、リンクでページ遷移ができるようにします（図1-7）。

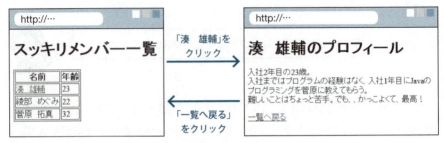

図1-7　スッキリメンバー一覧ページと湊くんの自己紹介ページ

1.3.2　Webページ作成の手順とルール

　図1-7のWebページの作成は、次の手順で行います。

①ファイルにHTMLを入力
　「メモ帳」などのテキストを入力できるエディタソフトでHTMLを入力します。タグ名や属性は**大文字／小文字のどちらでも構いませんが、必ず半角で書きます**。

②ファイルを保存
　HTMLが入力できたらファイルを保存します。内容がHTMLで書かれたファイルを**HTMLファイル**といい、次のルールに従う必要があります。
・ファイル名には半角英数や「_（アンダーバー）」「-（ハイフン）」を使用する。
・拡張子は「.html」または「.htm」にする。

　また、ほとんどのエディタソフトでは保存時にファイルの文字コードを指定することができます。**本書ではファイルの文字コードを「UTF-8」で統一**します。エディ

タとしてメモ帳を使う場合は、図1-8に示した箇所で指定できます（文字コードについて不安があれば、下記のコラム「文字コード」を参照してください）。

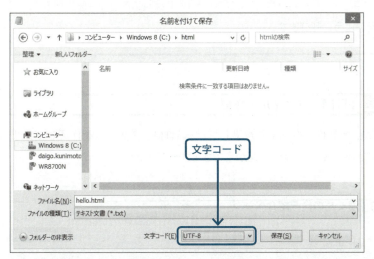

図1-8　HTMLファイルの保存の際に文字コードを指定できる（メモ帳の場合）

文字コード

　すべての文字には**文字コード**が割り当てられています。たとえば、「あ」の文字コードは「1000001010100000」です。テキストファイルに「あ」を書いて保存すると、実際にはこの「1000001010100000」が保存されます。そして文字を表示するときは「1000001010100000」を「あ」に戻して表示しています。

　どの文字にどの文字コードを割り当てるかというルールを**文字コード体系**（エンコード）といい、日本語に文字コードを割り当てている文字コード体系は複数存在します。代表的なものが「Shift_JIS」「Windows-31J」「EUC-JP」「UTF-8」です。多くのエディタソフトでは、保存時にこれらのうちどの文字コード体系を使用するかを指定することができます。本書では、最近の開発ではほとんど標準となっている「UTF-8」を使用します。

　使用する文字コード体系が違えば、同じ「あ」でも適用される文字コードが異なります。先述の「1000001010100000」はShift_JISの例です。EUC-JPの場合は「1010010010100010」、UTF-8の場合は「111000111000000110000010」になります。このため、**保存時と読み込み時に使用する文字コード**

第Ⅰ部　Web のしくみを知ろう

体系が一致していないと、正しく文字が表示されない現象、いわゆる「文字化け」が発生します。

なお、「文字コード体系」は単に「文字コード」と呼ばれることが一般的なので、本書でもそのように呼びます。

1.3.3　HTML ファイルの作成

先ほど紹介した手順とルールを意識して、各 HTML ファイルを作成してみましょう。まずは湊くんの紹介ページからです（コード 1-3）。

コード 1-3　湊くんの自己紹介ページ

`minato.html`

```
1   <!DOCTYPE html>
2   <html>
3   <head>
4   <meta charset="UTF-8">  ─①
5   <title>スッキリメンバーの紹介</title>  ─②
6   </head>
7   <body>
8   <h1>湊　雄輔のプロフィール</h1>  ─③
9   <p>─④          ⑤
10  入社2年目の23歳。<br>入社まではプログラミングの経験はなく、入社1
    年目にJavaのプログラムを菅原に教えてもらう。<br>難しいことはちょっ
    と苦手。でも、、かっこよくて、最高！
11  </p>
12  <a href="memberList.html">一覧へ戻る</a>  ─⑥
13  </body>
14  </html>
```

このコードで使用しているタグ（コード中の①〜⑥）について、以下に解説しておきましょう。

① meta タグ（ブラウザの文字コード）

　HTML ファイルの文字コードを設定します。これにより、文字化けの可能性を減らすことができます。また、このタグは空要素なので終了タグを省略して構いません。

② title タグ（タイトル）

　Web ページのタイトルを作成します。タイトルはブラウザのタブに表示されます。また、検索の際のキーワードとして重視されます。

③ h1 タグ（見出し）

　Web ページの見出しを作成します。見出しには 1（最上位）〜 6（最下位）のランクを付けることができ、h の横の数値で指定します。つまり、h1 タグは最上位ランクの見出しです。ランクによって、重要度や表示の大きさが変わります。

④ p タグ（段落）

　Web ページの段落を作成します。1 ページに複数の段落を作成することができます。

⑤ br タグ（改行）

　文章の改行を行います。HTML ファイルで単純に文章を改行しても、ブラウザに表示される際には改行されません。このタグは空要素なので終了タグを省略できます。

⑥ a タグ（ハイパーリンク）

　Web ページの大きな特徴であるハイパーリンク（単に「リンク」とも呼ばれる）を作成します。href 属性にリンク先の Web ページの HTML ファイルを指定します。コード 1-3 でリンク先に指定しているファイルはこの後で作成します。

よし、できた！　…はず。

　次に、開発メンバー一覧の Web ページを作成します（次ページコード 1-4）。このファイルはコード 1-3 と同じフォルダに作成してください。

第Ⅰ部　Webのしくみを知ろう

コード1-4　スッキリメンバー一覧ページ

memberList.html

```
1   <!DOCTYPE html>
2   <html>
3   <head>
4   <meta charset="UTF-8">
5   <title>スッキリメンバーの紹介</title>
6   </head>
7   <body>
8   <h1>スッキリメンバー一覧</h1>
9     <table border="1">          ─① 
10      <tr>                      ─②
11        <th>名前</th>            ─③
12        <th>年齢</th>
13      </tr>
14      <tr>
15        <td><a href="minato.html">湊　雄輔</a></td>   ─③
16        <td>23</td>
17      </tr>
18      <tr>
19        <td>綾部　めぐみ</td>
20        <td>22</td>
21      </tr>
22      <tr>
23        <td>菅原　拓真</td>
24        <td>32</td>
25      </tr>
26    </table>
27  </body>
28  </html>
```

＊表組の作成を行う9行〜26行は、字下げしてコードを見やすくしています。

38

ここで使用しているタグ（コード中の①～③）について、以下に解説します。

① table タグ

表組を作成します。枠線を表示させる場合は border 属性で 1 を指定します。表組は、行、見出しデータ、データから構成されており、それぞれを次の②、③のタグで作成します。

② tr タグ

表組内の 1 行を作成します。必ず table タグ内に書く必要があります。

③ th タグと td タグ

th タグは見出しデータ、td タグはデータを作成します。これらのデータは表の枠（セル）内に表示されます。どちらも必ず tr タグ内に書かないといけません。

1.3.4　HTML ファイルから Web ページを表示

作成した HTML ファイルを保存できたら、ブラウザで読み込んで、Web ページを表示させてみましょう。この作業のことを、「HTML を実行する」ともいいます。表示は、以下のどちらかの方法で行うことができます。

・HTML ファイルをダブルクリックしてブラウザを起動する。
・ブラウザのメニューからファイルを開く（Google Chrome の場合、ファイルメニュー→ファイルを開く）。
・ブラウザを起動しておき、HTML ファイルをドラッグ＆ドロップする（ブラウザによってはできないものがある）。

よっしゃ、Web ページが表示された！

あれ、真っ白…。

Webページが表示されたら、図1-7（P34）のような結果になるか確認しましょう。もし、ページが空白になったり、文字化けしたりした場合は、次の1.3.5項と1.3.6項を参考にして解決してください。

1.3.5 Webページの表示がおかしい場合（空白）

表示されたWebページが空白の場合、HTMLの書き方に誤りがあります。湊くんが書いたHTMLのどこが間違っているかわかるでしょうか（コード1-5）。

コード1-5　湊くんの自己紹介ページ（間違いあり）　minato.html

```
1   <!DOCTYPE html>
2   <html>
3   <head>
4   <meta charset="UTF-8">
5   <title>スッキリメンバーの紹介<title>
6   </head>
7   <h1>湊　雄輔のプロフィール</h1>
8   <p>
9   入社2年目の23歳。…(中略)…でも、、かっこよくて、最高！
10  </p>
11  <a href="memberList.html">一覧へ戻る</a>
12  </body>
13  </html>
```

先輩、かっこよくも最高でもないから…。

それは関係ないだろ！　あっ、titleの終了タグに「/」を忘れてた。

</head> の後に、<body> も抜けてるよ。

　湊くんのうっかりを含め、HTML を学び始めた人がやってしまいがちなミスの例をまとめておきましょう。ページが真っ白になったら参考にしてください。

やってしまいがちなミスの例
・タグが正しく閉じられていない。
　<title> 湊　雄輔のプロフィール <title>　→「/」がない
　<title> 湊　雄輔のプロフィール </titl>　→タグの綴りが違う
・属性の間の半角スペースが全角になっている。
　 こんにちは
・属性の半角ダブルクォーテーションが全角になっている。
　 こんにちは

よし！　直ったぞ。

あかん！　できてると思ってたけど、自己紹介ページのほうはめちゃくちゃやわ！

文字化けだね。これもよくやってしまうから直し方を紹介しておこう。

1.3.6　Webページの表示がおかしい場合（文字化け）

また、作成したWebページを表示すると「文字化け」することがあります（図1-9）。これはHTMLの文字コードとブラウザが使用する文字コードが一致していないことが原因です（P35 コラム「文字コード」参照）。

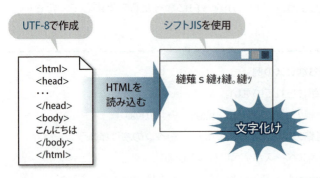

図1-9　文字化けの原因

この不一致は、HTMLファイルの文字コードがブラウザに伝わっていないことが原因です。metaタグを使用することでHTMLファイルの文字コードをブラウザに伝えることができるので、忘れず入れるようにしましょう（コード1-3の①）。

また、metaタグで伝えた文字コードと実際のHTMLファイルの文字コードも一致していなくてはいけません。もし誤った文字コードを指定して保存してしまった場合は、保存し直す必要があります。多くのエディタソフトの場合、ファイルメニューから「名前を付けて保存」を選択すれば、文字コードを指定し直すことができます（図1-8）。

metaタグを入れるのを忘れてたー。

開発にミスはつきものだよ。ミスをした分だけ成長できるから、失敗を恐れずどんどんチャレンジしていこう！！

第 1 章　HTML と Web ページ

1.4　HTML リファレンス

> よし。いいかんじに私のプロフィールページもできた。

　文字化けを修正した綾部さんは、自分のページを正しく作成できたようです（図1-10、コード 1-6）。

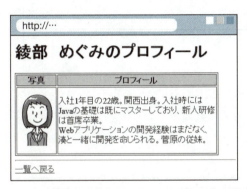

図 1-10　綾部さんの自己紹介ページ（コード 1-6 の実行結果）

コード 1-6　綾部さんの自己紹介ページ

ayabe.html

```
1   <!DOCTYPE html>
2   <html>
3   <head>
4   <meta charset="UTF-8">
5   <title>スッキリメンバーの紹介</title>
6   </head>
7   <body>
8   <h1>綾部　めぐみのプロフィール</h1>
9   <table border="1" style="width:400">
```

```
10    <tr bgcolor="silver">
11    <th>写真</th><th>プロフィール</th>
12    </tr>
13    <tr>
14    <td><img src="ayabe.jpg" width="75" height="100" alt="綾部めぐみの写真"></td>
15    <td>
16    <p>入社1年目の22歳。関西出身。入社時にはJavaの基礎はすでにマスターしており、新人研修は首席卒業。<br>Webアプリケーションの開発経験はまだなく、湊と一緒に開発を命じられる。菅原の従妹。</p>
17    </td>
18    </tr>
19    </table>
20    <hr>
21    <a href="memberList.html">一覧へ戻る</a>
22    </body>
23    </html>
```

すごい。画像を入れるとか、教えてもらっていないタグがあるけど、どうやったんだい？

文法が簡単だから、リファレンスで調べながら書けましたよ。

　HTMLには多くのタグが用意されていますが、本書で扱うタグは基本的なものばかりです。他に**どのようなタグがあるのか、タグを使ってどんなことができるのか、などについて調べるには、HTMLリファレンス（辞典）を利用**しましょう。HTMLリファレンスには、次に挙げるような書籍やインターネットサイトが多くあります。自分に合ったものを見つけましょう。

第 1 章　HTML と Web ページ

・『できるポケット HTML5&CSS3/2.1 全事典』小川 裕子、加藤 善規（2015）
インプレス

　Web コンテンツの基盤技術である「HTML」や「CSS」について、「HTML5」と
「CSS3」の最新情報を盛り込みつつ、要素や属性、プロパティや設定値などを詳
細に解説しています。

・HTML クイックリファレンス（http://www.htmq.com/）

　HTML の基本から、リファレンスや色見本までサンプルが豊富で、初心者に
もわかりやすく紹介されています。

CSS と style 属性

　CSS（Cascading Style Sheet）とは、HTML の要素をどのように表示する
かを指定するための言語です。CSS を使うことでサイズ・色・枠線・文字の揃え
方、および余白といった見栄えに関するスタイルを詳細に指定することができ
ます。CSS は HTML タグの style 属性で次のように使用します（これ以外の方
法もあります）。

```
<タグ style="CSSによるスタイル指定">…</タグ>
```

　これを使用したのが図 1-5（P30）の段落の文字揃えです。このような見栄え
に関する指定は、CSS を使わなくても、HTML タグの属性で指定することも
できます。たとえば、図 1-5 の段落の文字揃えの指定は、p タグの align 属性
でも指定できます（下記は中央揃えの例）。

```
<p align="center">…</p>
```

　しかし、このような見栄えの指定を行う属性のほとんどは、本書で使用して
いるHTML5では廃止されました（例外的にtableタグのborder属性などが残っ
ているのみです）。そのため、見栄えに関する指定には CSS を使用する必要が
あります。

45

第Ⅰ部　Webのしくみを知ろう

1.5　この章のまとめ

HTMLでWebページを作成

・HTMLはWebページを記述する言語である。

・ブラウザはHTMLファイルを読み込み、Webページを表示する。

・タグ（要素）でWebページの構成要素を作成・設定する。

・タグには属性という補足的な情報を加えることができる。

・DOCTYPE宣言、html、head、bodyタグを決められた構造で書く。

HTMLの基本的なタグ（表1-1再掲）

タグ名	意味	使う場所
html	HTMLで記述された文書	文書全体
head	Webページの情報	htmlタグ内
body	Webページの本文	htmlタグ内
meta	文字コードの指定など	headタグ内
title	タイトル	headタグ内
h1	見出し	bodyタグ内
p	段落	bodyタグ内
br	改行	bodyタグ内
a	ハイパーリンク	bodyタグ内
table	表組	bodyタグ内
tr	表組内の行	tableタグ内
td	表組内のデータ	trタグ内
th	表組内の見出しデータ	trタグ内

1.6 練習問題

練習 1-1

次の文章の（1）〜（9）に適切な語句を入れてください。

　Webページを作成するには「HTML」という言語を使用する。HTMLは（1）を使って、タイトルや段落、画像、リンクといったページの構成要素を作成できる。たとえば、段落を作成する場合は（2）、画像を作成する場合は（3）を使用する。また、（1）には（4）という補足的な要素を加えることができ、たとえばリンクの場合、リンクを表す（5）に（6）という（4）を加える必要がある。

　HTMLの基本構造は、DOCTYPE宣言、htmlタグ、headタグ、bodyタグで成り立っている。このうち、ページに関する情報を書くのは（7）、ページの本体（画面に表示される内容）を書くのは（8）である。HTMLをWebページとして表示するには（9）というソフトウェアを使用する。

練習 1-2

　次の図のように、「菅原　拓真のプロフィール（sugawara.html）」というWebページを作成し、コード 1-4（P38）の「メンバー一覧ページ（memberList.html）」に追加変更を加えて、行き来できるようにしてください。また、コード 1-6（P43）で作った「綾部　めぐみのプロフィール（ayabe.html）」ともメンバー一覧ページから行き来できるようにしましょう。

第Ⅰ部　Webのしくみを知ろう

1.7　練習問題の解答

練習 1-1 の解答
(1)タグ　(2)pタグ　(3)imgタグ　(4)属性　(5)aタグ　(6)href
(7)headタグ　(8)bodyタグ　(9)ブラウザ

練習 1-2 の解答
菅原さんのプロフィールページのコードです。

菅原　拓真のプロフィール

sugawara.html

```
1   <!DOCTYPE html>
2   <html>
3   <head>
4   <meta charset="UTF-8">
5   <title>スッキリメンバーの紹介</title>
6   </head>
7   <body>
8   <h1>菅原 拓真のプロフィール</h1>
9   <p>
10  経験豊富なエンジニア。<br>開発のかたわら、若手エンジニアの教育係
    もしている。<br>実は結構お酒好き。
11  </p>
12  <a href="memberList.html">一覧へ戻る</a>
13  </body>
14  </html>
```

次に、コード 1-4 の「メンバー一覧ページ」にリンクタグ（青色の部分）を加えて行き来できるようにした例です（行番号はコード 1-4 と同じ）。

第 1 章　HTML と Web ページ

スッキリメンバー一覧ページ（リンクを追加）

memberList.html

```
18  <tr>
19  <td><a href="ayabe.html">綾部　めぐみ</a></td>
20  <td>22</td></tr>
21  <tr>
22  <td><a href="sugawara.html">菅原　拓真</a></td>
23  <td>32</td>
24  </tr>
```

HTML5

　HTML5 は 2014 年 10 月に発表されました。HTML4 が発表されてから、およそ 15 年が経過しています。この間、Web サイトの主な目的は、情報の閲覧からWeb アプリケーションの操作まで大きく広がりました。その実現のため、さまざまな技術が登場し、また、各ブラウザベンダーは独自の技術拡張を行ってきました。それにより、機能が豊富で使いやすい Web サイトが多く生まれましたが、あるサイトが特定のブラウザでしか利用できないといったブラウザ依存などの弊害も生まれ、利用者のみならず開発者に多大な苦労をもたらすこととなりました。

　HTML5 には、それまで開発者が苦労してきたところの改善や、よく使う機能などを多く盛り込まれました。それには HTML タグの追加のみならず、CSS3 や JavaScript から操作する新しい API も含まれています。これらを活用すれば開発が容易になるだけでなく、Web アプリケーションをサーバではなくブラウザ上で動かすことも可能になるため、Web アプリケーションのアーキテクチャが大きく変わるともいわれています。それに伴い、開発者が必要となるスキルも変わる可能性があります。Web アプリケーションエンジニアを目指す方は、HTML5 の動向にも注目していきましょう。

第2章

Webのしくみ

この章ではWebページとWebアプリケーションのしくみを学びましょう。専門的な用語が多く出てきて少し難しく感じるかもしれませんが、今後の学習の基礎となるものばかりなので、しっかりと覚えましょう。

CONTENTS

2.1 Webページの公開

2.2 Webを支える通信のしくみ

2.3 Webアプリケーションのしくみ

2.4 開発の準備をしよう

2.5 開発環境を体験する

2.6 この章のまとめ

2.7 練習問題

2.8 練習問題の解答

2.1 Webページの公開

2.1.1 Webページを公開する方法

じゃあここで、作ったWebページを公開して他の人に見てもらうしくみについて学ぼう。

　作成したWebページ（HTMLファイル）を公開するには、**Webサーバ**となるコンピュータが必要です。「Webサーバ」は常時稼働して「ブラウザ」からのアクセス（要求）を待ち続けています。そしてブラウザからの要求が届くと、要求されたHTMLファイルなどWebページの中身をブラウザに送信します。Webページを公開するには、この**Webサーバに公開したいWebページのHTMLファイルを配置**します。それにより、ユーザーはブラウザを使ってHTMLファイル（Webページ）をWebサーバに要求し、その内容を受け取って閲覧することができるようになります（図2-1）。

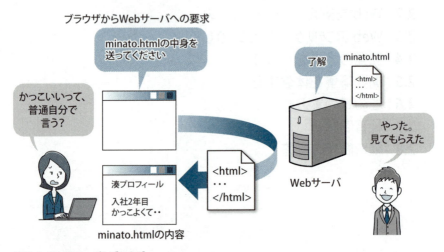

図2-1　Webサーバとブラウザ

ブラウザから Web サーバへの要求を**リクエスト**、Web サーバからブラウザへの応答を**レスポンス**といいます。

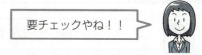

この 2 つの単語はこれからいっぱい使うよ。絶対覚えよう。

要チェックやね！！

2.1.2　リクエストに必要なもの

Web サーバに配置された HTML ファイルには、次のように、**URL** という住所のようなものが割り当てられます。

```
http://www.example.com/index.html
```
Web サーバのホスト名、または IP アドレス　　　HTML ファイル名

Web ページの閲覧者は、どの HTML ファイル（Web ページ）を見たいかを、URL を使ってブラウザに指示する必要があります（図 2-2）。

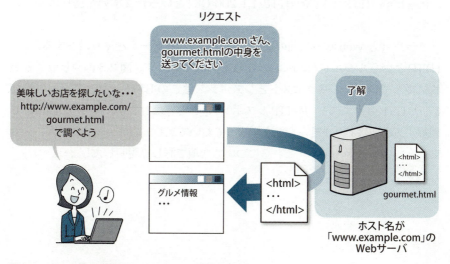

図 2-2　URL を使って閲覧したい Web ページをリクエストする

2.2　Webを支える通信のしくみ

2.2.1　HTTPとは

僕たちがWebページを見ている裏でブラウザとWebサーバががんばっていたんだなぁ！

普段ブラウザを使っていろんなサイトを見ているとき、ブラウザとWebサーバの間でどんなやり取りがされているか、その舞台裏も紹介しておこう。

　ブラウザとWebサーバ間の通信のしくみを知っておくと、この後のWebアプリケーション開発の勉強に役立つので、少し詳しく学習しておきましょう。
　ブラウザとWebサーバは、実際には次ページの図2-3に示すように「GET /index.html HTTP/1.1」や「HTTP/1.1 200 OK」といった文字列を送り合っています。
　ブラウザとWebサーバ間の通信で、どのようなデータをやり取りするかは、**HTTP**というルール（プロトコル）で決められています。図2-3のやり取りもそれに従っています。リクエストとレスポンスはこのHTTPに従って行われるため、「HTTPリクエスト」「HTTPレスポンス」とも呼ばれます。HTTPの詳細まで理解する必要はありませんが、まず知っておいてほしいのは、図2-3で青い文字になっている3箇所です。これらについて次項で詳しく説明しましょう。

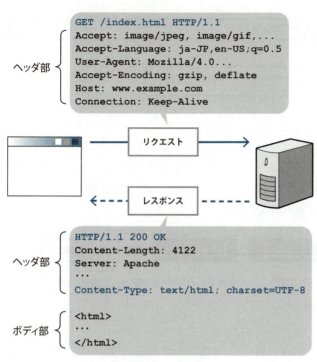

図2-3 リクエストとレスポンスは文字列のやり取り

うわ、難しそう…。

大丈夫、全部理解する必要はないよ。

HTTPのバージョン

　HTTPにはバージョンがあり、図2-3はバージョン1.1の例です。最新のHTTP/2では、テキストデータではなくバイナリデータでやりとりするなど、通信の効率化が図られています。近年、大手の検索、動画、SNSサイトなどのWebサーバで採用され始めています。

2.2.2 リクエストの中身

まず、リクエストのほうから解説するよ。

図2-3の「HTTPリクエスト」の1行目に注目してください。これは「リクエストライン」と呼ばれ、「どの方法でリクエストするか？（リクエストの方法）」「何をリクエストするか？（リクエストの対象）」「どのプロトコルを使うか？（使用するプロトコル）」という情報で構成されています（図2-4）。

図2-4 リクエストラインの構成

このなかで最も重要なのは最初の「リクエストの方法」です。リクエストの方法はいくつかあり、どのようなことをWebサーバに要求するかによって使い分けます。このリクエストの方法は「**リクエストメソッド**」とも呼ばれます。図2-4は **GETリクエスト** の例です。これは、WebサーバからWebページの情報を取得するときに使用するリクエストメソッドです。

GETリクエスト以外にも **POSTリクエスト** というリクエスト方法もあります。これは、アンケートフォームなどの情報をサーバに送りたい場合に使用します。詳しくは第5章で紹介しますので、ここでは名前だけ覚えておいてください。

2.2.3 レスポンスの中身

次に、図2-3の「HTTPレスポンス」を見てください。レスポンスで注目する行は2つあります。まずは1行目です。これは「ステータスライン」と呼ばれ、「リクエストを受けてWebサーバの動作した結果」が表示されています（次ページ図2-5）。

```
HTTP/1.1        200 OK
使用するプロトコル   動作結果
```

図 2-5 ステータスラインの構成

　このステータスラインの「200」は「問題なくうまくいったよ」ということを示すコードです。これを(HTTP)**ステータスコード**といいます。横の「OK」は補足メッセージです。HTTP では非常に多くのステータスコードが定義されていますが、これから目にする機会があるのは主に以下のものです(表 2-1)。

表 2-1　主なステータスコードと補足メッセージ

ステータスコードと補足メッセージ	意味
200 OK	リクエストが成功した
404 Not Found	リクエストされた対象が見つからない
405 Method Not Allowed	リクエスト対象が、使用したリクエストメソッドを許可していない
500 Internal Server Error	サーバ内部でエラーが発生した

　今の段階では表の内容を細かく理解する必要はありません。**Web サーバは、リクエストされた結果どうなったかをステータスコードという数値で返す**ということを知っておいてください。第 3 章以降のエラー解決に役立ちます。
　レスポンスの 2 行目以降は、「ヘッダ部」と「ボディ部」に分かれます(図 2-3)。ヘッダ部には Web サーバがブラウザに送ったレスポンスに関する情報が、ボディ部にはレスポンスのデータの本体が書かれています。

　HTML の head タグと body タグに似ているね。

　今回注目してほしいのが、ヘッダ部の一番下にある「Content-Type:…」の行です。これを **Content-Type ヘッダ**といい、ボディ部が何のデータであるかを示しています。

> え、そんなのHTMLに決まってるんとちゃうの？

　Webサーバは、HTMLだけでなく、画像や動画、PDFなど、さまざまなデータをレスポンスすることができます。そのため、ブラウザが受け取るデータはHTMLとは限らず、データの中身（コンテント）が何なのかという情報がないと、ブラウザは正しくデータを読み取ることができません。

　そこで「Content-Typeヘッダ」が必要となるわけです。ブラウザはボディ部の前にヘッダ部を読み取るので、Content-Typeヘッダによりボディ部が何のデータかを知ることができます（図2-6）。

■**HTMLをレスポンスする場合**

`Content-Type:` `text/html; charset=UTF-8`

（HTMLの文字コード）

■**JPEGをレスポンスする場合**

`Content-Type:` `image/jpeg;`

図2-6　Content-Typeヘッダ

> 今から〇〇を送るよー、という感じやね。

> 宅配便の伝票の「品名」みたいだね。

> 今後作るプログラムでは、Content-Typeヘッダを自分で設定するよ。

第2章 Webのしくみ

2.3 Webアプリケーションのしくみ

2.3.1　Webアプリケーション

ただ単にWebページを見ているだけなのに、裏ではいろんなことをやっていたんだなぁ。

そうだね。そのいろんなしくみを活用してWebアプリケーションを作るんだよ。

　いよいよWebアプリケーションについて解説していきます。これから学習する**「Webアプリケーション」とは、アプリケーションをWebサーバで公開し、ブラウザで実行できるようにしたもの**です。それには、これまで解説したHTTPのしくみを利用します。

インターネットで、検索とかショッピング、使ったことあるだろう？あれもWebアプリケーションだよ。

　Webアプリケーションが動作した結果、表示される画面がWebページです。検索などで表示されるWebページは、Webサーバ上に配置されたWebアプリケーションの実行結果をHTMLとして作成し、それをブラウザにレスポンスすることで実現しています（次ページ図2-7）。
　Webアプリケーションは、インストールが必要な一般的なアプリケーションと違い、ブラウザ経由で実行できるので、ユーザーは、ブラウザと通信環境さえあればWebアプリケーションを利用することができます。

59

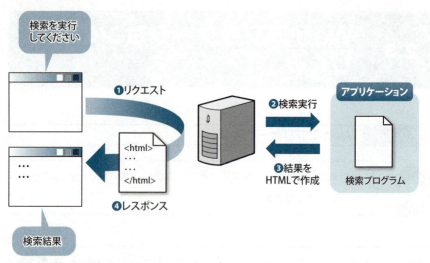

図2-7 Webアプリケーションが実行されるしくみ

2.3.2 サーバサイドプログラム

Webアプリケーションの中核となるのが**サーバサイドプログラム**と呼ばれるプログラムです。

サーバサイドプログラムは、ブラウザのリクエストによってサーバ上で動作し、その実行結果を HTML でレスポンスします。ユーザーは、ブラウザを使用して、サーバサイドプログラムの実行と結果表示を繰り返すことで、Webアプリケーションを利用します（次ページ図2-8）。

サーバサイドプログラムのしくみを実現する技術はいくつかありますが、サーバサイドプログラムを Java で開発する場合、「サーブレット」と「JSP」という技術を使用します。

2.3.3 サーブレットとJSPによるWebアプリケーション開発

サーブレットとは、Javaを用いてサーバサイドプログラムを実現する技術です。「**サーブレットクラス**」という、ブラウザから実行できる特別なクラスを使用して、サーバサイドプログラムを実現します。

JSPもまた、Javaを用いてサーバサイドプログラムを実現する技術です。サー

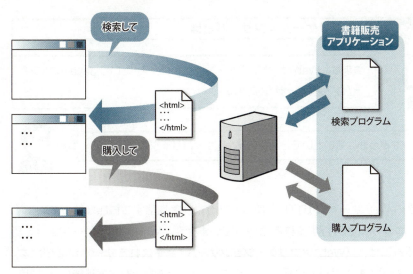

図 2-8　サーバサイドプログラムのしくみ

ブレットクラスではなく「JSP ファイル」というプログラムを使用します。図 2-8 の例でいうと、購入や検索のプログラムが、サーブレットの場合は「サーブレットクラス」、JSP の場合は「JSP ファイル」になります。

このように作成するプログラムの種類は異なりますが、どちらの技術を使っても実現できることは基本的に同じです。なぜなら、**JSP ファイルは、実行の際にはサーブレットクラスに変換される**からです。

やれることが同じなら、2 つある意味がないような？

とてもいい疑問だね。その答えはあとで明らかになるから、頭の片隅に残しておこう。

詳細は以降の章で徐々に解説していきますので、この章では「Java でサーバサイドプログラムを実現するには、2 つのやり方がある」ということをまず覚えておきましょう。なお、「サーブレットクラス」を「サーブレット」、「JSP ファイル」を「JSP」と呼ぶ場合もあります。

2.3.4 アプリケーションサーバとは

つまり、Web サーバに「サーブレットクラス」という Java のプログラムを「ポン」と置けばいいんやね。

ポンかどうかは置いといて、ただの Web サーバじゃダメなんだよ。

通常の Web サーバは HTTP を使ってブラウザと通信する機能は持っていますが、プログラムを実行する機能は持っていません。Web アプリケーションを動作させるには、「**(Web) アプリケーションサーバ**」と呼ばれるサーバが必要です。このサーバは Web サーバの機能に加えて、プログラムを実行する機能（実行環境）を持っています。

特にサーブレットクラスの実行環境を**サーブレットコンテナ**といいます。Java で Web アプリケーションを開発するには、サーブレットコンテナを持つアプリケーションサーバが必要です。

つまり、本書において、アプリケーションサーバとは、Web サーバの機能とサーブレットクラスを実行する機能（サーブレットコンテナ）を持つサーバを指します（以降、単に「サーバ」と表記することもあります）。

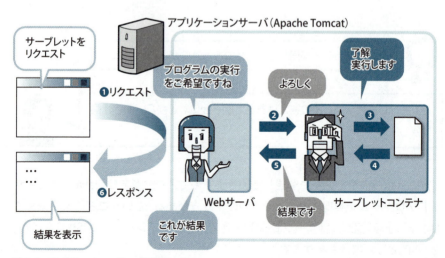

図 2-9　アプリケーションサーバの機能

アプリケーションサーバって、どうやって用意したらいいんやろ？

　コンピュータにアプリケーションサーバソフトウェアをインストールして実行すれば、そのコンピュータをアプリケーションサーバとして使用することができます。この後の章で学習する開発環境の構築では、**Apache Tomcat** というソフトウェアをインストールし、図 2-9 のような動作を実現する環境を準備します。

表 2-2　代表的なアプリケーションサーバソフトウェア

製品名	開発元
Apache Tomcat（オープンソース）	Apache ソフトウェア財団
Jetty（オープンソース）	Eclipse 財団
WebSphere Application Server（商用製品）	IBM 社
Oracle WebLogic Server（商用製品）	オラクル社

アプリケーションサーバソフトウェアの呼び方

　表 2-2 に挙げたような、アプリケーションサーバの機能を提供するソフトウェアのことを「サーブレットコンテナ」、または単に「アプリケーションサーバ」と呼ぶ場合もあります。

　今回使用する Apache Tomcat は無料で使用できることから、個人の学習や開発会社の研修などでよく利用されています。

無料なのはありがたいけど、Apache Tomcat 以外を使うことになったらまた勉強をし直さないといけないのかな。

　湊くんの心配はもっともです。確かに、導入するアプリケーションサーバソフトウェアの設定方法や使用方法は異なりますが、サーブレットや JSP の文法は

標準化されており、**基本的にどのアプリケーションサーバを用いたとしても学んだ文法を使用して開発することができる**ので、安心して学習してください。

お疲れさま。これで開発に必要な知識の勉強は終わったよ。ちょっと難しかったかな？

確かに難しく感じる部分もありました。でも、これでやっと実際にプログラムできるんですね。

うん。でも、その前に開発環境を揃えないとね。

Apache Tomcat

　Apache Tomcatは、学習用としてだけでなく現場でも高いシェアを持っています。その最大の魅力はコストです。無料で利用できるので、商用のアプリケーションサーバを利用するよりも、構築と保守のコストを大幅に抑えることができます。

　商用のアプリケーションサーバに比べ、機能面では劣るところもありますが、その分シンプルで扱いやすく、動作も速いことがあります。不足している機能は他の製品を組み合わせることで補えるので、シンプルなシステム構成でスタートして、必要に応じて拡張してくことが可能です。

2.4 開発の準備をしよう

2.4.1 開発に必要なもの

> 開発環境の準備か…。なんだか大変そうだなあ。

> 大丈夫！ たった1つのソフトをインストールするだけだよ。それだけで開発をスタートできるんだ。

　開発環境は Pleiades（プレアデス）というソフトウェアをインストールすればすべて揃います。Pleiades とは、統合開発環境 Eclipse（イクリプス）に、開発に便利な機能（プラグイン）を加え、さらに Web アプリケーションサーバ「Apache Tomcat」をセットにしたものです。

> 「とうごうかいはつかんきょう、いくりぷす？」

　「統合開発環境」とは、エディタと開発に関わるツール（コンパイラ、デバッガなど）を統合したソフトウェアです。IDE（Integrated Development Environment）とも呼ばれます。そして、開発現場でよく使用されている代表的な統合開発環境が「Eclipse」です。
　Eclipse のような IDE を使用しなくても Web アプリケーションを開発することはできますが、非常に手間がかかるため、IDE を使用して効率良く開発するのが一般的です。

ただでさえ便利な Eclipse をより便利にしたのが Pleiades ってとこやね。

Pleiades ＞ Eclipse ＋ プラグイン ＋ Apache Tomcat なんだね。

だいたいそんな感じだな。Pleiades は多くの開発会社で利用されているよ。

2.4.2 開発の準備をする

必要なものがわかったところで実際に準備をしていきましょう。それには、以下のことを行います。

① Pleiades のインストールと Eclipse の起動
②動的 Web プロジェクトの作成

動的 Web プロジェクトの**プロジェクト**とは、アプリケーションなど、ひとまとまりのものを入れる Eclipse の単位です。プロジェクトにはいくつかの種類があり、Web アプリケーションのためのプロジェクトを**動的 Web プロジェクト**といいます。動的 Web プロジェクトのなかに Web アプリケーションを構成するプログラムなどを入れることができます。難しく考えず「**動的 Web プロジェクト ＝ Web アプリケーション**」と理解すればよいでしょう。Web アプリケーションを 1 つ作成するごとに動的 Web プロジェクトを作成します。まずは、練習用の動的 Web プロジェクトを作成しましょう。

> **動的 Web プロジェクト**
> 動的 Web プロジェクトは基本的には 1 つの Web アプリケーションで、下記のものを入れることができます。
> ・サーブレットクラス、JSP ファイル
> ・通常の Java のクラスファイル
> ・HTML ファイル、CSS ファイル、画像ファイルなど

　付録 A を参照して、①〜②の手順を行ってください。完了後、Eclipse の画面が図 2-10 のようになっていれば正しく準備ができています。

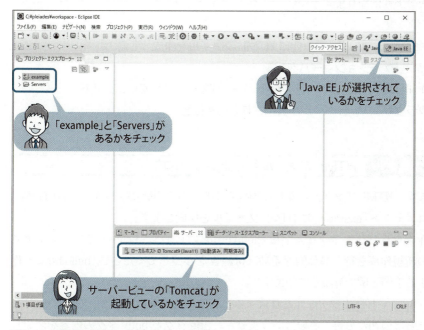

図 2-10　開発準備が整った状態（Eclipse 画面）

　さあ、これで Web アプリケーション開発の準備は整いました。後は、楽しみながら学習していきましょう！

第Ⅰ部　Web のしくみを知ろう

2.5　開発環境を体験する

2.5.1　体験する内容

　次章から Web アプリケーションの開発を始めます。その前に、インストールした開発環境を体験して手慣らしをしましょう。

　Web アプリケーション（動的 Web プロジェクト）内に HTML ファイルを作成し、それをブラウザでリクエストして Web ページを表示してみます。その手順は次のようになります。

①動的 Web プロジェクト内に HTML ファイルを作成
②アプリケーションサーバを起動
③作成した HTML ファイル（Web ページ）をブラウザでリクエスト
④ブラウザに Web ページが表示されるのを確認

2.5.2　HTML ファイルを Eclipse で作成

　まず、HTML ファイルを新規に作成しましょう（手順①）。Eclipse の動的 Web プロジェクト「example」に HTML ファイルを作成します。

　作成する HTML ファイル名は「hello.html」にします。Eclipse で HTML ファイルの新規作成を行う具体的な手順は付録 A を参照してください（hello.html を作成する手順を例に解説しています）。

　Eclipse で HTML ファイルを作成すると HTML の基本構造を書いてくれるので、私たちは最初から書く必要はありません。title タグと body タグの内容を変更します（コード 2-1 の青字の部分）。ここでは、body タグには好きな内容を書きましょう。

第 2 章　Web のしくみ

コード 2-1　Eclipse が作成した HTML の内容を変更

hello.html（WebContent ディレクトリ）

```
1  <!DOCTYPE html>
2  <html>
3  <head>
4  <meta charset="UTF-8">
5  <title>Hello,HTML</title>     ── title タグの内容を変更
6  </head>
7  <body>
8  こんにちはHTML ！！     ── body タグの内容を変更
9  </body>
10 </html>
```

2.5.3　アプリケーションサーバを起動

　HTML ファイルが作成できたら、インストールした Apache Tomcat を起動します（手順②）。これにより現在操作しているコンピュータがアプリケーションサーバとなり、ブラウザからのリクエストに応えることができるようになります。

　付録 A を参照してアプリケーションサーバを起動しましょう（すでに起動していた場合は必要ありません）。

2.5.4　HTML ファイルのリクエストと URL

　アプリケーションサーバが起動したら、次に、ブラウザから手順①で作成した HTML ファイルをリクエストしてみましょう（手順③）。このとき、HTML ファイルのアイコンをダブルクリックするのではなく、**ブラウザでアプリケーションサーバ上の HTML ファイルをリクエスト**するために、URL を指定します。

　Web アプリケーション（動的 Web プロジェクト）内の HTML ファイルの URL は次の形式になります。

69

```
http://<サーバ名>/<アプリケーション名>/<WebContentからのパス>
```

※ WebContent は動的 Web プロジェクト内にあるディレクトリ

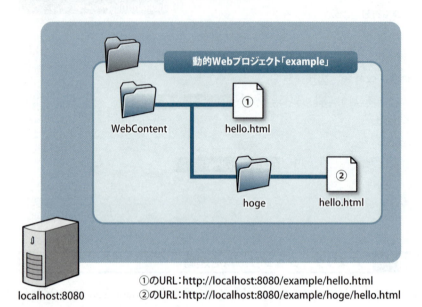

図 2-11　HTML ファイルの URL

　本書の環境のように、**ブラウザと同じコンピュータにリクエストする場合、リクエスト先のサーバのホスト名を「localhost」とします**（図 2-11）。

 URL のなかの「localhost」横の「:8080」って何だろう。

　「:」の横の数値は**ポート番号**と呼ばれます（次ページのコラム参照）。「localhost:8080」とセットで覚えてしまいましょう。

　今回作成した HTML ファイルの URL は次のようになります。

　　http://localhost:8080/example/hello.html

　この URL をブラウザに入力してリクエストし、作成した Web ページが表示されたら成功です（手順④）。

結果としてブラウザに Web ページが表示されるだけですが、表示までの流れが、第 1 章とは異なります（図 2-12）。

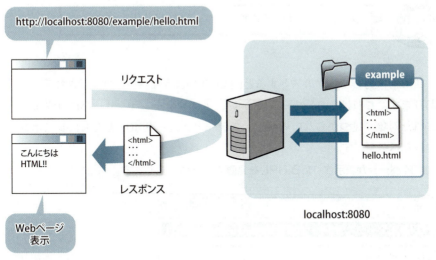

図 2-12　Web アプリケーション内の Web ページ表示の流れ

第 1 章では Web サーバを利用しないで、直接ブラウザに HTML ファイルを渡して、Web ページを表示していたんだ。

ポート番号

　「ポート番号」は、リクエスト先のコンピュータ内のどのソフトウェア（サービス）にリクエストするかを表す数値です。たとえるならば、localhost は住所、8080 は宛名のようなものです。本書で使用する Tomcat には 8080 というポート番号がデフォルト（初期値）で設定されているので、「localhost:8080」は「自分自身のコンピュータにある Tomcat にリクエスト」するという意味になります。

　ポート番号を指定しない場合、ブラウザは「80」が設定されたサービスにリクエストするので、Tomcat のポート番号を「8080」から「80」に変更することにより「localhost」だけでリクエストできるようになります。

2.5.5 404ページ

あれ、ページが表示されない…。「404」？ なんだこれ？

　URLを入力してリクエストすると図2-13のようなページが表示されることがあります。これは「404ページ」といい、アプリケーションサーバにリクエストされた対象が見つからない場合に、ステータスコード404とともにレスポンスされるページです。
　404ページが表示されたらURLを見直すようにしましょう。

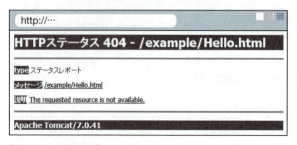

図2-13　404ページ

「Hello.html」じゃなくて「hello.html」だったあ。

　404ページ以外にも、405ページ、500ページがレスポンスされることがあります。これらのページが表示されたときは、問題を解決する必要があります。この章の最後で紹介する「付録C　エラー解決・虎の巻」を参考にして解決してください。

2.5.6　Eclipseの実行機能

> でも、プログラムを作ったあとに、毎回ブラウザのアドレスバーにURLを入力するのってめんどうだなぁ…。

　Eclipseの実行機能を利用すると、HTMLファイル（および後の章で学習するサーブレットクラスやJSPファイル）を簡単にリクエストすることができます。付録Aを参照して、この機能を使ってみましょう。この機能を使うと、「サーバを起動→ブラウザを起動→URLを入力」の手順を自動で行ってくれます。

Eclipseの実行機能による利点
・HTMLファイルなどが簡単にリクエストできる。
・サーバ起動→ブラウザ起動→URL入力の手順が自動化される。

> すごい！　楽ちんだ！

> せっかくのEclipseの機能だからね。使えるようになろう。

2.5.7　問題解決のために「虎の巻」を活用

> さあ、サーブレットの勉強に進めるぞ！

> と、その前に。うまくいかなくなったときのことを言っておくよ。

以降の章からは、「サーブレットクラス」、「JSP ファイル」といったプログラムを学習していきますが、先述の 404 ページのように、必ずどこかで思うような結果にならないことが出てきます。

Web アプリケーションには、Java、HTML、アプリケーションサーバなど複数の要素が絡むため、うまくいかなかったときの原因を見つけるのが難しいという問題があります。単にプログラムだけを見直せばいいというわけではありません。

Web アプリの技術自体はそんなに難しくない。Web アプリの難しさって、問題解決にあるんだよ。

そこで、**初心者がよく遭遇するトラブルの例と一般的な解決方法を「付録 C エラー解決・虎の巻」**としてまとめました。トラブルが発生したときに、ぜひ役立ててください。

Web サーバとアプリケーションサーバの併用

業務で使用されるような本格的な Web アプリケーションの場合、アプリケーションサーバ内の Web サーバの機能を利用するのではなく、Web サーバ専用機を別に用意して、アプリケーションサーバと連携させることが多くあります。そのほうが Web アプリケーションの性能などを高めることができるからです。

個人の学習用としては準備などに手間がかかるので本書ではそのようにはしませんが、開発の現場を目指す場合は、そうしたことは知っておくとよいでしょう。

2.6 この章のまとめ

2.6.1 この章で学習した内容

Web ページ公開のしくみ

・ブラウザは Web サーバに HTML ファイルをリクエストする。

・Web サーバはリクエストされた HTML ファイルの内容をレスポンスする。

・ブラウザのリクエスト先を表すものが URL である。

リクエストとレスポンスのしくみ

・リクエストには GET リクエストや POST リクエストがある。

・レスポンスの際にリクエストの処理結果を表すステータスコードが送られる。

・レスポンスの際にレスポンスの内容を表す Content-Type ヘッダが送信される。

Web アプリケーション

・Web アプリケーションは、ブラウザを使って実行できるアプリケーションである。

・Web アプリケーションの中核となるのがサーバサイドプログラムである。

・サーバサイドプログラムを実現する技術として「サーブレット」や「JSP」がある。

・アプリケーションサーバは Web サーバに加えプログラム実行機能を持つ。

・サーブレットの実行環境を特に「サーブレットコンテナ」という。

Web アプリケーション開発環境

・サーブレットや JSP の開発には、Eclipse 等の IDE を用いるのが主流である。

・Eclipse にプラグインを加え、Apache Tomcat を同梱したものが Pleiades である。

・Web アプリケーションは Eclipse の動的 Web プロジェクトで作成する。

第Ⅰ部　Web のしくみを知ろう

2.7　練習問題

練習 2-1
次の文章の（1）～（12）に適切な語句を入れてください。

Web ページを公開するには （1） というコンピュータに HTML ファイルを配置し、ブラウザを使って要求する。どの （1） のどの HTML ファイルを要求するかを指定するのに使用されるのが （2） である。

ブラウザが （1） に要求することを （3） という。 （3） には、いくつかの方法があり、代表的なものは （4） と （5） である。また、 （1） がブラウザの （3） に応えることを （6） といい、応答するデータの種類を表す （7） と処理結果を表す「ステータスコード」を、ヘッダ部を使って送信する。この （1） とブラウザのやり取りは （8） というプロトコルで決められている。

Web アプリケーションはブラウザで実行できるアプリケーションで、その中核となるのがサーバサイドプログラムである。Web アプリケーションには、 （1） にサーバサイドプログラムを実行する機能（環境）を備えた、 （9） というコンピュータが必要となる。特に Java によるサーバーサイドプログラムを （10） と呼び、 （10） を実行できる環境を （11） という。

Java によるサーバサイドプログラムには （12） というものがあるが、これは （10） に変換され、最終的には同じものとなる。

練習 2-2
以下の HTML ファイルをリクエストする URL を答えてください。サーバ名は「localhost」、Apache Tomcat のポート番号は「8080」、動的 Web プロジェクトの名前は「hoge」とします。

（1）WebContent 直下に保存されている foo.html
（2）WebContetn 直下の bar ディレクトリに保存されている foo.html

第2章 Webのしくみ

2.8 練習問題の解答

2
章

練習 2-1 の解答

(1)Web サーバ　(2)URL　(3)リクエスト

(4)と(5)(順不同)GET リクエスト、POST リクエスト　(6)レスポンス

(7)Content-Type ヘッダ　(8)HTTP　(9)(Web)アプリケーションサーバ

(10)サーブレット　(11)サーブレットコンテナ　(12)JSP

練習 2-2 の解答

(1) http://localhost:8080/hoge/foo.html

(2) http://localhost:8080/hoge/bar/foo.html

---

hoge、foo、bar の意味

　本書のところどころで登場する「hoge」「foo」「bar」の意味が気になる方がいらっしゃると思います。これらは「メタ構文変数」と呼ばれるもので、特に意味は持っていません。サンプルなどに出てくる意味を持たないものに名前を付けるときに使用されます。ざっくり言ってしまえば「○○」や「ほにゃらら」みたいな感じです。日本では「hoge」「piyo」「fuga」など、英語圏では「foo」「bar」「baz」などがよく使用されます。

　著者世代では有名なのですが、新人研修をしているとよく意味を聞かれます。どうやら若者の hoge 離れが進んでいるみたいですね。IT 関係の技術書を読むとよく出てくるので、知っておくとよいでしょう。

第 II 部
開発の基礎を身に付けよう

第3章 サーブレットの基礎
第4章 JSPの基本
第5章 フォーム

Web アプリを作ってみよう

Web ページを作るのって楽しかったなあ。

Eclipse が便利でびっくりしたわあ。

余韻に浸るのはそれぐらいにして「サーブレット／ JSP」の学習に入ろうか。

いよいよですね。楽しみやわあ。Java、バリバリ書きまくるで。

はは。まずは基礎を固めるところからだよ。

　第Ⅰ部では、Web のしくみを学び、統合開発環境のインストールを行いました。これで、サーブレットと JSP による Web アプリケーションを開発する準備が整い、いよいよ学習のスタートを切ることができます。第Ⅱ部では、シンプルな Web アプリケーションを作りながら、サーブレットと JSP の基礎知識を身に付けていきましょう。

第3章

サーブレットの基礎

いよいよサーブレットの学習のスタートです。といっても、サーブレットの文法は数多くあるので一度にすべてマスターすることはできません。まずは基本の「作って、実行！」の方法を楽しみながら学習していきましょう。

CONTENTS

3.1 サーブレットの基礎と作成方法
3.2 サーブレットクラスの実行方法
3.3 サーブレットクラスを作成して実行する
3.4 サーブレットの注意事項
3.5 この章のまとめ
3.6 練習問題
3.7 練習問題の解答

3.1 サーブレットの基礎と作成方法

3.1.1 サーブレットとは

さあ「サーブレット」の基礎を学習しよう。リクエストするたびに結果が変わるような Web ページが作れるようになるよ。

　サーブレットは Java を使ってサーバサイドプログラムを作るための技術です。私たちはサーブレットの文法に従い、**サーブレットクラス**というクラスを開発することで、アプリケーションサーバ上でそれらを実行することができるようになります。**サーブレットクラスはブラウザからのリクエストによって実行され、その実行結果を HTML で出力します**。出力された HTML は、アプリケーションサーバによってブラウザにレスポンスされます（図 3-1）。

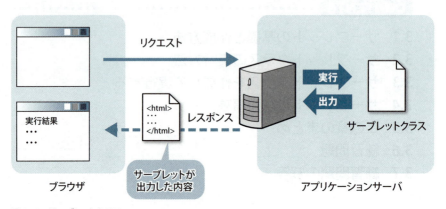

図 3-1　サーブレットクラス

ブラウザからリクエストが届いたときに、HTML ファイルをその場で作って送る感じやね。

3.1.2 サーブレットクラスの作成ルール

サーブレットクラスは、通常のクラスと同様にクラス定義を行って作成します。ただし、**サーブレットクラスを定義するには、いくつか守らなければならないルールがあります**。どのようにクラス定義をするか、基本的なサーブレットクラスの例としてコード 3-1 を見てみましょう。

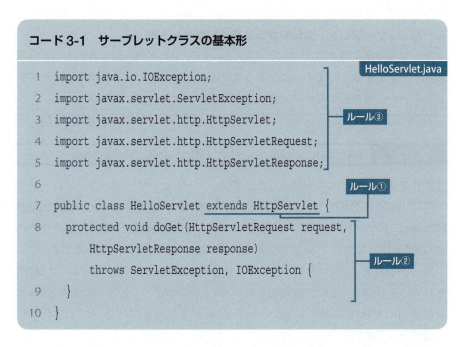

コード 3-1　サーブレットクラスの基本形

サーブレットでは以下の 3 つのルール（コード 3-1 の①〜③のコード部分）に従ってクラス定義をします。これらは「お約束」なので難しく考えず、割り切って覚えてしまいましょう。しかも、**Eclipse を使えば、これらの「お約束」は Eclipse が自動で書いてくれます**ので、細かく覚える必要はありません。

ルール①　javax.servlet.http.HttpServlet クラスを継承する

HttpServlet クラスはサーブレットクラスの「もと」となるクラスです。このクラスを継承することで、サーブレットクラスという特別なクラスを一から作成する必要がなくなります。

ルール②　doGet() メソッドをオーバーライドする

doGet() メソッドは、サーブレットクラスがリクエストされると実行されるメソッドです。いわば、サーブレットクラスのメインメソッドと解釈すればよいでしょう。このメソッドはスーパークラスである HttpServlet クラスのメソッドをオーバーライドして作成するので、宣言部分が非常に長くなりますが、基本的にはコード 3-1 のとおりに書く必要があります。

ルール③　サーブレット関係のクラスをインポートする

サーブレット関係のクラスは、主に「javax.servlet」と「javax.servlet.http」の両パッケージに入っています。コード 3-1 でインポートしているクラスは、サーブレットクラスを作成するために最低限インポートする必要があります。

3.1.3　HttpServletRequest と HttpServletResponse

ブラウザからリクエストが届くと、アプリケーションサーバはサーブレットクラスの doGet() を呼び出します。このとき引数として渡される **HttpServletRequest** はブラウザから届いた「リクエスト」、**HttpServletResponse** はサーバから送り出す「レスポンス」に関係する情報と機能を持つインスタンスです。

サーブレットクラスでは、基本的に HttpServletRequest インスタンスに格納されているリクエストの詳細情報を取り出し、計算などのさまざまな処理を行い、結果画面の HTML 情報を HttpServletResponse インスタンスを用いてブラウザに送り返します。

Web アプリケーション特有の処理のほとんどは、この 2 つのインスタンスを用いて実現することができます。いわば、Web アプリケーション開発の 2 大道具なのです（図 3-2）。

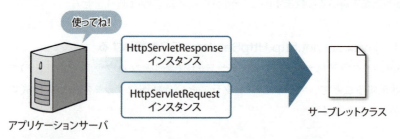

図 3-2　HttpServletRequest と HttpServletResponse

3.1.4　HTMLを出力

次はHTMLの出力方法だ。これを覚えれば、実行結果をブラウザに表示できるようになるよ。

doGet()メソッド内には、リクエストによって実行する処理を記述します。どのような処理を書くかはアプリケーションによって違いますが、**常に必要となるのがHTMLを出力する処理**です。HTMLの出力はHttpServletResponseインスタンスを使用して、コード3-2のように記述します。

コード3-2　HTMLの出力（doGet()メソッド内）

HelloServlet.java

```
 8    protected void doGet(HttpServletRequest request,
          HttpServletResponse response)
          throws ServletException, IOException {
 9        response.setContentType("text/html; charset=UTF-8");   ← 処理①
10        PrintWriter out = response.getWriter();
11        out.println("<html>");
12        out.println("…");                                      処理②
13        out.println("</html>");
14    }
```

コード中に処理①、②と示した部分では、次のような処理を行っています。

処理①　Content-Typeヘッダの設定

HttpServletResponseのsetContentType()メソッドを使用して、レスポンスのContent-Typeヘッダ（P57参照）を指定します。指定する内容は、サーブレットクラスが出力するデータの内容に合わせる必要があります。**HTMLを出力する場合は「"text/html; charset=HTMLの文字コード"」とします**。コード3-2は「文字コードがUTF-8のHTML」を出力する例です。

処理② HTMLを出力

実行結果のHTMLを出力する処理です。**この処理はContent-Typeヘッダの設定後に行わなければなりません。** HttpServletResponseのgetWriter()メソッドで取得できるjava.io.PrintWriterインスタンス（importが必要）のprintln()メソッドで行います。これは、Javaを少し知る人にはお馴染みのSystem.out.println()メソッドと同じように使用できます。HTMLは、処理①のsetContentType()メソッドで設定した文字コードで出力されます。なお、HTMLを出力する文字コードは、サーブレットクラスファイルの文字コードには左右されません。

以上の処理をまとめたものが図3-3になります。**HTML出力の方法は、「お約束」の集まりです。構文として覚えてしまいましょう。**

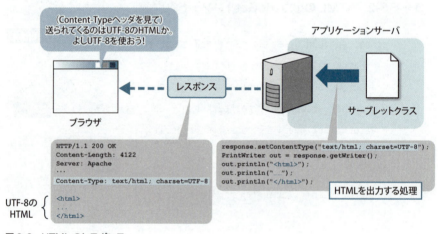

図3-3 HTMLのレスポンス

 サーブレットクラスでHTMLを出力する

response.setContentType("text/html; charset=HTMLの文字コード");

PrintWriter out = response.getWriter();

out.println("…");

※「java.io.PrintWriter」をインポートする必要がある。

※「response」はHttpServletResponseインスタンス。

3.1.5　サーブレットクラスのコンパイルとインスタンス化

　作成したサーブレットクラスを実行するには、通常のクラスと同様にコンパイルとインスタンス化が必要です。**コンパイルは、Eclipseを使用している場合、「上書き保存」時に自動で行われます**。また、**サーブレットクラスをリクエストするとアプリケーションサーバが自動的にインスタンス化を行う**ので、いずれも開発者が手動で行う必要はありません。

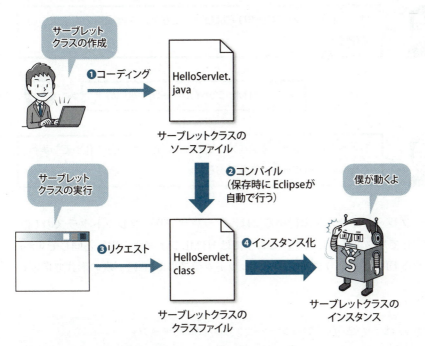

まず、サーブレットクラスを作成する（コーディング（❶）とコンパイル（❷）を行う）。
そしてブラウザがサーブレットクラスをリクエストする（❸）と、アプリケーションサーバが
インスタンスを生成して実行する（❹）。

図3-4　**サーブレットのコンパイルとインスタンス化**

　サーブレットクラスを実行したとき実際に動くのは、アプリケーションサーバが生成したサーブレットクラスのインスタンスです。これをイメージしたのが図3-4の右下のキャラクターです（以後、登場の際には、もととなるサーブレットクラスの名前が併記されることもあります）。今後も活躍するので注目していてください。

3.2 サーブレットクラスの実行方法

3.2.1 サーブレットクラスの URL

サーブレットクラスの作り方はわかったかな。次は実行の方法について学ぼう。

えっ、HTML ファイルと一緒やないの？

ちょっと違うんだ。違いを知っておかないと、せっかく作っても実行できないからちゃんと覚えておこう。

　サーブレットクラスを実行するには、ブラウザでサーブレットクラスの URL を指定してリクエストします。ここまでは HTML ファイルの実行と同じですが、指定する URL が異なります。サーブレットクラスの URL は、次の形式で指定します。

> http://<サーバ名>/<アプリケーション名>/<URLパターン>

　サーブレットクラスはファイル名ではなく **URL パターン**というものを URL 中に指定します。URL パターンは、サーブレットクラスをリクエストするときに使用する名前で、開発者が自由に設定することができます。
　たとえば、「HelloServlet」というクラス名のサーブレットクラスに「hello」という URL パターンを設定した場合、そのクラスをリクエストするときの URL は、
　http://< サーバ名 >/< アプリケーション名 >/hello
になります。

サーブレットクラスのアダ名みたいなもんか。

　言い換えれば、**サーブレットクラスは URL パターンを設定しないとリクエストして実行することができません**。したがって、URL パターンの設定方法を理解することが非常に重要なのです。

3.2.2　URL パターンの設定

　サーブレットクラスの URL パターンは「@WebServlet アノテーション」で設定します。**アノテーション**（注釈）は Java 5 から追加された機能で、クラスやメソッドなどに関連情報を付加することができます。アノテーションで付加された情報は、外部ツールに読み込ませることが可能です。

　サーブレットクラスに @WebServlet アノテーションを加えると、アプリケーションサーバがそれを読み取り、URL パターンの設定を行います。

@WebServlet アノテーション

@WebServlet("/URLパターン")

※ URL パターンは「/」から始める。
※ javax.servlet.annotation.WebServlet をインポートする必要がある。

　URL パターンには任意の文字列を設定することができます。コード 3-3 は、サーブレットクラス HelloServlet に「hello」という URL パターンを設定している例です。「/servlet/hello」と設定して URL の階層を増やしたり、「hello.html」と設定して HTML ファイルのように見せることもできます。

　もちろん、クラス名と同じにしても問題ありません。**Eclipse でサーブレットクラスを作成した場合、URL パターンはクラス名と同じものが自動で設定されます**。

第 II 部　開発の基礎を身に付けよう

コード 3-3　URL パターンの設定

`HelloServlet.java`

```
1  import javax.servlet.annotation.WebServlet;
2      ⋮
3  @WebServlet("/hello")
4  public class HelloServlet extends HttpServlet {
5      ⋮
6  }
```

3.2.3　サーブレットクラスを実行する

　サーブレットクラスに URL パターンを設定したら、ブラウザからリクエストして実行できるようになります。ブラウザからリクエストする方法には、HTMLファイルをリクエストするときと同様、次の 2 つの方法があります。

方法①　ブラウザを起動して URL を入力する

　ブラウザを起動し、サーブレットクラスの URL を入力してリクエストします（このとき、アプリケーションサーバを起動しておく必要があります）。

方法②　Eclipse の実行機能（付録 A 参照）を利用する

　リクエストするサーブレットクラスを選択し、右クリックから「実行」→「サーバで実行」を選択します。

　また、次のような方法もあります。

方法③　サーブレットクラスへのリンクをクリックする

　次のように記述したリンクをクリックして、サーブレットクラスをリクエストします。

```
<a href="/アプリケーション名/URLパターン">リンク文字列</a>
```

　多くの場合、Webアプリケーションに対する最初のリクエストは方法①や②によって実行されます。このリクエストに対するレスポンスのHTMLにはリンクが含まれていることが多く、ユーザーは以後、方法③を用いて次々とページを渡り歩くことになります（図3-5）。

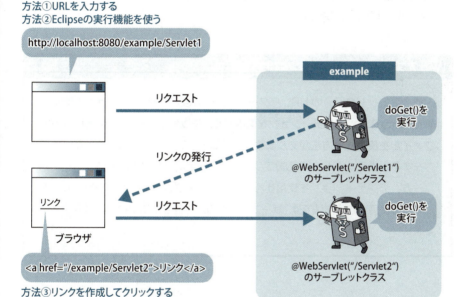

図3-5　サーブレットクラスの実行の方法

　なお、サーバにリクエストを送る方法としては、今回紹介した3つのほかに、第5章で解説する「フォーム」を使って実行する方法もあります。

3.2.4　リクエストメソッドと実行メソッド

　URLの入力、またはリンクのクリックでサーブレットクラスをリクエストした場合、doGet()メソッドが実行されます。しかし、サーブレットクラスは常にdoGet()メソッドを実行するとは限りません。

第Ⅱ部　開発の基礎を身に付けよう

　サーブレットクラスが実行するメソッドは、リクエストメソッド（第2章2.2.2項）によって決まります。具体的には、**GETリクエストされたらdoGet()メソッドを、POSTリクエストされたらdoPost()メソッドを実行**します。

　URLの入力、またはリンクのクリックでリクエストしたときは、ブラウザは自動的にGETリクエストを行います。そのため、図3-5ではdoGet()メソッドが実行されていたのです。

　doPost()メソッドはdoGet()メソッドと名前が異なるだけで、引数や戻り値、throwsに記述する例外は同じです。POSTリクエストでサーブレットクラスをリクエストする場面は、第5章で登場します。

Webアプリケーションに関する設定の方法

　サーブレットクラスのURLパターンなど、**Webアプリケーションに関する設定を行うには、アノテーションを使用する方法以外に、web.xmlという設定ファイルを使用する方法があります**。これはサーブレットが誕生したときから存在する方法で、XML形式の設定ファイルに設定情報を記述します。

　一方、アノテーションを使用する方法は、サーブレットのバージョンが3.0以降から使用できる方法です（サーブレットのバージョンについては付録D.1.3参照）。

3.3 サーブレットクラスを作成して実行する

3.3.1　Eclipseでサーブレットクラスを定義

よし。知識はこれくらいにしてEclipseで実際に作ってみよう。せっかくだから、実行結果のWebページが毎回変わるようにするよ。

　Eclipseを使って簡単な占いを作成しましょう。占いの結果はランダムになるため、実行結果のWebページは実行のたびに変わります（図3-6）。

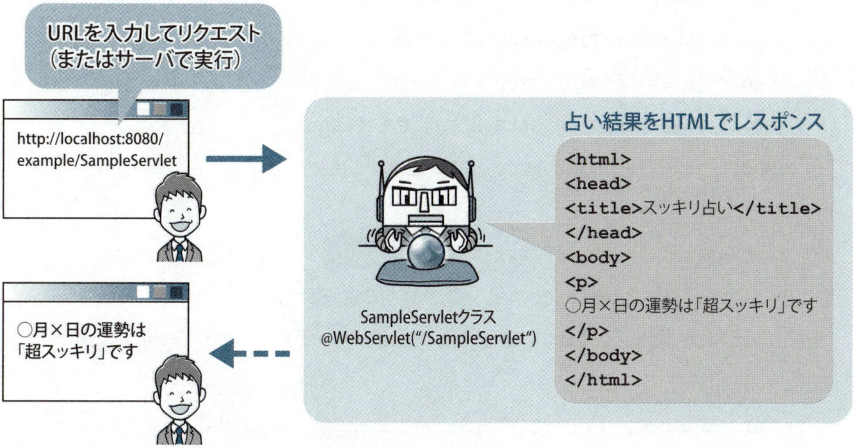

図3-6　Eclipseを使って簡単な占いを作成する、その全体像

　サーブレットクラスのURLパターンは、クラス名と同じ「SampleServlet」にします。
　付録Aを参考にして動的Webプロジェクト「example」にこのサーブレットクラスを新規作成しましょう。
　Eclipseでサーブレットクラスを新規作成すると、インポートやアノテーショ

第 II 部　開発の基礎を身に付けよう

ンなどサーブレットクラスの「お約束」は自動で書かれます。コード 3-4 を参考にしてコードを追加し、サーブレットクラスを完成させてください（Eclipse によって書かれるコメントは省略しています）。追加の import 文は Eclipse が必要に応じて自動で記述してくれるので、doGet() の中を追加しましょう。

コード 3-4　占い結果を HTML でレスポンスするサーブレットクラス

SampleServlet.java
（servlet パッケージ）

```java
 1   package servlet;
 2
 3   import java.io.IOException;
 4   import java.io.PrintWriter;
 5   import java.text.SimpleDateFormat;
 6   import java.util.Date;
 7   import javax.servlet.ServletException;
 8   import javax.servlet.annotation.WebServlet;
 9   import javax.servlet.http.HttpServlet;
10   import javax.servlet.http.HttpServletRequest;
11   import javax.servlet.http.HttpServletResponse;
12
13   @WebServlet("/SampleServlet")
14   public class SampleServlet extends HttpServlet {
15       private static final long serialVersionUID = 1L;
16
17       protected void doGet(HttpServletRequest request,
             HttpServletResponse response)
             throws ServletException, IOException {
18           // 運勢をランダムで決定
19           String[] luckArray = { "超スッキリ", "スッキリ", "最悪" };
20           int index = (int) (Math.random() * 3);
21           String luck = luckArray[index];
22
23           // 実行日を取得
```

基本的に Eclipse が自動で追加する（3～6 行目）

解説①（13 行目）

解説②（15 行目）

補足①（18 行目）

補足②（23 行目）

94

第3章　サーブレットの基礎

```
24      Date date = new Date();
25      SimpleDateFormat sdf = new SimpleDateFormat("MM月dd日");
26      String today = sdf.format(date);
27
28      // HTMLを出力 ┓━ 解説③
29      response.setContentType("text/html; charset=UTF-8");
30      PrintWriter out = response.getWriter();
31      out.println("<html>");
32      out.println("<head>");
33      out.println("<title>スッキリ占い</title>");
34      out.println("</head>");
35      out.println("<body>");
36      out.println("<p>" + today + "の運勢は「" + luck + "」です</p>");
37      out.println("</body>");
38      out.println("</html>");
39   }
40 }
```

解説①　URLパターン

Eclipseでサーブレットクラスを作成すると、URLパターンは「/クラス名」が自動的に設定されます。したがって、基本的にサーブレットクラスは下記のURLでリクエストできます。

```
http://<サーバ名>/<アプリケーション名>/<クラス名>
```

なお、Eclipseで設定されるURLパターンを初期の設定から変更する場合は、アノテーションを書き直してください。また、Eclipseが@WebServletアノテーションを自動で記述するのは、サーブレットクラスを「新規作成」したときだけです。**既存のサーブレットクラスをコピーして作成、またはサーブレットクラスの名前を変更した場合、@WebServletアノテーションは自動で変更されません。必要に応じて修正してください。なお、サーブレットクラスのURLパターンが重複すると、サーバが起動しなくなるので注意してください。**

サーブレットクラスの名前変更、コピー時の注意

・サーブレットクラスを新規で作成した場合、Eclipse が @WebServlet アノテーションを自動で記述する。

・既存のサーブレットクラスをコピーして作成、またはサーブレットクラスの名前を変更した場合、@WebServlet アノテーションは自動で変更されないので手作業で修正する。

解説②　serialVersionUID フィールド

Eclipse でサーブレットクラスを作成すると、このフィールドが定義されます。現時点では考慮する必要はありません。

解説③　HTML の出力

この例でレスポンスされる HTML は、DOCTYPE 宣言と、meta タグによるブラウザの文字コードの指定を省いた簡単な HTML です。

補足①　運勢をランダムに決定

java.lang.Math クラスの random() メソッドは 0 〜 1 未満の値の乱数を返します。その戻り値を N 倍して int 型にキャストすると、0 〜 N − 1 の整数の乱数を取得できます。今回は 0 〜 3 未満の整数の乱数を取得し運勢の判定に使用しています。

補足②　実行日の取得

java.util.Date のインスタンスを生成すると実行日時の情報が格納されます。java.text.SimpleDateFormat を使用すると、Date が持つ情報を、指定したフォーマットで取得することができます。今回は「○月×日」という形式で取得して、today に代入しています。

3.3.2　サーブレットクラスを実行

　サーブレットクラスが定義できたら、ブラウザからリクエストして実行しましょう (P90 の 3.2.3 項参照)。

　ブラウザを起動して「http://localhost:8080/example/SampleServlet」と URL を入力するか、Eclipse の実行機能 (付録 A 参照) を使います。

　正常に実行できた場合は、図 3-7 の左に示す成功例のような Web ページが表示されます。

成功例

失敗例 (500 ページ)

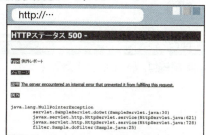

実行日　　占いの結果
　　　　（ランダムに変わる）

図 3-7　コード 3-4 の実行結果

あれ？　HTTP ステータス 500 って表示された…。

　実行中に問題 (多くの場合は例外が原因) が発生した場合、アプリケーションサーバから、ステータスコード「500」とともにエラーページである「500 ページ」がレスポンスされ表示されます (図 3-7 右の失敗例)。

　500 ページなどのエラーページが表示された場合、ページに表示されているメッセージや「付録 C　エラー解決・虎の巻」を参考にして解決しましょう。

　ただし、ソースコードを修正する際には、陥りやすい落とし穴があります。次の節では、サーブレットクラスの作成で発生しやすい問題と対処方法を解説していますので、修正前に目を通しておきましょう。

3.4 サーブレットの注意事項

3.4.1 サーブレットクラスの内容を変更するときの注意

よし！ サーブレットクラスで自己紹介ページを作ったぞ！

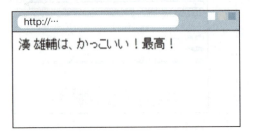

図 3-8 湊くんが作成したサーブレットクラスの実行結果

またや…。自分でかっこいいとか、ありえん。こっそり変更しとこ！

コード 3-5　湊くんが作成したサーブレットクラスのソースコードの抜粋

```
1    String name = "湊 雄輔";
2    // HTMLをレスポンス
3    response.setContentType("text/html; charset=UTF-8");
4    PrintWriter out = response.getWriter();
5    out.println("<html>");
6    out.println("<head>");
7    out.println("<title>" + name + "のプロフィール</title>");
8    out.println("</head>");
```

```
 9      out.println("<body>")
10      out.println(name + "は、かっこいい！最高！");
        out.println(name + "は、かっこいい？ ");
11      out.println("</body>");
12      out.println("</html>");
```

（10行目：綾部さんが勝手に変更）

あっ、こらっ！

ほれっ、実行！ …あれ？ 変わってへん。

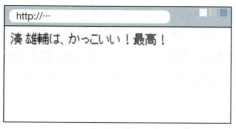

図 3-9　綾部さんが変更を加えた後の実行結果

　このように**ソースコードを変更して実行しても、実行結果に反映されないことがあります**。こうなる原因はサーブレットのしくみにあります。詳しくは第 11 章で解説しますので、現時点ではこのような場合の対処方法を覚えておきましょう。

対処方法①　サーバを再起動する

　サーバを再起動すれば内容の変更は必ず結果に反映されます。サーバは手作業で再起動することも可能ですが、**Eclipse の実行機能を使ってサーバの再起動を自動化する**ことができます。

　Eclipse の実行機能を使用すると、サーバの再起動が必要な場合は次ページ図 3-10 のような再起動を促すダイアログが表示されます。「OK」をクリックすると、サーバ再起動→リクエスト→実行という処理が自動で行われます（手作業でサーバを再起動する方法は付録 A を参照してください）。

図3-10 サーバの再起動確認メッセージ

対処方法② しばらく待つ

　Apache Tomcatのオートリロード機能が有効の場合、サーブレットクラスのソースコードを上書き保存して少し待つと、Eclipse画面下部の「コンソール」ビューに「情報: このコンテキストの再ロードが完了しました」と表示されます（図3-11）。このメッセージが表示された場合、サーブレットクラスの変更が反映されています。このメッセージの表示後に、サーブレットクラスをリクエストして変更が反映されています。ただし、**本書で使用するApache Tomcatでは、オートリロード機能はデフォルトでは有効になっていません**。有効にする場合は付録Aを参照してください。

図3-11 サーブレットクラスの変更が反映されたときのメッセージ

3.4.2　サーブレットの基本の学習方法

> よし。なんとなくわかったから、次いこかー。

> ダメダメ。体で覚えるまでは先を急がないこと。

　サーブレットクラスを作成して動かす方法を頭で理解するだけではなく、**実際に作って実行できるようになることが大事です**。この時点でしっかり学習しておけば、第III部以降の内容をスムーズに理解することができるでしょう。湊くんが作った自己紹介ページのような簡単なものでよいので、Webページを出力するサーブレットクラスをたくさん作って体で覚えましょう。余裕があれば「java.util.Date」などAPIのクラスも利用してみてください。

> わざとエラーを発生させて、どんなエラーページやメッセージが表示されるかを見る練習をすると効果的だよ。

3.4.3　サーブレットクラスのAPIドキュメント

> HttpServletResponseのことを詳しく調べたくて、APIドキュメントを見ているんだけど載っていないぞ。おかしいなあ。

> 調べるとは感心感心。でも見ているのはJava SEのAPIドキュメントだね。残念だけどそこには載っていないんだ。

　サーブレットはJava SEではなくJava EEの技術なので、Java SEのAPIドキュメントではなくJava EEのAPIドキュメントに掲載されています（Java EEについては付録D.1.1参照）。

● Java EE API ドキュメント

https://javaee.github.io/javaee-spec/javadocs/

あった。あれ？ HttpServletResponseってクラスじゃなくてインタフェースですよ。

実は、HttpServletResponseはクラスではなくインタフェースです。インタフェースからはインスタンスを生成できないので、本章で登場したHttpServletResponseインスタンスというのは正確にいうと存在しません。

えっ。じゃあ何ものなんですか。

「あるクラス」のインスタンスだよ。

HttpServletResponseインスタンスの正体は、HttpServletResponseインタフェースを実装した「あるクラス」のインスタンスです。「あるクラス」というのはアプリケーションサーバが提供します。ただ、この「あるクラス」をプログラマが直接意識する必要はありません。「あるクラス」はHttpServletResponseインタフェースを実装しているので、HttpServletResponseインタフェースで利用できるようになっています。いわば「あるクラス」は、ざっくり見れば「HttpServletResponse」クラスとして扱うことができます。よって本書では、「HttpServletResponse」はクラスという表現をしています（インタフェースについては、『スッキリわかるJava入門 第2版』を参照してください）。

これはHttpServletResponseだけでなく、その他のサーブレット関係のインタフェースでも同様です。たとえば、第8章で登場するHttpSessionも正体はインタフェースですが、HttpSessionクラスとして扱っています。

つまり、あまり気にせずクラスと思っておけってことですね。

3.5 この章のまとめ

サーブレットクラスについて
・サーブレットクラスはブラウザからリクエストして実行できる。
・サーブレットクラスの実行結果は、一般的には HTML（Web ページ）である。

サーブレットクラスの定義方法について
・javax.servlet.http.HttpServlet を継承する。
・doGet() メソッドをオーバーライドして処理を記述する。
・doGet() の引数の HttpServletRequest はリクエストに関する情報と機能を持つ。また、doGet() の引数の HttpServletResponse はレスポンスに関する情報と機能を持つ。

HTML のレスポンスについて
・HttpServletResponse の setContentType() で Content-Type ヘッダを指定する。
・HttpServletResponse の getWriter() で PrintWriter インスタンスを取得して HTML を出力する。

サーブレットクラスの URL と URL パターンについて
・サーブレットクラスの URL は以下の形式となる。
　　http:// < サーバ名 >/< アプリケーション名 >/<URL パターン >
・URL パターンは @WebServlet アノテーションを使って設定する。
・Eclipse 使用時は自動的にクラス名が URL パターンに設定される。

サーブレットクラスの実行について
・GET リクエストされた場合、doGet() メソッドが実行される。
・サーブレットクラスのソースコードを修正しても、実行結果にすぐに反映されないことがある。

第 II 部　開発の基礎を身に付けよう

3.6　練習問題

練習 3-1

動的 Web プロジェクト「lesson」内にある次のコードのサーブレットに対して、
ブラウザから URL「http://localhost:8080/lesson/ex1」にリクエストして実行で
きるようにするために、①から④に適切な記述をしてください。

```
// import文は省略
@WebServlet("①")
public class EX1 extends HttpSrevlet {
    protected void ②(HttpServletRequest request,
        HttpServletResponse response)
        throws ServletException, IOException {
    // UTF-8のHTMLをレスポンス
    response.setContentType("③");
    PrintWriter out = ④.getWriter();
    out.println("<html><body>Hello </body></html>");
    }
}
```

練習 3-2

練習 3-1 の③部分で、誤った値として ABCDE を指定するようコードを修正し
てください。これを実行するとブラウザはどう動作したか、またなぜそのような
動作になるか、「Content-Type ヘッダの意味」を含めて考えてください。

第 3 章　サーブレットの基礎

3.7　練習問題の解答

練習 3-1 の解答

① /ex1　② doGet　③ text/html; charset=UTF-8　④ response

練習 3-2 の解答

・ブラウザの動作

　コードの③部分を ABCDE に修正してブラウザから実行すると、多くのブラウザはサーバから送られてきた HTML 文字列を画面に表示せず、ファイルとして保存しようと動作します（実際の動作はブラウザの種類やバージョンに依存します。少数ですがファイルとして保存しようとしないブラウザも存在します）。

・動作の理由

　コードの③部分が正しく「text/html; charset=UTF-8」と指定されている場合、Web サーバは Web ブラウザに対して次のようなレスポンスを返しています。

```
HTTP/1.1  200  OK
Content-Type: text/html; charset-UTF-8
  ⋮
<html><body>Hello </body></html> ]━ レスポンスのボディ部
```

　ブラウザは、Content-Type ヘッダを見て、レスポンスのボディ部の情報が HTML であると理解し、HTML コードを正しく画面に表示します。しかし③部分を変更すると、ブラウザに返される HTTP レスポンス中の Content-Type ヘッダも「ABCDE」という値に変化します。ブラウザは、Content-Type ヘッダを見ても、レスポンスのボディ部の情報が HTML ／画像／音声／ PDF のいずれか、区別できません。画面に表示できない可能性も考慮し、多くのブラウザでは「処理方法が不明な種類のコンテンツを受信したら、レスポンスのボディ部をとりあえずファイルとして保存する」という動作を採用していると想像されます。

105

第4章

JSP の基本

サーブレットの次は JSP の基本を学習しましょう。この JSP も Web アプリケーションを作成するのに欠かすことができません。JSP の文法も数多くあります。サーブレットを学習したときと同様に、ここでも「作って、実行!」のやり方を繰り返して身に付けていきましょう。

CONTENTS

4.1 JSP の基本
4.2 JSP の構成要素
4.3 JSP ファイルの実行方法
4.4 JSP ファイルを作成して実行する
4.5 この章のまとめ
4.6 練習問題
4.7 練習問題の解答

4.1 JSPの基本

4.1.1 JSPとは

サーブレットってprintln()ばっかりで大変やな…。こんなんでかっこいいページを出力するなんてムリやわー。

困っているようだね。いい解決方法を紹介するよ。それは「JSP」だ！
JSPを使うと出力を楽にすることができるよ。

「JSP（JavaServer Pages）」は、サーブレットと同じ、サーバサイドプログラムの技術です。サーブレットクラスの代わりに**JSPファイル**を使用します（図4-1）。

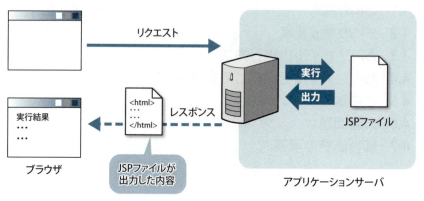

図4-1　JSPのしくみ

JSPファイルは、リクエストされるとサーブレットクラスに変換されるため、サーブレットクラスでできることはJSPファイルでも行うことができます（図4-2）。

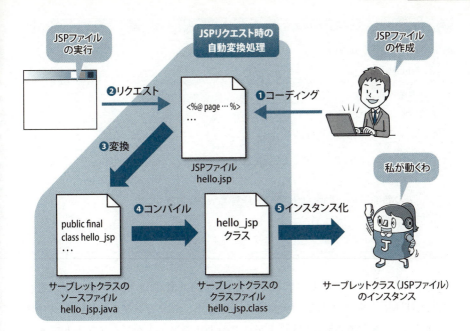

まず、JSPファイルをコーディング(❶)して作成する。ブラウザがJSPファイルをリクエストすると、アプリケーションサーバがJSPファイルをサーブレットクラスに変換・コンパイルし(❸、❹)、そのインスタンスを生成して実行する(❺)。

図 4-2　JSP ファイルはサーブレットクラスに変換される

　図4-2右下のキャラクターは、JSPファイルを実行したとき実際に動くJSPファイルのインスタンスを表しています(P87の図3-4で紹介したキャラクター同様、これ以降の解説で頻繁に登場しますが、もし下にファイル名が書かれていた場合、もととなったJSPファイルを示します)。

　JSPファイルを使用すると、HTMLの出力を非常に楽にすることが可能です。その秘密はJSPファイルの書き方にあります。コード4-1のJSPファイルの例を見てください。

コード 4-1　JSP ファイルの例

```
1  <%
2  String name = "湊　雄輔";
3  int age = 23;
```

第 II 部　開発の基礎を身に付けよう

```
4   %>
5   <!DOCTYPE html>
6   <html>
7   <head>
8   <meta charset="UTF-8">
9   <title>JSPのサンプル</title>
10  </head>
11  <body>
12  私の名前は<%= name %>。年齢は<%= age %>才です。
13  </body>
14  </html>
```

　見慣れない記号を含んでいますが、文字が青色の箇所は Java のコード、それ以外は HTML で記述されています。このように、**JSP ファイルは HTML の中にJava のコードを埋め込んで作成**します。この JSP ファイルをリクエストして実行すると、コード 4-2 の HTML が出力されるのです。

コード 4-2　コード 4-1 を実行して出力される HTML

```
1   <!DOCTYPE html>
2   <html>
3   <head>
4   <meta charset="UTF-8">
5   <title>JSPのサンプル</title>
6   </head>
7   <body>
8   私の名前は湊　雄輔。年齢は23才です。
9   </body>
10  </html>
```

　HTML だった箇所はそのまま出力され、さらに name と age の値も出力されています。このように、JSP ファイルなら、サーブレットクラスのように逐一

110

println() で出力する必要がありません。

すごい。HTML の出力がサーブレットクラスよりずっと楽だ。

JSP ファイルの特徴
・リクエストして実行する。
・サーブレットクラスに変換され、サーブレットクラスと同じことができる。
・HTMLのなかにJavaのコードを埋め込む。
・サーブレットクラスより楽にHTMLを出力できる。

JSP ファイルから作成されるサーブレットクラスの場所

　Eclipse を使用している場合、JSP ファイルから作成されたサーブレットクラスは、Eclipse ワークスペース内の以下の場所にあります。

.metadata¥.plugins¥org.eclipse.wst.server.core¥tmp0¥work¥Catalina¥localhost¥ プロジェクト名 ¥org¥apache¥jsp

　たとえば、JSP ファイル「hello.jsp」を作成して実行した場合、サーブレットクラスのソースファイル「hello_jsp.java」と、それをコンパイルした「hello_jsp.class」が上記の場所に作成されます。**まれに、JSP ファイルを修正したのに実行結果に反映されないなど、実行結果がおかしくなるときがあります**が、そのような場合、このディレクトリの中身を削除すると直ることがあります（付録 C の C.2.3 の **4** 参照）。

注意：ソースコードの背景色について
　本書では HTML と Java で背景色を区別しています（Java のほうが HTML より濃い）。両方が混ざる JSP ファイルは、背景を HTML の色にして Java（JSP の要素）の箇所を濃くしています。

4.2 JSP の構成要素

4.2.1 JSP ファイルの構成要素

まずは、前章で学んだサーブレットクラスと同じようなことを、JSP ファイルでできるようになるための知識を学ぼう。

コード 4-1 で見たように、JSP ファイルは HTML と Java のコードで構成されています。これらの JSP ファイルを構成する要素には名前が付いており、HTML で書かれた部分を**テンプレート**、Java のコードの部分を**スクリプト**と呼びます。スクリプトは、スクリプトレット、スクリプト式、スクリプト宣言から成ります。

これらを含め、JSP ファイルを構成する要素を表 4-1 にまとめました。スクリプト、ディレクティブ、アクションタグは、さらに細かい要素に分けることができます。要素ごとに役割（行えること）に違いがあります。

表 4-1 JSP ファイルを構成する要素

要素		扱う章
テンプレート		4 章
スクリプト	スクリプトレット	4 章
	スクリプト式	4 章
	スクリプト宣言	本書では扱わない
JSP コメント		4 章
ディレクティブ	page ディレクティブ	4 章
	include ディレクティブ	12 章
	taglib ディレクティブ	12 章
アクションタグ	標準アクションタグ	12 章
	カスタムタグ	12 章
EL 式		12 章

ここからは、基本的な JSP ファイルを作成する上で必要な要素である「スクリプトレット」「スクリプト式」「JSP コメント」「page ディレクティブ」について学習します（図 4-3。残りの要素は第 12 章で学びますが、スクリプト宣言は使用頻度が低いため、本書では扱いません）。

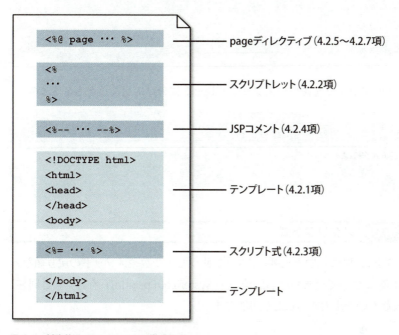

図 4-3　基本的な JSP ファイルの構成要素

4.2.2　スクリプトレット

スクリプトレットを使うと、JSP ファイルに Java のコードを埋め込むことができます。

スクリプトレットの構文
<% Javaのコード %>

スクリプトレットは 1 つの JSP ファイル内の好きな箇所に複数記述でき、スクリプトレット内で宣言した変数やインスタンスは、同じ JSP ファイルに記述された以降のスクリプトレットで使用できます。

```
<% int x = 10 , y = 20; %>
…
<% int z = x + y; %>
```

また、for 文や if 文を複数のスクリプトレットに分けて書くこともできます。

```
<% for(int i = 0; i < 5; i++){ %>
  <p>こんにちは</p>
<% } %>
```

4.2.3　スクリプト式

スクリプト式（単に「式」とも呼びます）を使うと、変数やメソッドの戻り値などを出力することができます。お馴染みの System.out.println() メソッドと同様、さまざまなものを出力することが可能です。

スクリプト式の構文

・基本構文

　　<%= Javaのコード %>

　　※ Java のコードにセミコロンは不要。

・出力される内容

　　<%= 変数名 %> → 変数に代入されている値

　　<%= 演算式 %> → 演算結果

　　<%= オブジェクト.メソッド() %> →メソッドの戻り値

　　<%= オブジェクト %> → オブジェクト.toString()の戻り値

4.2.4 JSP コメント

JSP コメントを使うと、JSP ファイルにコメントを入れることができます。プログラムをわかりやすく記述するためにはコメントは欠かすことができません。入れ方をぜひ覚えておきましょう。

JSP コメント

<%-- … --%>

ただし、スクリプトレット内にコメントを記述するには、通常の Java の文法に従ったコメントを使用する必要がありますので注意しましょう。

```
<%-- 変数のサンプル --%>
<%
// 変数を宣言
int x;
%>
```

4.2.5 page ディレクティブ

page ディレクティブを使うと、JSP ファイルに関するさまざまな設定を行うことができます。

page ディレクティブ

<%@ page 属性名="値" %>

※属性(属性名=" 値 ")を使って設定を行う。

※属性は半角スペースで区切ることで複数設定することができる。

pageディレクティブで使用できる主な属性とその意味については、次の表4-2を参考にしてください。

表4-2 主なpageディレクティブの属性

属性名	設定内容	デフォルト値
contentType	レスポンスのContent-Typeヘッダ	text/html; charset=ISO-8859-1
import	インポートするクラスまたはインタフェース	java.lang.*
		javax.servlet.*
		javax.servlet.jsp.*
		javax.servlet.http.*
pageEncoding	JSPファイルの文字コード	contentType属性の指定に準じる
language	使用する言語	java
session	セッション使用の可否	true
errorPage	キャッチされなかった例外の処理(エラーページ)	null
isErrorPage	エラーページかどうかの判断	false

このなかでよく使用されるのはcontentType属性とimport属性です。まずはこれらを優先して覚えましょう。

4.2.6 pageディレクティブ － Content-Typeヘッダを指定

JSPファイルもサーブレットクラス同様、出力する内容をContent-Typeヘッダで指定する必要があります(P57参照)。その指定を行うのがpageディレクティブのcontentType属性です。HTMLを出力する場合、次のように指定します。

HTMLを出力するJSPファイルの設定
　　<%@ page contentType="text/html; charset=文字コード" %>

たとえば、文字コードが UTF-8 の HTML をレスポンスする場合、次のように記述します。これは JSP ファイルのお約束のようなものなので、**Eclipse で JSP ファイルを作成したら自動で書いてくれます。**

```
<%@ page contentType="text/html; charset=UTF-8" %>
```

4.2.7　page ディレクティブ － クラス、インタフェースをインポート

page ディレクティブの import 属性を使用すると、クラス（またはインタフェース）をインポートすることができます。構文と例文を挙げておきましょう。

JSP ファイルでのインポート

　　　<%@ page import="パッケージ名.クラス名" %>

　　※クラス名は「*」でも可。

　　※以下の 4 つのパッケージは自動でインポートされる。

　　　java.lang、javax.servlet、javax.servlet.jsp、javax.servlet.http

---

例①　単一のクラスをインポートする場合

```
<%@ page import="java.util.ArrayList" %>
```

例②　複数のクラスをインポートする場合

・カンマで区切って並べて書く

```
<%@ page import="java.util.Date,java.util.ArrayList" %>
```

・複数に分けて書く

```
<%@ page import="java.util.Date" %>
<%@ page import="java.util.ArrayList" %>
```

第Ⅱ部　開発の基礎を身に付けよう

例③　1つの page ディレクティブに複数の設定をまとめる場合

```
<%@ page contentType="text/html; charset=UTF-8" import="java.util.*" %>
```

なお、**インポートするクラスは必ずパッケージに所属していなければならないので、自作のクラスをインポートする場合はパッケージに所属させる**ことを忘れないようにしましょう。

JSP コメントと HTML コメントの違い

HTML にも次の書式で記述するコメントがあります。JSP ファイルには HTML を記述できるので、HTML コメントも入れることが可能です。

```
<!-- コメント -->
```

実行の際に無視される JSP コメントとは異なり、HTML コメントはそのままレスポンスされます。レスポンスされた HTML コメントは、ブラウザの HTML を表示する機能を使うと見ることができるので、セキュリティ関連など重要な内容は HTML コメントで書かないようにしましょう。試しに、次の JSP ファイルをリクエストして、レスポンスされる HTML を確認してみてください。

```
<%-- JSPコメント --%> ]── レスポンスされない
<html>
<head>
<title>2種類のコメント</title>
</head>
<body>
<!-- HTMLコメント --> ]── レスポンスされる
hello
</body>
</html>
```

4.3　JSP ファイルの実行方法

4.3.1　JSP ファイルの URL

簡単な JSP ファイルなら、なんとか書けるような気がします。

では次に、書いた JSP ファイルを実行する方法を紹介しよう。

　JSP ファイルを実行するにはブラウザからリクエストを送ります。リクエストの方法は HTML ファイルやサーブレットクラスのリクエストと同じで、次の 2 通りの方法があります。

方法①　ブラウザを起動して URL を入力する
　ブラウザを起動し、JSP ファイルの URL を入力してリクエストします（このとき、アプリケーションサーバを起動させておく必要があります）。

方法②　Eclipse の実行機能を利用する
　リクエストする JSP ファイルを選択し、右クリックして「実行」を選択すると表示されるメニューから「サーバで実行」を選択します。

　JSP ファイルの URL は次の形式になります。JSP ファイルの格納場所と URL との関係は、次ページの図 4-4 を参照してください。

```
http://<サーバ名>/<アプリケーション名>/<WebContentからのパス>
```

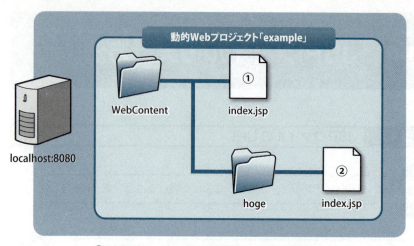

①のURL：http://localhost:8080/example/index.jsp
②のURL：http://localhost:8080/example/hoge/index.jsp

図 4-4　JSP ファイルの URL

　JSP ファイルの正体はサーブレットクラスですが、URL パターンを設定する必要はありません。HTML ファイル同様、ファイル名を URL 内で指定します。

JSP ファイルの保存場所と URL

JSPファイルの正体はサーブレットクラスだが、扱い方はHTMLファイルである。HTMLファイルと同じ場所（WebContentの下）に保存し、適用されるURLのルールも同じになる。

正体はサーブレットクラスだけど、扱いは HTML ファイルか。

ははは、やややこしや〜♪

4.4 JSPファイルを作成して実行する

4.4.1 Eclipse で JSP ファイルを作成する

さっそく Eclipse で JSP ファイルを作ってみよう。

サーブレットクラスとの書き方の違いを比較するために、第3章で作った占いのプログラム（P94のコード3-4）と同じものを JSP ファイルで作成しましょう（次ページコード4-3）。プログラムの全体像は図4-5のようになります。

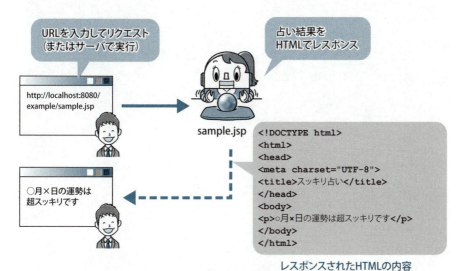

図4-5　JSPファイルで作成するサンプルプログラムの全体像

JSPファイルの新規作成の方法は付録Aを参照してください。今回は「sample.jsp」という名前で作成します。

page ディレクティブなど必要最低限の内容は Eclipse が書いてくれますので、そ

第 II 部 開発の基礎を身に付けよう

れをもとにコードを追加して完成させましょう。

コード 4-3 占い結果を HTML でレスポンスする JSP ファイル

sample.jsp（WebContent ディレクトリ）

```jsp
1  <%@ page language="java" contentType="text/html; charset=UTF-8"
2      pageEncoding="UTF-8" %>
3  <%@ page import="java.util.Date,java.text.SimpleDateFormat" %>
4  <%
5  // 運勢をランダムで決定
6  String[] luckArray = { "超スッキリ", "スッキリ", "最悪" };
7  int index = (int) (Math.random() * 3);
8  String luck = luckArray[index];
9
10  // 実行日を取得
11  Date date = new Date();
12  SimpleDateFormat sdf = new SimpleDateFormat("MM月dd日");
13  String today = sdf.format(date);
14  %>
15  <!DOCTYPE html>
16  <html>
17  <head>
18  <meta charset="UTF-8">
19  <title>スッキリ占い</title>
20  </head>
21  <body>
22  <p><%= today %>の運勢は「<%= luck %>」です</p>
23  </body>
24  </html>
```

解説①

122

解説① pageディレクティブの属性

EclipseでJSPファイルを作成すると、contentType属性以外にもlanguage属性とpageEncoding属性が追加されます。それぞれの意味はP116の表4-2を参照してください。

4.4.2　JSPファイルを実行する

JSPファイルが作成できたら、ブラウザからリクエストして実行しましょう（P119参照）。ブラウザを起動してJSPファイルのURL「http://localhost:8080/example/sample.jsp」を入力するか、Eclipseの実行機能を使います。図4-6のようなWebページが表示されれば、正しく実行できています。

図4-6　JSPファイルの実行結果

4.4.3　JSPファイルの500ページ

菅原さーん、僕はまた500ページが出ちゃいました（涙）。

大丈夫、JSPエラーの直し方も学ぼう。

JSPファイル実行中に、コンパイルエラーや例外などの問題が起こると、アプリケーションサーバはステータスコード「500」とともに500ページをレスポンスします（図4-7）。

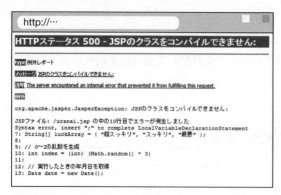

図 4-7　500 ページ

　500 ページなどのエラーページが表示された場合、ページに表示されているメッセージや付録 C を参考にして解決しましょう。JSP ファイルを修正したら上書き保存をして、再度リクエストして実行結果を確認しましょう。

　JSP ファイルの内容を変更した場合、次のリクエストからすぐに変更が結果に反映されます。サーブレットクラスのようにサーバを再起動する必要はありません。もし、リクエストしても JSP ファイルの変更が結果に反映されないときは、ブラウザの更新を行ってください。

よし直った。さあ、いっぱい作って練習するぞ！！

ファイルの変更を反映させる方法
・サーブレットクラス：サーバを再起動して、リクエストし直す（P99参照）。
・JSPおよびHTMLファイル：リクエストし直す。サーバの再起動は不要。

　上記の方法を行っても反映されない場合は、付録C.2.3の**1**〜**4**を参照してください。

JSP の文法エラー

　Eclipse では、JSP ファイルに文法エラーがある場合、Java ファイルと同様に、エディタ上で赤い波線と記号が表示されます (付録 C の C.1.2 参照)。

↑　　　　↑
　　　　　　　　　　　　　文法エラーの箇所を示す波線
文法エラーのある行を示す記号

　困ったことに**文法エラーがない場合でも、この波線と記号が出てしまうことがあります**。そのような場合、エラーとなっている箇所を「切り取り」→「貼り付け」→「上書き保存」すると、エラー表示が消えます。

　慣れていないと、エラーが出たとき自分が間違ったと思い込んでしまいがちですが、正しくてもエラーが出ることがある、ということを覚えておきましょう。

注意：JSP ファイルの保存場所

　JSP ファイルと HTML ファイルは動的 Web プロジェクトの WebContent ディレクトリ以下に配置する必要があります。

　ただし、WEB-INF ディレクトリの中に配置すると、リクエストして実行ができなくなります。うっかりファイルを移動してしまい、実行できなくなることがあるので、注意しましょう。実行して 404 ページが表示されたら、移動してしまっていないか確認してください。

　動的 Web プロジェクトのディレクトリ構成のルールについては、付録 D.2.1 で解説しています。

第 II 部　開発の基礎を身に付けよう

4.5　この章のまとめ

4.5.1　この章で学習した主な内容

JSP ファイルについて

・JSP ファイルはブラウザからリクエストして実行できる。

・JSP ファイルの実行結果は一般的には HTML（Web ページ）である。

・JSP ファイルは HTML に Java のコードを埋め込むことができる。

・JSP ファイルはサーブレットクラスに変換される。

JSP ファイルの文法について

・JSP ファイル内の HTML を「テンプレート」という。

・Java のコードを記述するには「スクリプトレット」を使用する。

・Java の変数、メソッドの戻り値などの出力を行うには「スクリプト式」を使用する。

・page ディレクティブの contentType 属性で Content-Type ヘッダの設定ができる。

・page ディレクティブの import 属性でインポートの設定ができる。

JSP ファイルの実行について

・JSP ファイルは WebContent の下に保存する。

・JSP ファイルの URL は以下の形式で記述する。

　　http://< サーバ名 >/< アプリケーション名 >/<WebContent からのパス >

・JSP のファイルの更新は、次回の実行時に反映される。

第 4 章 JSP の基本

4.6 練習問題

練習 4-1

```java
package ex;
public class Employee {
  private String id;
  private String name;
  public Employee(String id, String name) {
    this.id = id; this.name = name;
  }
  public String getId() { return id; }
  public String getName() { return name; }
}
```
Employee.java
（ex パッケージ）

上記のクラスのインスタンスを生成し、そのフィールドが出力されるように、下記の JSP ファイルの①〜⑤を埋めてください。出力文字コードは UTF-8、作成インスタンス名は emp、ID と名前は "0001" と " 湊 雄輔 " とします。

ex.jsp（WebContent ディレクトリ）

```jsp
<%@ page contentType=" ① " import= " ② " %>
<% ③ %>
<!DOCTYPE html>
<html><body> ]── head 要素は省略
<p>IDは ④ 、名前は ⑤ です</p>
</body></html>
```

練習 4-2

練習 4-1 の ex.jsp を修正し、ID と名前を 10 回繰り返して表示する JSP ファイルを作成してください。なお、1、4、7、10 行目だけ赤色の文字（style 属性で "color: red" を指定）で表示されるようにしてください。

127

第 II 部　開発の基礎を身に付けよう

4.7　練習問題の解答

練習 4-1 の解答

① text/html; charset=UTF-8　②ex.Employee　または　ex.*

③ Employee emp = new Employee ("0001", "湊 雄輔");

④ <%= emp.getId() %>　　　⑤ <%= emp.getName() %>

練習 4-2 の解答

下記は解答例です。同様の動作をすれば、別の記法でも構いません。

ex.jsp（WebContent ディレクトリ）

```
<%@ page contentType="text/html; charset=UTF-8" import="ex.*" %>
<% Employee emp = new Employee("0001", "湊 雄輔"); %>
<!DOCTYPE html>
<html>          head 要素は省略
<body>
<% for(int i = 0; i < 10; i++) { %>
<% if(i % 3 == 0) { %>
<p style="color:red">
<% } else { %>
<p>
<% } %>
IDは<%= emp.getId() %>、名前は<%= emp.getName() %>です</p>
<% } %>
</body>
</html>
```

＊ HTML では、タグ間はどこでも改行することができます。

128

第5章

フォーム

この章では、Web アプリケーションを作成する上で重要な技術の1つである「フォーム」について学びます。「フォーム」を使えばユーザーがWeb アプリケーションにデータを入力できるようになります。これをマスターして、本格的な Web アプリケーション製作への第一歩を踏み出しましょう。

CONTENTS

5.1 フォームの基本
5.2 リクエストパラメータの取得
5.3 フォームを使ったプログラムの作成
5.4 リクエストパラメータの応用
5.5 この章のまとめ
5.6 練習問題
5.7 練習問題の解答

5.1 フォームの基本

5.1.1 フォームとは

毎回結果が変わる Web ページは作れるようになったけど、なんか一方的でページを見てるほうはおもろないなぁ。

そうだね。ではここで、ブラウザでデータを入力して送信するしくみを学んで本格的なアプリケーションに近づけよう。

　一般的なアプリケーションは、ユーザーの入力に対応して処理するしくみを持っています。Web アプリケーションでは**フォーム**でそれを実現します。**フォームを使うと、Web ページに入力したデータをサーバサイドプログラムに送信することができます**。このフォームは、検索サイトやショッピングサイトなどほとんどの Web サイトで使われており、Web アプリケーションに欠かせない存在です。
　まずは「検索」を例に、フォームのおおまかなしくみを理解しましょう（図 5-1）。

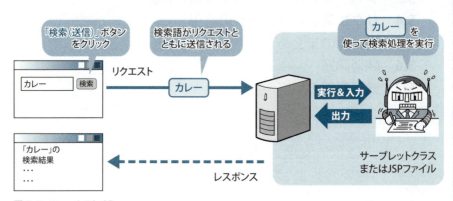

図 5-1　フォームのしくみ

ユーザーが「送信ボタン」(図 5-1 の「検索」ボタン)をクリックすると、ユーザーが入力したデータはリクエストとともにアプリケーションサーバに送られます。アプリケーションサーバはリクエストされたサーバサイドプログラム(サーブレットクラスまたは JSP ファイル)を実行し、その際に、送られてきたデータを渡します。サーバサイドプログラムは、渡されたデータを使用して処理(図 5-1 の場合は、検索処理)を行うことができます。

5.1.2 フォームの構造

ボタンを用意したり、データを送ったり…フォームって難しそうだな。

大丈夫。タグで簡単に作ることができるよ。

フォームは HTML の複数のタグを組み合わせて作成します。フォームの構造を理解すれば簡単に作成することが可能です。図 5-2 にシンプルなフォームの例を挙げましたので、フォームの構造とタグの関係を理解しましょう。

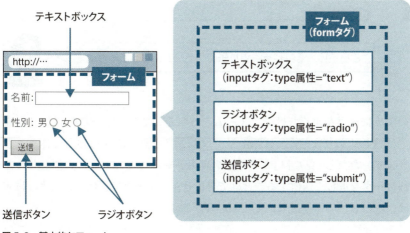

図 5-2　基本的なフォーム

入力項目のひとまとまりが「**フォーム**」です。フォーム自体はブラウザに表示されません。図5-2左の点線枠で囲まれた部分と考えればよいでしょう。フォームのなかには、データ入力や送信のための**部品**（コントロール、後述）を入れます。この例では、「テキストボックス」「ラジオボタン」「送信ボタン」の3種類の部品が入っています。

この構造をタグで書くとコード5-1のようになります。図5-2と見比べてみましょう（各タグの詳細はこの後で解説します）。

コード5-1　3つの部品を持つフォームの例

```
1  <form action="/example/FormSampleServlet" method="get">
2  名前:<input type="text" name="name"><br>
3  性別:
4  男<input type="radio" name="gender" value="0">
5  女<input type="radio" name="gender" value="1"><br>
6  <input type="submit" value="送信">
7  </form>
```

ようわからん属性もあるけどマネしたらできたわ！！　今日からフォームマスターや！

こらこら。それじゃ、張り子のフォームになっちゃうよ。

このようにタグを書くだけでフォームを作れるので、フォームの「見た目」を作るのは難しくありません。HTMLリファレンスを調べながら独力で作ることができます。ただし「見た目」ができていても、綾部さんのように真似をしただけではデータを正しく送信することはできません。データを送信できるようにするには、次の3つの事柄について学ぶ必要があります。

・フォームの部品（5.1.3項）

・フォームの作成（5.1.4 項）
・データ送信のしくみ（5.1.5 項）

順番に解説していきますのでしっかりと理解していきましょう。

5.1.3　フォームの部品

HTML には、データ入力や送信のために「部品（コントロール）」が用意されています（図 5-3 左）。各部品はタグを使って作成します。

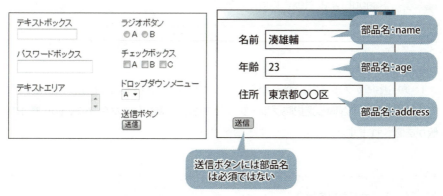

図 5-3　主なフォームの部品と部品の名前

部品の作成自体はタグを書くだけなので難しくはないのですが、注意しないといけないのは部品の名前です。

各部品には識別のために固有の名前を付ける必要があります（図 5-3 右）。名前を付け忘れたり、複数の部品で重複する名前を付けたりすると、正しくデータを送信することができません（一部の部品には、名前が不要または重複してよいものもあります）。

 部品の名前
　　部品には固有の名前を必ず付ける。名前は重複させない。

本書では、P131 の図 5-2 にも登場した代表的な 3 つの部品を作成するタグを紹介します（他の部品については、インターネットや書籍などの HTML リファレンスを参照してください）。

部品①テキストボックス
1 行のテキストを入力できる部品です。**入力したテキストの値が送信**されます。

テキストボックスの構文
```
<input type="text" name="名前">
```

部品②ラジオボタン
　1 つの選択肢グループのなかから、1 つだけを選択する部品です。**name 属性の値が同じのものが同じ選択肢グループ**になります。**選択したボタンの value 属性の値が送信**されます。

ラジオボタンの構文
```
<input type="radio" name="名前" value="値">
```

部品③送信ボタン
　クリックするとフォームに入力したデータの送信が行われます。**フォームに最低 1 つは必要**です。

送信ボタンの構文
```
<input type="submit" value="送信">
```
※ name 属性は必須ではない。

※ value 属性の値がボタンのラベルとして画面に表示される。

5.1.4　フォームの作成

次は部品を入れる「フォーム」について学ぼう。

　フォームは form タグで作成します。この form タグの内容に 5.1.3 項で紹介したフォームの部品を入れます。**form タグの外に部品を書くと、その部品の値は送信されない**ので注意してください。また、1 つの form タグにつき送信ボタンは原則 1 つにします。2 つ以上作成すると、不要な混乱を招くことがあります。
　また、form タグでは、action 属性、method 属性を使って送信に関する情報を指定する必要があります。
　action 属性には送信先となるサーバサイドプログラム（サーブレットクラスまたは JSP ファイル）を指定します。フォーム内の送信ボタンをクリックすると、ブラウザはこの属性で指定した先を**リクエストすると同時に、データを送信します**。リクエストを受けたサーバサイドプログラムは、実行の際にリクエストとともに送信されてきたデータを取得することができるようになります。
　method 属性にはリクエストメソッドを指定して、送信先のサーバサイドプログラムへのリクエストを **GET リクエストにするか POST リクエストにするかを選択**します（P56 参照）。

---

form タグの構文
　　<form action="送信先" method="リクエストメソッド">…</form>
・action属性：送信先を指定する。
　　サーブレットクラスの場合→　/<アプリケーション名 >/<URLパターン>
　　JSPファイルの場合→　/<アプリケーション名>/<WebContentからのパス>
・method属性：リクエストメソッドを指定する。
　　get（GETリクエスト）かpost（POSTリクエスト）を指定する。
　　method属性を省略するとGETリクエストになる。

リクエストメソッドによってデータの送信方法が変わります。その違いと使い分けに関しては 5.1.6 項で解説します。

送るものをなかに入れ、宛先と送り方を書く。なんか、フォームって小包みたいやな。

5.1.5　データ送信のしくみ

データがどのように送信されるのか、そのしくみについて学ぼう。

フォームの送信ボタンをクリックすると、フォームの部品に入力したデータは「部品名 = 値」の形式で送信されます。この「部品名 = 値」のことを**リクエストパラメータ**といいます（図 5-4）。

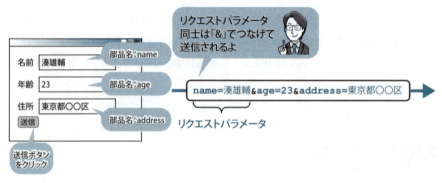
図 5-4　リクエストパラメータ

リクエストパラメータは、送信の際に「URL エンコード」という変換処理が行われます。ここでは変換処理の詳しい解説は割愛しますが、**URL エンコードはブラウザが使用している文字コードをもとに行われます**（次ページ図 5-5）。

そのため、変換されたリクエストパラメータを受け取ったサーバサイドプログラムでは、**URL エンコードに使用された文字コードと同じ文字コードを使って元に戻す必要があります**（5.2.2 項で解説）。

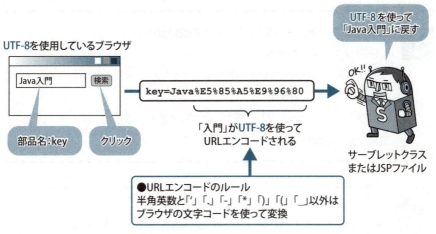

図 5-5　URL エンコード

　本書では読みやすさを優先し、リクエストパラメータを表記する際は図 5-4 のように変換前の文字列を使用します。

5.1.6　GET リクエストと POST リクエスト

　リクエストパラメータを送信するリクエストのリクエストメソッドには、GET または POST を使用します。どちらのリクエストメソッドを使用するかは、フォームの作成者が form タグの method 属性で決定します（P135 参照）。

実際、どちらを使ったらいいんだろう？

　GET リクエストはリクエストによって新しい情報（Web ページなど）を取得するような場合に使用し、POST リクエストはリクエストによってフォームに入力した情報を登録するような場合に使用する、という決まりになっています。フォームの作成者は、フォームのリクエスト先のプログラムが受け取ったリクエストパラメータを使って何を行うかに合わせて、GET か POST かを選択する必要があります。

> **GETリクエストとPOSTリクエストの使い分け①**
> ・GETリクエストを使う。
>   リクエストパラメータが、情報を取得するために利用される場合（例：検索）
> ・POSTリクエストを使う。
>   リクエストパラメータが、情報の登録に利用される場合（例：ユーザー登録や掲示板への投稿）

これがHTTPの仕様で定められている使い分けの大原則だ。でも、さまざまな事情で原則とは異なるメソッドの使い分けをすることもあるんだよ。

　GETリクエスト、POSTリクエストでは、リクエストパラメータの送信方法が異なります。

・GETリクエストで送信する場合
　ブラウザは、リクエスト先のURLの末尾にリクエストパラメータを付加して送信する。
・POSTリクエストで送信する場合
　ブラウザは、リクエストのボディ部にリクエストパラメータを入れて送信する。

　リクエストパラメータの送信方法の違いにより、リクエストパラメータの見え方が異なります。**GETリクエストの場合は、ブラウザのアドレスバーにリクエスト先に送ったリクエストパラメータが表示されますが、POSTリクエストの場合は表示されません**（図5-6）。

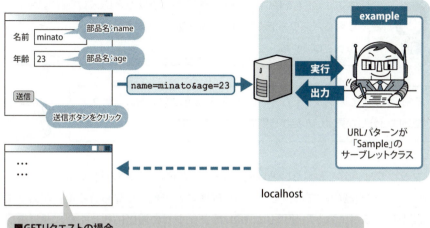

図 5-6　GET リクエスト時と POST リクエスト時の URL

こうしたリクエストパラメータの見え方の違いから、次のように GET リクエストと POST リクエストの使い分けを行う場合もあります。

GET リクエストと POST リクエストの使い分け②

・GETリクエストを使う。

　送信した結果を保存、共有する場合（例：結果ページのアドレスバーに表示されているURLをブックマークやSNSで利用）

・POSTリクエストを使う。

　データをアドレスバーに表示したくない場合（例：個人情報や機密情報の送信）

本来は GET を使いたいときでも、ブラウザのアドレスバーに見えたら困るパスワードみたいな情報を送るには、POST を選ぶこともあるってわけやね。

でも、入力したパスワードがアドレスバーに表示されても、ブラウザ画面は自分しか見ないんだから別にいいんじゃないかな。

　ブラウザは自分しか見ないとは限りません。背後からの盗み見（ショルダーハッキング）や、会議中にプロジェクターに映すことで他人に見られる場合があります。また、リクエストに使用した URL はブラウザの履歴に残ったり、通信機器やサーバのログにも記録されたりするので、後から不特定多数の人が見ることも可能です。そのため、パスワードなどの機密情報を送信する際は POST リクエストを使用するようにしましょう。

　ただし、**POST リクエストで送信しても、セキュリティの問題がないわけではありません**。HTTP の通信は暗号化されないため、送信された情報は盗聴などによって漏洩する可能性があります。この問題に対応するには SSL を使用して通信を暗号化する必要があります。

リクエストメソッド

　GET、POST 以外にもリクエストメソッドは存在します。ただし、現状では、ブラウザは GET、POST 以外に対応していないので、使用するには JavaScript を使うなどの工夫が必要です。

主なリクエストメソッド

リクエストメソッド	要求内容
GET リクエスト	リソース（情報）の取得
POST リクエスト	リソース（情報）の追加
PUT リクエスト	リソース（情報）の上書き
DELETE リクエスト	リソース（情報）の削除

5.2 リクエストパラメータの取得

5.2.1 リクエストパラメータと HttpServletRequest インスタンス

> 次は送信先のプログラムでデータを受け取る方法を学ぼう。これができないと、せっかくフォームを正しく作れても意味がないぞ。

リクエストパラメータは、アプリケーションサーバによって「HttpServletRequest インスタンス」に格納され、送信先（リクエスト先）のサーブレットクラスまたは JSP ファイルに渡されます（図 5-7）。

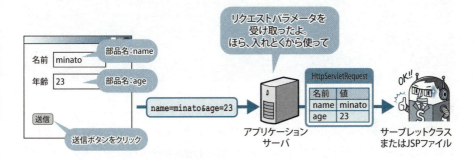

図 5-7　リクエストパラメータと HttpServletRequest インスタンス

サーブレットクラスや JSP ファイルは、HttpServletRequest のメソッドを使用してリクエストパラメータを取り出すことができます。

5.2.2 サーブレットクラスでリクエストパラメータの値を取得

まず、例を見てみましょう。コード 5-2 は、5.1.2 項で学習したフォームで送信されるリクエストパラメータを取得するサーブレットクラスです。

第 II 部　開発の基礎を身に付けよう

コード 5-2　リクエストパラメータを取得するサーブレットクラス

```
    …（import文は省略）…
1   @WebServlet("/FormSampleServlet")         注意①
2   public class FormSampleServlet extends HttpServlet {
3     protected void doPost( HttpServletRequest request,
                                                    注意②
        HttpServletResponse response)
        throws ServletException, IOException {
4       // リクエストパラメータの文字コードを指定
5       request.setCharacterEncoding("UTF-8");    解説①
6
7       // リクエストパラメータの取得
8       String name = request.getParameter("name");
                                                    解説②
9       String gender = request.getParameter("gender");
        …（以降は省略）…
10    }
11  }
```

解説①　リクエストパラメータの文字コードを指定する

　URL エンコードによって変換されたリクエストパラメータを元に戻すため、URL エンコードで使用した文字コードを、setCharacterEncoding() メソッドの引数で指定します。これはお約束の処理と思えばよいでしょう。

解説②　リクエストパラメータを取得する

　getParameter() メソッドでリクエストパラメータの値を取得します。たとえば、リクエストパラメータ「name=minato」の「minato」を取得するには、リクエストパラメータの名前である「name」を引数で指定します。

　リクエストパラメータの取得は非常によく行うので、次ページに構文としてまとめました。

リクエストパラメータの取得

request.setCharacterEncoding("送信元HTMLの文字コード");
String xxx = request.getParameter("リクエストパラメータの名前");
※指定した名前のリクエストパラメータがない場合は「null」が返される。
※リクエストパラメータは大文字と小文字を区別する。

さらに、リクエストパラメータの送信先となるサーブレットクラスを作成するときには、次の2点に注意しなければなりません。

注意① URLパターンの一致

サーブレットクラスのURLパターンは、送信元フォームのaction属性で指定されたURLパターンと一致させる必要があります。

注意② 実行メソッドの一致

サーバサイドプログラムが実行するメソッド名は、送信元フォームのmethod属性で指定されたリクエストメソッドと対応させる必要があります。つまり、method属性がpostの場合はdoPost()メソッド、getの場合はdoGet()メソッドにします（P91参照）。

確か、ブラウザのアドレスバーにURLを入力したときはGETリクエストやったね。

POSTリクエストってフォームを用いてリクエストを送ったときだけなのかな？

リクエストメソッドと実行メソッドの関係は重要だから、ここでちょっと整理しておこう。

リクエストメソッドが、GET になるか POST になるかは、どのようなブラウザの操作でリクエストを行ったかで決まります。ポイントを次にまとめてみました。

各リクエストメソッドが使われるブラウザの操作
GETリクエストが送信されるのは…
・アドレスバーに URL を入力したとき
・リンクをクリックしたとき
・ブックマーク（お気に入り）を選択したとき
・method 属性が get のフォームの送信ボタンをクリックしたとき
POST リクエストが送信されるのは…
・method 属性が post のフォームの送信ボタンをクリックしたとき

リクエストメソッドに合わせて、リクエスト先のサーブレットクラスに実行メソッドを準備する必要があります（図 5-8）。

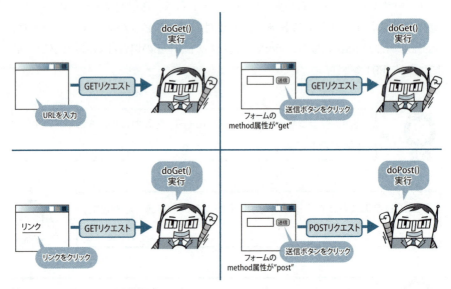

図 5-8　リクエストメソッドと実行メソッド

5.2.3　JSP ファイルでリクエストパラメータの値を取得する

これまで、フォームの送信（リクエスト）先がサーブレットクラスの例を紹介してきましたが、フォームの送信先には JSP ファイルも指定することができます。
　コード 5-1（P132）のフォームの送信先に JSP ファイルを指定した場合、送られてくるリクエストパラメータを取得するには、次のように記述します。

```
<%
request.setCharacterEncoding("UTF-8");
String name = request.getParameter("name");
String gender = request.getParameter("gender");
%>
```

サーブレットクラスで受け取るときと一緒だね。

doGet() とか doPost() がないから楽でいいなあ。あれ？　そうすると、この「request」って、どこで宣言してるんや？

いいところに気付いたね。これは暗黙オブジェクトっていうんだ。

　スクリプトレットまたはスクリプト式のなかには、**暗黙オブジェクト**という、宣言せずに利用できる特別なオブジェクトがあります。次ページの表 5-1 に暗黙オブジェクトをまとめました。
　これらの**オブジェクトは定義済みのため、宣言せずに利用することができます。**今回はこのなかの「request」が使われています。

表 5-1　暗黙オブジェクト

オブジェクトの名前	オブジェクトの型
pageContext	javax.servlet.jsp.PageContext
request	javax.servlet.http.HttpServletRequest
response	javax.servlet.http.HttpServletResponse
session	javax.servlet.http.HttpSession
application	javax.servlet.ServletContext
out	javax.servlet.jsp.JspWriter
config	javax.servlet.ServletConfig
page	java.lang.Object
exception	java.lang.Exception

うわー。たくさんある…。

大丈夫！　全部を覚える必要はないよ。

　本書で使用するのは、表中の「request」「session」「application」オブジェクトのみです。これらについては第Ⅲ部で紹介するので、現時点では細かく覚える必要はありません。暗黙オブジェクトという特別なオブジェクトがJSPには存在することだけを覚えておいてください。

> **注意：JSPファイルでのリクエストパラメータ値の取得**
> 　JSPファイルでリクエストパラメータの値を取得する方法を紹介しましたが、第Ⅲ部で紹介するMVCモデルに従った設計を行うと、そのようなことは基本的に行いません。そのため、実際に行ってみる必要はないでしょう。

5.3 フォームを使ったプログラムの作成

5.3.1 サンプルプログラムの説明

説明はこれくらいにしてサンプルプログラムを作ってみよう。実際のWebサイトでよく見るユーザー登録のようなものにしようか。

だいたい理解したつもりだけど、うまくできるかな…。

ここで一度整理したほうがいいね。

　フォームを使いこなすには、送信元のフォームと送信先のサーブレットクラスや JSP ファイルの間できっちりと一致させなければならないポイントがあります。**「付録 B　フォーム作成の注意点」では、フォームを作る際に一致させるポイントを整理しました。**ぜひ、今後のフォーム作成に役立ててください。

よし！　整理して、ちょっと落ち着いたぞ。

　皆さんも、整理ができたら、サンプルプログラムを作ってみましょう。フォームを利用した「ユーザー登録もどき」を作ります。もどきなので、実際にファイルやデータベースへデータの記録は行いません。とはいえ、これまで練習してきたものよりも少し規模が大きくなるので、まずは画面遷移から見てみましょう（次ページ図 5-9）。

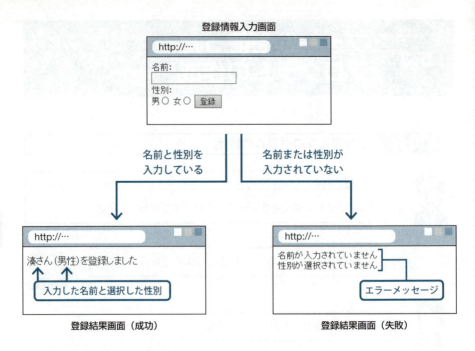

図 5-9　サンプルプログラムの画面遷移

　名前と性別の両方を入力していれば「登録結果画面（成功）」を表示し、そうでなければ「登録結果画面（失敗）」を表示します。今回は、このような動きをするプログラムを、次ページの図 5-10 のように JSP ファイルとサーブレットクラスを組み合わせて作成します。

> **注意：サーブレットクラスと JSP ファイルの使い分け**
> 　現段階では、サーブレットクラスと JSP ファイルをどのように使い分けるか解説していないので、サンプルプログラムにおけるこの 2 種類の組み合わせについて深く考える必要はありません。使い分けについては、第 III 部で解説します。

第 5 章 フォーム

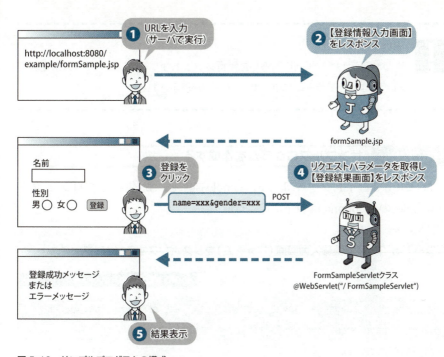

図 5-10　サンプルプログラムの構成

　次ページのコード 5-3 のソースコードを参考に、JSP ファイルとサーブレットクラスを作成してください。作成後、「formSample.jsp」を次のいずれかの方法で実行して動作を確認しましょう。

・「http://localhost:8080/example/formSample.jsp」にブラウザでリクエストする。
・「formSample.jsp」を Eclipse の実行機能で実行する。

　リクエストメソッドに対応した実行メソッドがサーブレットクラスに定義されていない場合、「405 ページ」がレスポンスされます（付録 C の C.2.1 の 4 参照）。今回作成するサーブレットクラスは doGet() メソッドを持たないため、サーブレットクラスを最初に実行してしまうと「405 ページ」が表示されます。**リクエストする順番に気を付けましょう。**

405 ページ

リクエストメソッドに対応した実行メソッドがサーブレットクラスに定義されていないとエラーになり、405 ページが表示される。

5.3.2　サンプルプログラムを作成する

コード 5-3 の JSP ファイル「formSample.jsp」を、動的 Web プロジェクト「example」の WebContent 直下に作成します。

コード 5-3　登録情報入力画面（フォーム）をレスポンスする JSP ファイル

formSample.jsp（WebContent ディレクトリ）

```jsp
1  <%@ page language="java" contentType="text/html; charset=UTF-8"
2      pageEncoding="UTF-8" %>
3  <!DOCTYPE html>
4  <html>
5  <head>
6  <meta charset="UTF-8">
7  <title>ユーザー登録もどき</title>
8  </head>
9  <body>
10 <form action="/example/FormSampleServlet" method="post">
11 名前:<br>
12 <input type="text" name="name"><br>
13 性別:<br>
14 男<input type="radio" name="gender" value="0">
15 女<input type="radio" name="gender" value="1">
16 <input type="submit" value="登録">
17 </form>
18 </body>
19 </html>
```

次に、動的 Web プロジェクト「example」に「servlet.FormSampleServlet」を作成します（コード 5-4）。Eclipse を用いて doPost() メソッドを持つサーブレットクラスを作成するには、**サーブレットクラスの作成時に、doGet() ではなく doPost() にチェックを入れてください**（付録 A 参照）。

コード 5-4　登録結果画面をレスポンスするサーブレットクラス

FormSampleServlet.java
（servlet パッケージ）

```java
1   package servlet;
2
3   import java.io.IOException;
4   import java.io.PrintWriter;
5   import javax.servlet.ServletException;
6   import javax.servlet.annotation.WebServlet;
7   import javax.servlet.http.HttpServlet;
8   import javax.servlet.http.HttpServletRequest;
9   import javax.servlet.http.HttpServletResponse;
10
11  @WebServlet("/FormSampleServlet")
12  public class FormSampleServlet extends HttpServlet {
13    private static final long serialVersionUID = 1L;
14
15    protected void doPost(HttpServletRequest request,
         HttpServletResponse response)
         throws ServletException, IOException {
16      // リクエストパラメータを取得
17      request.setCharacterEncoding("UTF-8");
18      String name = request.getParameter("name");
19      String gender = request.getParameter("gender");
20
21      // リクエストパラメータをチェック
22      String errorMsg = "";      ┐── 解説①
23      if(name == null || name.length() == 0) {
```

第 II 部　開発の基礎を身に付けよう

```java
24        errorMsg += "名前が入力されていません<br>";
25      }
26      if(gender == null || gender.length() == 0) {
27        errorMsg += "性別が選択されていません<br>";
28      } else {
29        if(gender.equals("0")) { gender = "男性"; }
30        else if(gender.equals("1")) { gender = "女性"; }
31      }
32
33      // 表示するメッセージを設定
34      String msg = name + "さん(" + gender + ")を登録しました";
35      if(errorMsg.length() != 0) {
36        msg = errorMsg;
37      }
38
39      // HTMLを出力
40      response.setContentType("text/html; charset=UTF-8");
41      PrintWriter out = response.getWriter();
42      out.println("<!DOCTYPE html>");
43      out.println("<html>");
44      out.println("<head>");
45      out.println("<meta charset=\"UTF-8\">");
46      out.println("<title>ユーザー登録結果</title>");
47      out.println("</head>");
48      out.println("<body>");
49      out.println("<p>" + msg + "</p>");
50      out.println("</body>");
51      out.println("</html>");
52    }
53  }
```

第 5 章　フォーム

解説①　リクエストパラメータの未入力チェック

　一般的な未入力チェックでは、入力値が空文字「""」（文字数が 0 の文字列）と
一致するか比較します。さらに「null」との比較をすることで、リクストパラメー
タが送信されてきているかもチェックしています。

正規表現

　コード 5-4 の例ではシンプルに null と空文字をチェックしていますが、「正
規表現」を使用すると、以下のコードの例のように、「4 文字の半角英数かどうか」
といった柔軟なチェックを行うことができます。

　詳しくは『スッキリわかる Java 入門 実践編 第 2 版』を参照してください。

```java
import java.util.regex.Pattern;
public class RegularExpressionSample {
  public static void main(String[] args) {
    // チェックする文字列
    String str = "java";

    // パターンの生成(半角英数4文字)
    Pattern pattern = Pattern.compile("^[0-9a-zA-Z]{4}$");

    // パターンと一致するか
    if(pattern.matcher(str).matches()) {
      // 一致したときの処理
    } else {
      // 一致しなかった時の処理
    }
  }
}
```

5
章

153

5.4 リクエストパラメータの応用

5.4.1 開発者がプログラムにデータを送る

ここからは、より本格的なWebプログラムを作るときに必要となる知識について解説しよう。読んで難しかったら、後回しでもいいよ。

規模が大きい本格的なWebアプリケーションでは、利用者がフォームの送信ボタンやリンクをクリックした際、利用者自身は何も指定していなくても、あるリクエストパラメータがコッソリとサーバに送信されるようなしくみを作りたいことがあります。そのような場合、次の2通りの方法を使用することができます。

方法①　hiddenパラメータを使用
　フォーム内にhiddenパラメータという部品を入れます。送信したいリクエストパラメータの名前と値を、name属性とvalue属性で指定します。

---

hidden パラメータ
　　<input type ="hidden" name="名前" value="値">
　　※この部品は画面には表示されない。

　たとえば、次のようにすると「hoge=foo」というリクエストパラメータが送信されます。リクエスト先では「request.getParameter("hoge")」とすれば、"foo"を取得できます。

```
<form action="/SampleServlet" method="get">
<input type="hidden" name="hoge" value="foo">
<input type="submit" value="送信">
</form>
```

方法②　リクエスト先の指定に「？名前＝値」を付ける

　リンクの href 属性、フォームの action 属性で指定するリクエスト先に「？」を付け、その後ろにリクエストパラメータを追加します。

リクエスト先の指定に「？名前＝値」を付ける

<a href="リクエスト先?名前=値">…</a>
<form action="リクエスト先?名前=値" method="post">…</form>

※複数送る場合は「&」でつなぐ（例：a=10&b=20）。
※リンクを使う場合、リンク先のサーブレットクラスは doGet() を実行する。
※フォームを使う場合、method="post" とする。

・リンクで送る例

```
<a href="/SampleServlet?hoge=foo"> リンク</a>
```

・フォームで送る例

```
<form action="/SampleServlet?hoge=foo" method="post">
<input type="submit" value="送信">
</form>
```

　方法①と、方法②のリンクで送る例はよく使用しますので覚えておきましょう（方法②のリンクで送る例は、第 8 章で登場します）。

第Ⅱ部　開発の基礎を身に付けよう

5.5　この章のまとめ

フォームについて

・フォームを利用することで、ユーザーはブラウザ画面上でデータを入力でき、
サーバに送信できる。

・フォームを構成する部品には固有の名前を付ける。

・フォームに準備した送信ボタンをクリックすると、フォームの各部品に入力さ
れた内容がリクエストパラメータとして送信される。

・リクエストパラメータは GET または POST リクエストで送信される。

・GET または POST の使い分けは、以下のことを考慮して決定する。
　①リクエストパラメータの利用目的
　②リクエストパラメータの可視性

・送信元のフォームと、送信先のサーブレットクラス／ JSP ファイルできっち
りと一致させなければならないポイントがある（「付録 B　フォーム作成の注
意点」参照）。

リクエストパラメータの取得について

・リクエストパラメータは HttpServletRequest インスタンスに格納される。

・次の手順で HttpServletRequest インスタンスからリクエストパラメータを
取得できる。
　①リクエストパラメータの文字コードを指定
　②リクエストパラメータの名前を指定して取得

156

第5章 フォーム

5.6 練習問題

練習 5-1

次の JSP ファイルとサーブレットクラスがフォームで連携できるように、①〜④に適切な語句を入れて完成させてください。

■ JSP ファイル

```
<%@ page language="java" contentType="text/html; charset=UTF-8"
    pageEncoding="UTF-8" %>
…(省略)…
<form action="/example/①" method="post">
名前:<br>
<input type="text" name="name"><br>
<input type="submit" value="登録">
</form>
…(省略)…
```

■サーブレットクラス

```
@WebServlet("/Ex5_1")
public class Exercise1 extends HttpServlet {
  protected void  ②  (HttpServletRequest request,
      HttpServletResponse response)
      throws ServletException, IOException {
    request.setCharacterEncoding("③");
    String name = request.getParameter("④");
    …(省略)…
  }
}
```

5章

157

第 II 部　開発の基礎を身に付けよう

練習 5-2

　HTML フォームには、本章で紹介したもの以外にもさまざまなコントロールを利用することができます。特に、input タグ以外のタグを用いるものとしては、次の 2 つが有名です。

・ドロップダウンリスト（セレクトボックスともいう）
・テキストエリア

　ドロップダウンリストは、select タグと option タグを使って実現します。テキストエリアは textarea タグを使って実現します。HTML リファレンスを調べながら、ドロップダウンリストとテキストエリアを用いた次のような「お問い合わせフォーム」を作成してください。

【お問い合わせフォームの仕様】
・ユーザーの「名前」を入力できるテキストボックスを「name」という名前で作成する。
・ユーザーが「お問い合わせの種類」を選択できるドロップダウンリストを「qtype」という名前で作成する。選択できるメニューと送信される値は、次のようにする。

　　「会社について」　　　　　　　送信値：company
　　「製品について」　　　　　　　送信値：product
　　「アフターサポートについて」　送信値：support

・ユーザーが「お問い合わせ内容」を複数行で入力できるテキストエリアを「body」という名前で作成する。
・送信ボタンを押すと、「/example/testenq」に対して POST メソッドでリクエストが送信される。

158

第5章 フォーム

5.7　練習問題の解答

練習 5-1 の解答

① Ex5_1　　② doPost　　③ UTF-8　　④ name

練習 5-2 の解答

　下記は解答例です。select、option、textarea タグが正しく使えていれば、厳密に同じでなくとも正解として構いません。

```
<!DOCTYPE html>
<html>
<head>
<meta charset="UTF-8">
<title>お問い合わせフォーム</title>
</head>
<body>
<form action="/example/testenq" method="post">
  お名前: <input type="text" name="name"><br>
  お問い合わせの種類:
  <select name="qtype">
    <option value="company">会社について</option>
    <option value="product">製品について</option>
    <option value="support">アフターサポートについて</option>
  </select><br>
  お問い合わせ内容:
  <textarea name="body"></textarea><br>
  <input type="submit">
</form>
</body>
</html>
```

159

第 III 部

本格的な開発を始めよう

- 第 6 章　MVC モデルと処理の遷移
- 第 7 章　リクエストスコープ
- 第 8 章　セッションスコープ
- 第 9 章　アプリケーションスコープ
- 第 10 章　アプリケーション作成

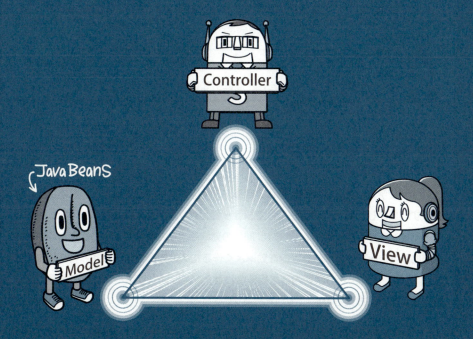

開発モデルを利用しよう

Webアプリケーションって楽しいね。Javaの基礎を勉強したときは、実行結果が文字ばっかりでちょっと退屈だったけど。

ほんまやね。文法も構文として割り切って覚えたら、そんなに難しくないし。そろそろ、ショッピングサイトでも作ろかな。

こらこら、調子にのるんじゃない。ここまでの基礎知識だけで本格的なWebアプリケーションを開発しようとすると、そのうち行き詰まってしまうだろう。

まだまだ、これからが学習の山場ってわけですね（ごくっ）。

あぁ。でも、マスターしたらいろいろなアプリケーションが自由自在に作れるようになること間違いなしだ。

よぉし、がんばるぞ！

　第II部で学習した知識を用いれば、簡単なWebアプリケーションは作れるようになります。しかし、第II部の文法だけでショッピングサイトなどの本格的なWebアプリケーションを作ることは難しく、また、開発の効率もよくありません。この第III部では、本格的なWebアプリケーションを効率よく作るための知識を学びます。特に最後の第10章では、これまでの学習内容を組み合わせたWebアプリケーションの開発にチャレンジします。お楽しみに。

第6章

MVC モデルと
処理の遷移

前章までは1つのリクエストを1つのサーブレットクラスまたは JSP ファイルで処理していました。しかし、その方法で本格的な Web アプリケーションを開発しようとすると、実は効率がよくありません。
この章では、実際の開発現場でも採用されている、Web アプリケーションの模範的な構造と開発手法を学びます。

CONTENTS

6.1 MVC モデル

6.2 処理の転送

6.3 この章のまとめ

6.4 練習問題

6.5 練習問題の解答

6.1　MVC モデル

6.1.1　サーブレットクラスと JSP ファイル、それぞれの得手不得手

サーブレットと JSP の基本を勉強してみてどうだったかな？

JSP のほうが楽ですねー♪　サーブレットは使わないでおこうっと。

私はサーブレットのほうが Java らしくて好きやし、こっちを使うことにするわ。

こらこら、サーブレットと JSP は好き嫌いで使い分けるものじゃないぞ。

　サーブレットクラスと JSP ファイルはどちらも同じ処理を行うことができます。とはいえ、Web アプリケーションの開発の現場ではどちらか一方だけを使うわけではありません。実際には**サーブレットクラスと JSP ファイルを組み合わせて Web アプリケーションを作成することが一般的です**。そうすることで両者のよいところを引き出し、効率よく開発することが可能になります。

　サーブレットクラスと JSP ファイルを組み合わせて開発するときに参考にされるのが「MVC モデル」です。まずは、この学習から始めましょう。

6.1.2　MVC モデルとは

　MVC モデルとは、GUI アプリケーションのための模範的な構造です。ざっく

り言ってしまえば、「ユーザーがボタンなどを使って操作するアプリケーションはこんな内部構造で作ればいいことがあるよ、というお手本やガイドラインのようなもの」だと思えばよいでしょう。

私たちが本書で学習しているサーブレットやJSPによるWebアプリケーションも基本的にGUIアプリケーションなので、まさにこのMVCモデルをお手本として開発することが有効なのです。

「いいこと」って何やの？

それはあとで紹介するよ。まずは具体的にアプリケーションをどんな構造にするのかを学習しよう。

MVCモデルは、アプリケーションを、表6-1に挙げた3つの要素、**モデル**（Model）、**ビュー**（View）、**コントローラ**（Controller）に分けて開発することを定めています。**各要素は担当する役割が決められており、他の要素の役割は担いません。**

表6-1　MVCモデルにおける開発の3つの要素

要素	役割
モデル（Model）	アプリケーションの主たる処理（計算処理など）やデータの格納などを行う
ビュー（View）	ユーザーに対して画面の表示を行う
コントローラ（Controller）	ユーザーからの要求を受け取り、処理の実行をモデルに依頼し、その結果の表示をビューに依頼する

これらの要素が次の❶～❼のように連携して、アプリケーションの機能をユーザーに提供します（次ページ図6-1）。

❶ユーザーが、アプリケーションの提供する機能（検索など）を要求する。
❷コントローラが要求を受け付ける。
❸コントローラがモデルに処理の実行を依頼する。

❹モデルが処理を実行する。
❺コントローラが処理結果の表示をビューに依頼する。
❻ビューがユーザーの要求の結果を表示する。
❼ユーザーは要求の結果を見る。

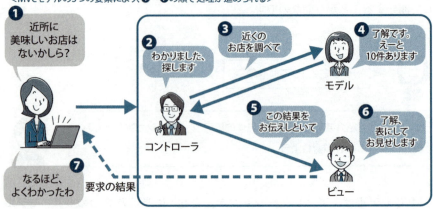

図6-1　MVC モデルのイメージ

　いわば、コントローラは受付兼指示係、モデルは実務係、ビューは表示係といったところです。このように**役割を分担しておくことで、処理の修正や拡張を行う際にどの要素に手を加えたらよいかが明確になり、アプリケーションそのものの保守や拡張を行いやすくなる**というメリットがあります。

会社で、法律に関することは法務部、お金に関することは経理部というように担当が分かれているのに似てますね。

そう。役割や責任を分担するということは、全体の効率アップにつながるんだ。

　では、サーブレットや JSP を用いた Web アプリケーションで、MVC モデルをどのように実現するか、もう少し具体的に紹介しましょう（次ページ図 6-2）。

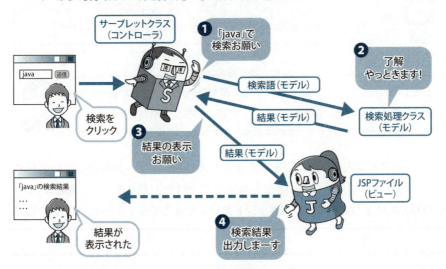

図 6-2　Web アプリケーションにおける MVC モデルの実現イメージ

ユーザーからの要求（リクエスト）を受けて全体の制御を行うコントローラは、サーブレットクラスが担当します。リクエストを受け付けることは JSP ファイルでもできますが、コントローラ役には複雑な制御や例外処理が求められます。そのような処理は Java が主体のサーブレットクラスのほうが適しています。

ユーザーの要求（検索など）に応える処理や、その処理に関係するデータ（検索語や検索結果）を表すモデルは、一般的な Java のクラスが担当します。ここでいう一般的なクラスとは、HttpServletRequest のような Web アプリケーションに関するクラスやインタフェースを含んでいないクラスのことです。そのようなクラスにモデルの役割を受け持たせることで、Web アプリケーションの知識がないプログラマでも、モデルの開発に参加できるようになります。

出力を行うビューは、HTML の出力を得意とする JSP ファイルが担当します。サーブレットクラスでも出力はできますが、println() メソッドを大量に必要とするため処理が煩雑になってしまいます。また、JSP ファイルは HTML をそのまま書けるので、Web ページのデザイン担当者に Java の知識がなくてもデザインすることができる、という利点もあります。

> うーん。なんとなくわかったけど、正直、いままでみたいにスッキリせーへんとこあるなぁ。ついて行かれへんよーになったらどうしよ。

> 心配しなくていいよ。君たち新人には、まだ開発経験がないからね。本当のことを言うと、僕も最初はチンプンカンプンだったよ（笑）。

　MVCモデルは先人たちの経験から生まれた作法なので、経験が少ない開発者にはメリットを理解しにくいところがあることは仕方ありません。**最初は「そういうものだ」と割り切って**、次のポイントだけでも覚えてしまうとよいでしょう。

MVCモデルとWebアプリケーション
・リクエストを受けるのはサーブレットクラス（コントローラ）
・レスポンスをするのはJSPファイル（ビュー）
・処理を担うのは一般的なJavaのクラス（モデル）

　第7章からは、サンプルプログラムもMVCモデルに沿って紹介していくので、これからサンプルを通じて徐々にMVCモデルに慣れていきましょう。経験が増えれば、理解できるところも増えていきます。

> とりあえずは黄金パターンに慣れろってことやね。

> そうそう。形から入ることも学習には大事だよ。

6.2　処理の転送

6.2.1　フォワードとは

早速 MVC モデルにチャレンジしてみようと思ったんやけど…。困ったわあ。

チャレンジするとは感心だね。どうしたんだい？

サーブレットから JSP ファイルを利用って、どうやるんやろ？

いいところに気付いたね。解決の方法を紹介しよう。

　MVC モデルで開発する場合、コントローラのサーブレットクラスが、ビューの JSP ファイルに処理結果の表示を依頼する必要があります。しかし、JSP ファイルは Java のクラスのように new で生成して呼び出すというわけにもいきません。これを解決するのが**フォワード**です。

　フォワードを使用すると、処理を他のサーブレットクラスや JSP ファイルに移すことができます。サーブレットクラスから JSP ファイルにフォワードすることにより、出力処理の担当をサーブレットクラスから JSP ファイルへ移すことができます（次ページ図 6-3）。

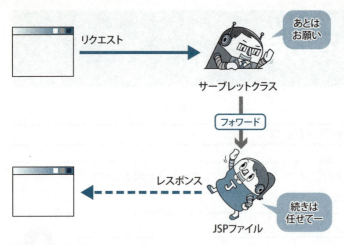

図6-3 フォワード

フォワードは MVC モデルの実現には欠かせないよ。

6.2.2　フォワードの実現方法と特徴

　フォワードは、RequestDispatcher インスタンスの forward() メソッドで行います。

フォワードの構文

RequestDispatcher dispatcher =
　　　request.getRequestDispatcher("フォワード先");
dispatcher.forward(request, response);

※「javax.servlet.RequestDispatcher」をインポートする必要がある。

　フォワード先には JSP ファイルだけでなくサーブレットクラスも指定できますが、同じ Web アプリケーションのものである必要があるので注意してください。

フォワード先の指定方法
・JSPファイルの場合 → /WebContentからのパス
・サーブレットクラスの場合→ /URLパターン
※フォワード先は同じWebアプリケーションでないとならない。

6.2.3　JSPファイルへの直接リクエストを禁止する

　MVCモデルに従ってWebアプリケーションを作ると、ブラウザからリクエストされるのは基本的にサーブレットクラスになります。JSPファイルはサーブレットクラスからフォワードされて動くことを前提に作成するので、ブラウザから直接呼び出されるとエラーや不具合が発生することがあります。

　そこで、フォワード先としてしか利用しないJSPファイルは、直接リクエストできないようにしておきます。

　JSPファイルを直接リクエストできないようにするには、JSPファイルを「WEB-INF」ディレクトリ以下に配置します。ブラウザはこのディレクトリ以下に配置されたファイルを直接リクエストすることはできません。本書では以降、フォワード先として利用されるJSPファイルは「WEB-INF/jsp」に配置します（図6-4）。

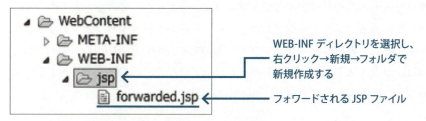

図6-4　フォワードされるJSPファイルの配置場所（本書の場合）

　ファイルの配置場所をふまえて、JSPファイルへフォワードするときの指定方法を整理すると、次ページの図6-5のようになります。特に④に注目してください。

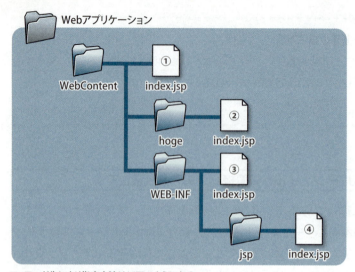

フォワード先により指定方法は以下のようになる:
①の場合: request.getRequestDispatcher("/index.jsp")
②の場合: request.getRequestDispatcher("/hoge/index.jsp")
③の場合: request.getRequestDispatcher("/WEB-INF/index.jsp")
④の場合: request.getRequestDispatcher("/WEB-INF/jsp/index.jsp")

図 6-5　フォワード先の JSP ファイルの指定方法

6.2.4　フォワードのサンプルプログラムを作成する

　フォワードの動作を確認するサンプルプログラムを作ってみましょう。

　今回作成するアプリケーションは、サーブレットクラスをリクエストすると画面が表示されるという、一見シンプルなものです（図 6-6）。しかし、表示される画面は、リクエストしたサーブレットクラスではなく、そのサーブレットクラスからフォワードされた JSP ファイルが出力します。

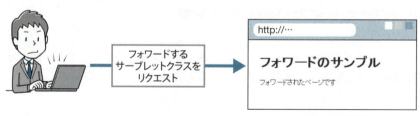

図 6-6　フォワードのサンプルプログラムの動作

次のサーブレットクラスと JSP ファイルを作成し、これらを図 6-7 のように組み合わせます。

・ForwardSampleServlet.java ：リクエストを処理するコントローラ
・forwardSample.jsp ：「フォワード結果」画面を出力するビュー

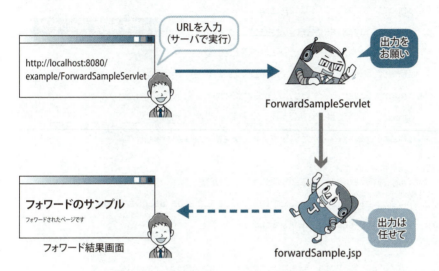

図 6-7　フォワードのサンプルプログラムの流れ

　今回のサーブレットクラスは、JSP ファイルにフォワードする処理のみを行います。ブラウザにはフォワードされた JSP ファイルが出力した内容が表示されます。
　それでは、コード 6-1（P174）と 6-2（P175）のソースコードを参考にフォワードのサンプルプログラムを作成してください。作成後、「ForwardSampleServlet.java」を次のいずれかの方法で実行して動作を確認しましょう。

・「http://localhost:8080/example/ForwardSampleServlet」にブラウザでリクエストする。
・「ForwardSampleServlet.java」を Eclipse の実行機能で実行する。

第 III 部　本格的な開発を始めよう

コード 6-1　フォワードを行うサーブレットクラス

ForwardSampleServlet.java
（servlet パッケージ）

```java
 1  package servlet;
 2
 3  import java.io.IOException;
 4  import javax.servlet.RequestDispatcher;
 5  import javax.servlet.ServletException;
 6  import javax.servlet.annotation.WebServlet;
 7  import javax.servlet.http.HttpServlet;
 8  import javax.servlet.http.HttpServletRequest;
 9  import javax.servlet.http.HttpServletResponse;
10
11  @WebServlet("/ForwardSampleServlet")
12  public class ForwardSampleServlet extends HttpServlet {
13      private static final long serialVersionUID = 1L;
14
15      protected void doGet(HttpServletRequest request,
             HttpServletResponse response)
             throws ServletException, IOException {
16          // フォワード
17          RequestDispatcher dispatcher =
                 request.getRequestDispatcher("/WEB-INF/jsp/forwardSample.
                 jsp");
18          dispatcher.forward(request, response);
19      }
20  }
```

追加する部分（Eclipse が
自動でインポートする）

　次に、コード 6-2 のファイルを作成し、「WEB-INF/jsp ディレクトリ」内に保存します。jsp ディレクトリは、WEB-INF ディレクトリを選択して「右クリック→新規→フォルダ」で作成できます。

コード6-2　フォワード先のJSPファイル

forwardSample.jsp（WebContent/WEB-INF/jsp ディレクトリ）

```
1  <%@ page language="java" contentType="text/html; charset=UTF-8"
2      pageEncoding="UTF-8" %>
3  <!DOCTYPE html>
4  <html>
5  <head>
6  <meta charset="UTF-8">
7  <title>フォワードのサンプル</title>
8  </head>
9  <body>
10 <h1>フォワードのサンプル</h1>
11 <p>フォワードされたページです</p>
12 </body>
13 </html>
```

> できた！　これでMVCモデルに一歩前進や！！

6.2.5　リダイレクトとは

> フォワードもマスターしたし、これで処理の転送は完璧ですね。

> 実はフォワード以外にも処理を転送する方法があるんだ。それも紹介しておこう。

処理を別の処理へ転送する方法はフォワードだけではありません。もう1つ、**リダイレクト**という方法があります。**リダイレクトはブラウザのリクエスト先を変更して処理の転送を行います**。リダイレクトを行うと、次のように処理が進行します（図 6-8）。

❶ブラウザがリクエストを出すと、サーブレットクラスから「ここにリクエストをしなさい」というレスポンスが返ってくる。
❷命令を受けたブラウザは、指示された先に**自動的に**再リクエストを行う。
❸再リクエストの結果が、ブラウザに表示される。

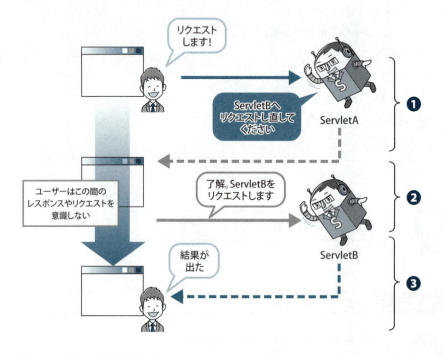

図 6-8　リダイレクトのようす

図 6-8 ではサーブレットクラスにリダイレクトしていますが、ブラウザがリクエストできる先ならばどこへでもリダイレクトさせることができます。

6.2.6 リダイレクトの実現方法

リダイレクトは HttpServletResponse インスタンスの sendRedirect() メソッドで行います。

リダイレクトの構文
response.sendRedirect("リダイレクト先のURL");
※リダイレクト先は、ブラウザがリクエストできる先であればどこでも可。

リダイレクト先は URL で指定します。ただし、リダイレクト先が同じアプリケーションサーバにある場合は、次の記述方法のように URL を使用しないでリダイレクト先を指定することが可能です。

リダイレクト先の記述方法（同じアプリケーションサーバにある場合）
・サーブレットクラスの場合→　/アプリケーション名/URLパターン
・JSPファイルの場合→　/アプリケーション名/WebContentからのパス

・リダイレクト先を URL で指定する例

```
response.sendRedirect("http://www.example.com/example/SampleServlet");
```

・リダイレクト先が同じサーバである例（サーブレットクラスの場合）

```
response.sendRedirect("/example/SampleServlet");
```

6.2.7 リダイレクトのサンプルプログラムを作成する

リダイレクトの動作を確認するサンプルプログラムを作りましょう。フォワードの場合と同様、ブラウザからサーブレットクラスをリクエストすると画面が表

示されるだけです。結果画面は、リクエストしたサーブレットクラスではなく、リダイレクト先が出力するところがポイントです（図 6-9）。

図 6-9　リダイレクトのサンプルプログラムの動作

次のサーブレットクラスを図 6-10 の流れになるよう組み合わせます。

- RedirectSampleServlet.java　：リクエストを処理するコントローラ
- SampleServlet.java　　　　　：占いを行い、結果を出力するサーブレットクラス（第 3 章で作成済み）

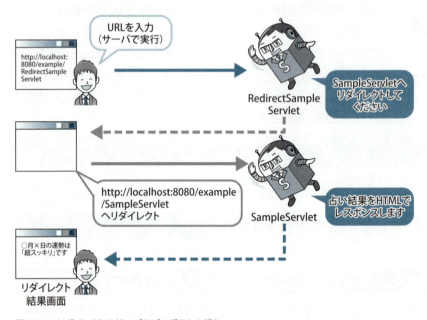

図 6-10　リダイレクトのサンプルプログラムの流れ

第 6 章　MVC モデルと処理の遷移

　リクエストされたサーブレットクラス（RedirectSampleServlet）は、リクエストを受けるとほかの処理は行わず、リダイレクトのみを行います。リダイレクト先は第 3 章の P94 で作成したサーブレットクラス（SampleServlet）です。そのサーブレットクラスが出力した占いの結果がブラウザに表示されます。

　それでは、コード 6-3 のソースコードを参考にリダイレクトのサンプルプログラムを作成してください。作成後、「RedirectSampleServlet.java」を次のいずれかの方法で実行して動作を確認しましょう。

・「http://localhost:8080/example/RedirectSampleServlet」にブラウザでリクエストする。
・「RedirectSampleServlet.java」を Eclipse の実行機能で実行する。

コード 6-3　リダイレクトを行うサーブレットクラス

RedirectSampleServlet.java
（servlet パッケージ）

```
 1  package servlet;
 2
 3  import java.io.IOException;
 4  import javax.servlet.ServletException;
 5  import javax.servlet.annotation.WebServlet;
 6  import javax.servlet.http.HttpServlet;
 7  import javax.servlet.http.HttpServletRequest;
 8  import javax.servlet.http.HttpServletResponse;
 9
10  @WebServlet("/RedirectSampleServlet")
11  public class RedirectSampleServlet extends HttpServlet {
12    private static final long serialVersionUID = 1L;
13
14    protected void doGet(HttpServletRequest request,
          HttpServletResponse response)
          throws ServletException, IOException {
15      // リダイレクト
16      response.sendRedirect("/example/SampleServlet");     ┓━ 解説①
```

```
17    }
18 }
```

解説① リダイレクト先の指定

次のように URL を使ってリダイレクト先を指定することもできます。

```
response.sendRedirect("http://localhost:8080/example/SampleServlet");
```

SampleServlet.java は、先述したように第 3 章で作成したサーブレットクラスです。ソースコードは P94 のコード 3-4 を参照してください。

6.2.8 フォワードとリダイレクトの使い分け

結局、フォワードとリダイレクト、どっちを使っても同じってことかな？

「処理が転送される」という結果は同じだけど、転送の仕方が違うんだよ。ここで一度整理してみようか。

フォワードとリダイレクトの動作と転送の内容を比較すると、次のようにまとめることができます。

フォワードとリダイレクトの動作と転送の比較

フォワード
・同じアプリケーション内のサーブレットクラスや JSP ファイルに処理を移す。
・リクエスト／レスポンスは 1 往復する。

リダイレクト
・ブラウザに別のサーブレットクラスや JSP ファイルをリクエストさせ、実行し直す。

・リクエスト／レスポンスは2往復する。

　結果が似ているので使い分けが難しく感じますが、フォワードとリダイレクトは、転送元と転送先の関係で使い分けるのが基本です。**転送元と転送先のアプリケーションが「別」の場合は、リダイレクトを使うしかありません。**
　一方、**転送元と転送先のアプリケーションが「同じ」場合、フォワードとリダイレクトの両方を使用できます。**基本的には、フォワードのほうがリクエスト／レスポンスの往復が少ないぶん、転送が早く済むので、フォワードのほうを使用します。

外部への転送はリダイレクトで内部への転送はフォワードか。

まず基本としてそう覚えよう。これ以降は、サーブレット→JSPファイルはフォワードを使って転送するよ。

でも、基本ということは、例外もあるんですよね？

鋭いね（笑）。内部への転送でもリダイレクトを使用する例を1つ紹介しよう。

6.2.9　転送後のURLの違い

　フォワードとリダイレクトの転送方法の違いは、ブラウザのアドレスバーに表示されるURLに現れます。

転送後のアドレスバーに表示されるURL
　・フォワード後　　→　　URLはリクエスト時のまま。
　・リダイレクト後　→　　リダイレクト先のURLに変更。

リダイレクトは、ブラウザに再度リクエストをさせるため、アドレスバーのURLが書き換わるのです。たとえば、サーブレットクラス「Hello」をリクエストし、そのサーブレットクラスが処理を「GoodBye」へ転送した場合を比較すると次のようになります。

・フォワードで転送した場合、ブラウザのアドレスバーに表示されるURL

```
http://localhost:8080/example/Hello
```

・リダイレクトで転送した場合、ブラウザのアドレスバーに表示されるURL

```
http://localhost:8080/example/GoodBye
```

フォワードで転送した場合、画面は「GoodBye」の出力結果ですが、URLは「Hello」のままとなります。このように、**フォワードを使うとURLと画面の表示内容にズレが生じることがあります**。このようなURLと画面のズレは、**場合によっては不具合の原因となることがある**ので、できるだけ避けるようにしましょう。この場合、フォワードではなくリダイレクトを使用すれば解決することができます(この例は第10章10.4節で登場します)。

少し難しいと思うけど、ここでは、内部の転送でもリダイレクトを使う場合があることを知っておこう。

6.2.10　フォワードとリダイレクトの比較

お疲れさま。最後に2つの転送処理の違いを整理しておこうか。

フォワードとリダイレクトの違いを整理すると、次ページ表6-2のようになります。

表 6-2　フォワードとリダイレクトの違い

	フォワード	リダイレクト
転送先	サーブレットクラスまたは JSP ファイル	ブラウザがリクエストできるものすべてが対象（サーブレットクラス、JSP ファイル、HTML ファイルなど）
転送先のアプリケーション	転送元と同じアプリケーションのみ	すべてのアプリケーションに転送できる（他サイトでもよい）
アドレスバーに表示される URL	リクエスト時のまま変わらない	リダイレクト先の URL に変わる
リクエストスコープの引き継ぎ※	できる	できない

※「リクエストスコープ」の引き継ぎに関しては第 7 章 7.4.1 項を参照。

リダイレクトはブラウザのアドレスバーを書き換えて強制的にリクエストさせるみたいな感じやね。

気付かないうちにリクエストが発生してるなんて、なんかちょっと気持ち悪いなあ。

昔の Internet Explorer だとリクエストすると「カチッ」って音が鳴ったから、リダイレクトしたときでもその音で気付けたんだけどね。

昔「カチカチカチカチ」って鳴って変なサイトのページが開いたことがあります。あれはリダイレクトだったんですね！！

…(何のページを見てたんやろ)。

第 Ⅲ 部　本格的な開発を始めよう

6.3　この章のまとめ

MVC モデルについて

- MVC モデルは、Web アプリケーションなどの GUI アプリケーションを効率よく開発するための模範的な構造である。
- MVC モデルは、アプリケーション内のプログラムを、モデル（実務係）、ビュー（表示係）、コントローラ（受付兼指示係）という 3 要素に分けて開発する。
- 一般的に、サーブレットが「コントローラ」を、JSP が「ビュー」を、一般のクラスが「モデル」を担当する。

処理の転送について

- 処理を転送する方法には、「フォワード」と「リダイレクト」がある。
- フォワードは、同じアプリケーション内のサーブレットクラスや JSP ファイルに処理を移す。
- リダイレクトは、ブラウザに別のサーブレットクラスや JSP ファイルなどをリクエストさせる。
- リダイレクトはアドレスバーの URL を転送先の URL に書き換える。

---

2 種類のモデル

　表 6-1（P165）では、MVC モデルの 3 つの要素について紹介しました。このうちモデルは、さらに次の 2 種類に分けることができます。

- データモデル　：アプリケーションが扱う**情報の保持**を行う。
- ロジックモデル：アプリケーションが行う**処理ロジック**を担う。

　同じモデルに分類されますが、両者はまったく異なるクラスです。次章7.3節では、Health というデータモデルと、HealthCheckLogic というロジックモデルが登場します。モデルには 2 種類あることを念頭に読み進めてください。

184

第 6 章　MVC モデルと処理の遷移

6.4　練習問題

練習 6-1

　以下は MVC モデルと処理の遷移に関する記述です。(1)から(10)に適切な語句を入れて文章を完成させてください。

　MVC モデルはアプリケーション内部をモデル、ビュー、コントローラの 3 つの要素に分けて開発を行うことを推奨している。それぞれの要素に役割が決められており、 (1) はユーザーの要求に応える処理を担当し、 (2) はユーザーへの表示を担当する。 (3) は、ユーザーからの指示とデータを受け取る窓口となり、指示とその結果の表示を専門の担当に依頼する司令塔の役割を果たす。

　Java による Web アプリケーションでは、 (4) でコントローラを、 (5) でモデルを、 (6) でビューを作成することが一般的である。

　なお、 (4) から (6) へ処理を遷移させる方法は大きく 2 通りあり、Web サーバ内で処理を即時転送する (7) と、転送先 URL にアクセスするようブラウザに指示する応答を返す (8) がある。 (7) をした場合、転送後のアドレスバーには (9) の URL が表示される。一方、 (8) をした場合、転送後のアドレスバーには (10) の URL が表示される。

練習 6-2

　redirected.jsp と forwarded.jsp の 2 つの JSP ファイルが動的 Web プロジェクトの WebContent に用意されている。

　ブラウザで「http://localhost:8080/ex/ex62」に GET でアクセスすると動作し、発生させた乱数(0 〜 9)が奇数ならば redirected.jsp にリダイレクトし、偶数ならば forwarded.jsp にフォワードするサーブレットクラスを作成してください。JSP ファイルはともに WebContent の直下に配置するものとします。

185

第 III 部　本格的な開発を始めよう

6.5　練習問題の解答

練習 6-1 の解答

(1)モデル　　　　　　　(2)ビュー　　　　　　　(3)コントローラ

(4)サーブレットクラス　(5)一般的な Java のクラス

(6) JSP ファイル　　　　(7)フォワード　　　　　(8)リダイレクト

(9)転送元(フォワード元)　(10)転送先(リダイレクト先)

練習 6-2 の解答

　次のようなサーブレットクラスを動的 Web プロジェクト「ex」に作成します。
サーブレットクラス名は任意です。

```
…(import文省略)…
@WebServlet("/ex62")
public class Ex62Servlet extends HttpServlet {
  protected void doGet(HttpServletRequest request,
      HttpServletResponse response)
      throws ServletException, IOException {
    int rand = (int) (Math.random() * 10);
    if(rand % 2 == 1) {
      response.sendRedirect("/ex/redirected.jsp");
    } else {
      RequestDispatcher d = request.getRequestDispatcher(
          "/forwarded.jsp");
      d.forward(request, response);
    }
  }
}
```

第7章

リクエスト
スコープ

第6章では、フォワードを使ってサーブレットクラスから JSP ファイルへ
処理を転送することを学びました。しかし、それだけではサーブレット
クラスと JSP ファイルの連携は完成しません。なぜなら、フォワード転
送は処理だけの連携であり、データは連携できないからです。このま
までは、サーブレットクラスの処理結果を JSP ファイルで出力すること
はできません。

この章では、フォワードの転送元と転送先でデータを連携させる方法を
学びましょう。

CONTENTS ···

7.1 スコープの基本

7.2 リクエストスコープの基礎

7.3 リクエストスコープを使ったプログラムの作成

7.4 リクエストスコープの注意点

7.5 この章のまとめ

7.6 練習問題

7.7 練習問題の解答

7.1 スコープの基本

7.1.1 スコープとは

> あれ？ 綾部さん、しかめっ面してどうしたんだい？

> それが…。サーブレットとJSPファイルの連携の仕方はわかったけど、インスタンスはどうやって渡したらいいんやろ。

> 確かに引数で渡せないし…。ファイルとかデータベースを使うのかな。

> 2人とも悩んでいるね。いい方法があるから紹介しよう。

　Webアプリケーションでは、あるサーブレットクラスで生成したインスタンスを別のサーブレットクラスやJSPファイルで利用したい場面が多くあります。しかし、それぞれのサーブレットクラスやJSPファイルは独立したものなので、**フォワード元のサーブレットクラスで生成したインスタンスの名前をフォワード先のJSPファイルで指定しても利用することができません**。

　たとえば、第3章ではサーブレットクラスだけで作成した占いを、占い処理を行うサーブレットクラスとHTMLを組み立てるJSPに分けて作る場合を考えましょう。サーブレットクラスで占い結果（「超スッキリ」など）を求めた後、いざその結果を含むHTMLを組み立てるためにJSPファイルへフォワードします。しかし、サーブレットクラスが生成した占い結果であるStringインスタンスをJSPファイルで使用することはできません（次ページ図7-1）。

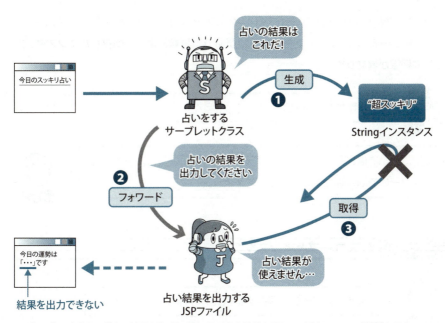

サーブレットクラスが占い結果を生成し(❶)、その出力依頼をJSPファイルにフォワード(❷)しても、
JSPファイルはその結果(インスタンス)を取得できない(❸)。

図 7-1 インスタンスを共用できなくて困る例

　サーブレットクラスで生成したインスタンスを JSP ファイルで利用するには、**スコープ**を利用します。**スコープとはインスタンスを保存できる領域**であり、サーブレットクラスと JSP ファイルが任意のインスタンスを保存したり、保存されているインスタンスを取得したりすることができます。**スコープを経由させることで、サーブレットクラスと JSP ファイルの間でインスタンスを共有することが可能になる**のです(図 7-2)。

図 7-2 スコープ

スコープには「ページスコープ」「リクエストスコープ」「セッションスコープ」「アプリケーションスコープ」の4種類があり、**種類によって保存したインスタンスの有効期限が異なります。**

4種類もあるのか。ややこしそう…。

違いについてはこれからじっくり学習するから大丈夫だよ。まずはどのスコープでも共通となる知識から覚えよう。

7.1.2　スコープとインスタンス

まず、スコープに保存する「もの」の特徴を理解しよう。

スコープには何でも保存できるわけではありません。保存できるのは「インスタンス」に限られています。つまり、int型やdouble型などの**基本データ型変数はインスタンスではないのでスコープに保存できません。**基本データ型をスコープに保存したい場合は、ラッパークラス（基本データ型の情報だけを格納するIntegerやDoubleなどのクラス）を使用します。

　スコープに保存できるもの
　　スコープに保存できるのはインスタンス「だけ」である。

スコープにはString、Integerなど通常のクラスのインスタンスを保存できますが、**基本的には「JavaBeans」と呼ばれるクラスのインスタンスを保存**します。

じゃばびーんず？　コーヒー豆…、シャレかい！

JavaBeans とは、Java のクラスの独立性を高め、部品として再利用しやすくするためのルール、またはそのルールを守っているクラス（のインスタンス）のことです。Web アプリケーションに限らず広い分野で利用されています。

難しく考える必要はないよ。いろんなアプリケーションで使い回すための「お約束」を守っているクラスのことなんだ。

その「お約束」を覚えたらいいんやね。

JavaBeans のルール

ルール①　直列化可能である（java.io.Serializable を実装している）。
ルール②　クラスは public でパッケージに所属する。
ルール③　public で引数のないコンストラクタを持つ。
ルール④　フィールドはカプセル化（隠蔽化）する。
ルール⑤　命名規則に従った getter/setter を持つ。

厳密に言うと JavaBeans のルールはこれだけではありませんが、スコープに保存する JavaBeans としては、これだけで十分です。

7.1.3　JavaBeans のサンプルプログラム

実際の JavaBeans の例とともに各ルールの適用方法を見ていきましょう。次ページのコード 7-1 は、人間に関する情報（名前と年齢）を持つ JavaBeans の例です。

なお、JavaBeans といった Java の一般的なクラスを新規に作成する方法は、付録 A を参照してください。

第 III 部　本格的な開発を始めよう

コード 7-1　JavaBeans の例

Human.java
(model パッケージ)

```
1   package model;          ← ルール②
2   import java.io.Serializable;
3
4   public class Human implements Serializable {    ← ルール①と②
5       private String name;
6       private int age;          ← ルール④
7
8       public Human() { }        ← ルール③
9       public Human(String name, int age) {
10          this.name = name;
11          this.age = age;
12      }
13      public String getName() { return name; }
14      public void setName(String name) { this.name = name; }
15      public int getAge() { return age; }                        ← ルール⑤
16      public void setAge(int age) { this.age = age; }
17  }
```

JavaBeans のルール①　直列化可能である

　直列化を可能にするために「java.io.Serializable」インタフェースを実装します。「直列化」とはインスタンスのフィールドの内容をバイト列に変換してファイルなどに保存し、それをまたインスタンスに復元する技術ですが、単に JavaBeans を作ったり利用したりするだけであれば詳細を理解する必要はありません。なお、直列化の詳細については、本書と同シリーズの『スッキリわかる Java 入門 実践編 第 2 版』で解説しています。

JavaBeans のルール②　クラスは public でパッケージに所属する

　package 文でパッケージ宣言を行い、クラスを public で修飾します。

192

JavaBeansのルール③　publicで引数のないコンストラクタを持つ

　今回のコードのように、明示的に引数なしのコンストラクタを定義するか、コンストラクタを1つも定義しません。なお、追加で引数を持つコンストラクタを定義しても構いません。

JavaBeansのルール④　フィールドはカプセル化する

　フィールド変数を「private」で修飾することによって、外部から直接ではなく、メソッドを通してのみアクセス可能にするカプセル化を行います。

JavaBeansのルール⑤　命名規則に従ったgetter/setterを持つ

　getterは呼び出し元にフィールドの値を戻し、setterは渡された引数の値をフィールドに保存するpublicなメソッドです。これらを定義する場合、次の命名規則に従って定義します。

---

getterとsetterの命名規則

getterの命名規則
- メソッド名は「get」から始め、以降の単語の先頭の文字は大文字にする。ただし、戻り値の型がbooleanの場合は「is」から始める。
- 引数はなし。戻り値はフィールド。

setterの命名規則
- メソッド名は「set」から始め、以降の単語の先頭の文字は大文字にする。
- 引数は1つでフィールドに設定する値を受け取る。戻り値はなし。

※Eclipseの「ソースメニュー」→「getterおよびsetterの生成」を選択すると、命名規則に従ったgetter/setterを自動生成することができる。

なんだ、心配するほど難しくなかった。

安心したかい？　でも、JavaBeansにはプロパティというちょっとややこしい概念があるから気を付けよう。

7.1.4　JavaBeansのプロパティ

JavaBeansの**プロパティ**とはインスタンスの属性（特性、特質といった情報）のことです。たとえば、先述のHumanクラスの場合なら「age」「name」というプロパティを持っています。

それってフィールドやん。つまり「フィールド＝プロパティ」？

そうなることがほとんどだけど、厳密には違うんだ。

結果的に「フィールド＝プロパティ」となることがほとんどですが、それぞれは別に定義され、生まれ方が異なります。「name」というフィールドを作っても「name」プロパティは生まれません。JavaBeansの**プロパティはgetterまたはsetterを作ることで生まれます**。つまり、「name」プロパティは「getName()」や「setName()」を定義することで生まれるのです。

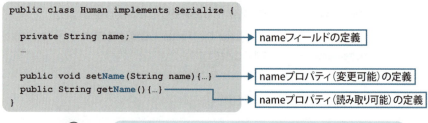

図7-3　フィールドとプロパティの定義

getter や setter の「get」または「set」以降に付けられた名前が、生まれるプロパティの名前になります。たとえば、「getName() メソッドまたは setName() メソッド」を作ると「name プロパティ」が生まれます。また getter、setter のどちらを作ったかによってプロパティの読み取りや変更の可否が決まります（図 7-3）。

プロパティと getter / setter

getter / setter とプロパティは次のように対応する。
・プロパティを読み取る＝ getter を実行する
・プロパティを変更する＝ setter を実行する

　このようにフィールドとプロパティは生まれ方が異なるので、次のように、**フィールド変数名とプロパティ名が一致していなくても、プロパティは定義**されます。

```
private int age;  // フィールド

public void setNenrei(int nenrei) { this.age = nenrei; }      ┐「nenrei」プロ
public int getNenrei() { return age; }                         ┘パティの定義

// 戻り値がbooleanのgetter（戻り値の型がbooleanの場合isから始める）
public boolean isAdult() { return age >= 20; }  ┐─「adult」プロパティの定義
```

　Web アプリケーションにおける JavaBeans の役割は関連する複数の情報をひとまとめにして保持することです。たとえば、コード 7-1 の Human という JavaBeans は、人間の名前と年齢の 2 つの情報をまとめて保持します。

　サーブレットクラスでは、複数の情報を JavaBeans にまとめて格納し、その JavaBeans をスコープに保存します。一方の JSP ファイルでは、その JavaBeans をスコープから取り出すことで、複数の情報をまとめて受け取ることができるのです。

195

7.2 リクエストスコープの基礎

7.2.1 リクエストスコープの特徴

スコープの基礎がわかったところで、お待ちかねの「リクエストスコープ」を紹介しよう。

リクエストスコープはリクエストごとに生成されるスコープです。**このスコープに保存したインスタンスは、レスポンスが返されるまで利用することができます**。このスコープを利用することで、フォワード元とフォワード先でインスタンスを共有することが可能になります（図 7-4）。

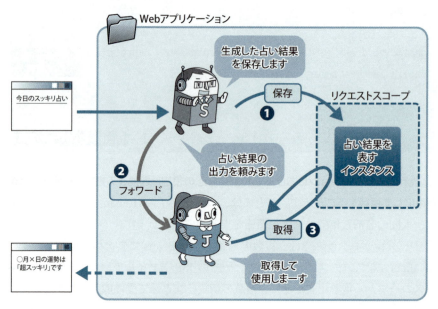

サーブレットクラスが、生成した占い結果を表すインスタンスをリクエストスコープに保存し（❶）、その出力依頼をJSPファイルにフォワードする（❷）と、JSPファイルはそのインスタンスを取得して（❸）結果をブラウザに返す。

図 7-4　リクエストスコープ

7.2.2　リクエストスコープの基本操作

リクエストスコープの正体は、お馴染みの **HttpServletRequest** インスタンスです。**リクエストスコープを操作するということは、言い換えると HttpServletRequest インスタンスのメソッドを使うということです。**

具体的な方法を見てみましょう。次のコード 7-2 は、サーブレットクラスで JavaBeans インスタンス（P192 のコード 7-1 の Human）をリクエストスコープに保存、または保存されたインスタンスをリクエストスコープから取得する例です（request には、HttpServletRequest インスタンスが代入されています）。

コード 7-2　サーブレットクラスでリクエストスコープを利用する

```
1  // リクエストスコープに保存するインスタンスの生成
2  Human human = new Human("湊 雄輔", 23);
3
4  // リクエストスコープにインスタンスを保存　　　解説①
5  request.setAttribute("human", human);
6
7  // リクエストスコープからインスタンスを取得　　解説②
8  Human h = (Human) request.getAttribute("human");
```

解説①　リクエストスコープにインスタンスを保存

リクエストスコープにインスタンスを保存するには、HttpServletRequest インスタンスの setAttribute() メソッドを使用します。

リクエストスコープに保存する

request.setAttribute("属性名", インスタンス);

※第 1 引数は String 型、第 2 引数は Object 型となる。

※すでに同じ属性名のインスタンスが保存されている場合、上書きされる。

※第 2 引数にはあらゆるクラスのインスタンスを指定できる。

第 1 引数は、スコープに保存するインスタンスの管理用の名前を指定します。この名前を**属性名**ともいい、スコープに保存したインスタンスを取得する際に必要となります。第 2 引数は、保存するインスタンスを指定します。引数の型が Object なので、あらゆるクラスのインスタンスを渡すことができます。

解説②　リクエストスコープ内のインスタンスを取得

　リクエストスコープに保存したインスタンスを利用する場合、HttpServletRequest の getAttribute() メソッドで取得します。

リクエストスコープからインスタンスを取得

取得するインスタンスの型 変数名 =
　　　(取得するインスタンスの型) request.getAttribute("属性名");

※引数には取得するインスタンスの属性名を String 型で指定する。

※属性名は大文字と小文字を区別する。

※戻り値は取得したインスタンスが Object 型で返される。

※取得したインスタンスは元の型に**キャスト**(型変換)する必要がある。

※指定した属性名のインスタンスが保存されていない場合「null」を返す。

　引数には、取得するインスタンスの属性名（setAttribute() メソッドの第 1 引数で指定した名前）を指定します。このメソッドは Object 型のインスタンスを返すので、コード 7-2 に挙げた例のように**キャストで元の型に戻す必要があります**。

「Object」じゃない「Human」だ、と指示するような感じですね。

キャストを含めて構文として覚えてしまおう。

7.2.3　JSPファイルでリクエストスコープを使用する例

JSPファイルでリクエストスコープを使用する場合、暗黙オブジェクト「request」（P145参照）を使用します。

JSPファイルは、リクエストスコープに保存されているJavaBeansインスタンスを取得し、そのプロパティの値を出力することがほとんどです。次のコード7-3は、リクエストスコープに保存されているHumanインスタンス（コード7-1）を取得して、nameとageプロパティの値を出力している例です。

コード7-3　リクエストスコープに格納されたインスタンスを取得するJSPファイル

```
1  <%@ page language="java" contentType="text/html;
2      pageEncoding="UTF-8" %>
3  <%@ page import="model.Human" %>    ← 取得するインスタンスのクラスをインポート
4  <%
5  // リクエストスコープからインスタンスを取得
6  Human h = (Human) request.getAttribute("human");
7  %>
8  <!DOCTYPE html>
   …（省略）…
9  <%= h.getName() %>さんは<%= h.getAge() %>歳です
   …（省略）…
```

パッケージに入っていないクラスはインポートできないので、スコープに保存するJavaBeansのクラスを作成する際に、**パッケージに入れる**ことを忘れないようにしましょう。

これで、サーブレットクラスからもJSPファイルからもリクエストスコープを操作できるようになったね。

7.3 リクエストスコープを使ったプログラムの作成

7.3.1 サンプルプログラムの説明

リクエストスコープを使って、アプリケーションをMVCモデルで作ってみよう。

　リクエストスコープを使って、「健康診断アプリケーション」を作ってみましょう。身長と体重から「BMI（ボディマス指数）」を算出して体型（肥満度）を判断します。BMIは次の計算式で算出します。

> BMI＝体重(kg) ÷ (身長(m)×身長(m))
> ※身長の単位はcmではなくmなので注意。

　BMIから体型（肥満度）を次の基準で判定できます（判定基準は国によって異なります。表は日本肥満学会の基準を簡易にしたものです）。

BMI	体型
18.5未満	痩せ型
18.5以上、25未満	普通
25以上	肥満

　この「健康診断アプリケーション」は、次ページの図7-5のように画面遷移を行います。

おもしろそうやなぁ。まぁ、うちの体型はわかってるけどね♪

図 7-5 「健康診断アプリケーション」の画面遷移

　このアプリケーションでは、次のサーブレットクラスと JSP ファイルを使用します。

- Health.java：健康診断に関する情報（身長、体重、BMI、体型）を持つ Java Beans のモデル
- HealthCheckLogic.java：健康診断に関する処理（BMI 値算出、体型判定）を行うモデル
- healthCheck.jsp：健康診断画面を出力するビュー
- healthCheckResult.jsp：健康診断結果画面を出力するビュー
- HealthCheck.java：健康診断に関するリクエストを処理するコントローラ

モデル、ビュー、コントローラ、全部揃ってますね。

記念すべき MVC モデルの Web アプリケーション開発初体験だね。

よーし、がんばるぞ！！

期待しているよ。

　これらを次ページ図 7-6 のように連携させます。

第 III 部　本格的な開発を始めよう

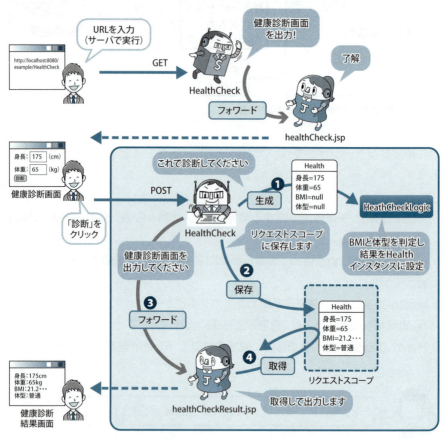

図 7-6　健康診断アプリケーションの構成

7.3.2　サンプルプログラムの作成

　それでは、次ページ以降のコード 7-4 〜 7-8 のソースコードを参考に、「健康診断アプリケーション」を作成してください。今回はソースコードをシンプルにするために入力値のチェックは行っていません。そのため、身長や体重を数値以外で入力した場合、例外が原因で 500 ページが表示されますので注意してください。

　作成後、次のいずれかの方法で実行して図 7-5 のように動作するかを確認しましょう。

第 7 章　リクエストスコープ

- 「http://localhost:8080/example/HealthCheck」にブラウザでリクエストする。
- 「HealthCheck.java」を Eclipse の実行機能で実行する。

コード 7-4　健康診断に関する情報を持つ JavaBeans

Health.java
（model パッケージ）

```java
1  package model;
2
3  import java.io.Serializable;
4
5  public class Health implements Serializable {
6    private double height, weight, bmi;
7    private String bodyType;
8
9    public double getHeight() { return height; }
10   public void setHeight(double height) { this.height = height; }
11   public double getWeight() { return weight; }
12   public void setWeight(double weight) { this.weight = weight; }
13   public void setBmi(double bmi) { this.bmi = bmi; }
14   public double getBmi(){ return this.bmi; }
15   public void setBodyType(String bodyType) {
         this.bodyType = bodyType; }
16   public String getBodyType() { return this.bodyType; }
17  }
```

コード 7-5　健康診断に関する処理を行うモデル

HealthCheckLogic.java
（model パッケージ）

```java
1  package model;
2
3  public class HealthCheckLogic {
4    public void execute(Health health) {
```

203

第 III 部　本格的な開発を始めよう

```java
 5      // BMIを算出して設定
 6      double weight = health.getWeight();
 7      double height = health.getHeight();
 8      double bmi = weight / (height / 100.0 * height / 100.0);
 9      health.setBmi(bmi);
10
11      // BMI指数から体型を判定して設定
12      String bodyType;
13      if(bmi < 18.5) {
14        bodyType = "痩せ型";
15      } else if(bmi < 25) {
16        bodyType = "普通";
17      } else {
18        bodyType = "肥満";
19      }
20      health.setBodyType(bodyType);
21    }
22  }
```

コード7-6　健康診断に関するリクエストを処理するコントローラ

HealthCheck.java
（servlet パッケージ）

```java
 1  package servlet;
 2
 3  import java.io.IOException;
 4  import javax.servlet.RequestDispatcher;
 5  import javax.servlet.ServletException;
 6  import javax.servlet.annotation.WebServlet;
 7  import javax.servlet.http.HttpServlet;
 8  import javax.servlet.http.HttpServletRequest;
 9  import javax.servlet.http.HttpServletResponse;
10  import model.Health;
```

第 7 章 リクエストスコープ

```java
11  import model.HealthCheckLogic;
12
13  @WebServlet("/HealthCheck")
14  public class HealthCheck extends HttpServlet {
15    private static final long serialVersionUID = 1L;
16
17    protected void doGet(HttpServletRequest request,
          HttpServletResponse response)
          throws ServletException, IOException {
18      // フォワード
19      RequestDispatcher dispatcher =
            request.getRequestDispatcher
            ("/WEB-INF/jsp/healthCheck.jsp");
20      dispatcher.forward(request, response);
21    }
22
23    protected void doPost(HttpServletRequest request,
          HttpServletResponse response)
          throws ServletException, IOException {
24      // リクエストパラメータを取得
25      String weight = request.getParameter("weight"); // 体重
26      String height = request.getParameter("height"); // 身長
27
28      // 入力値をプロパティに設定
29      Health health = new Health();
30      health.setHeight(Double.parseDouble(height));
31      health.setWeight(Double.parseDouble(weight));
32
33      // 健康診断を実行し結果を設定
34      HealthCheckLogic healthCheckLogic = new HealthCheckLogic();
35      healthCheckLogic.execute(health); ]— 解説①
36
```

205

第 Ⅲ 部　本格的な開発を始めよう

```
37        // リクエストスコープに保存
38      request.setAttribute("health", health);
39
40        // フォワード
41      RequestDispatcher dispatcher =
            request.getRequestDispatcher
            ("/WEB-INF/jsp/healthCheckResult.jsp");
42      dispatcher.forward(request, response);
43    }
44  }
```

解説①　インスタンスの引数

　メソッドにインスタンスを引数で渡した場合、呼び出し先のメソッドで引数のインスタンスを変更すると呼び出し元のインスタンスも変更されます。そのため、execute() メソッド内で引数の Health インスタンスに BMI と体型を設定すると、サーブレットクラスの Health インスタンスにも BMI と体型が設定されます。

　このしくみを参照渡しといいます。詳しくは、本書と同シリーズの『スッキリわかる Java 入門 第 2 版』を参照してください。

コード 7-7　健康診断画面を出力するビュー

healthCheck.jsp (WebContent/WEB-INF/jsp ディレクトリ)

```
1   <%@ page language="java" contentType="text/html; charset=UTF-8"
2       pageEncoding="UTF-8" %>
3   <!DOCTYPE html>
4   <html>
5   <head>
6   <meta charset="UTF-8">
7   <title>スッキリ健康診断</title>
8   </head>
9   <body>
10  <h1>スッキリ健康診断</h1>
```

第 7 章　リクエストスコープ

```
11  <form action="/example/HealthCheck" method="post">
12  身長:<input type="text" name="height">(cm)<br>
13  体重:<input type="text" name="weight">(kg)<br>
14  <input type="submit" value="診断">
15  </form>
16  </body>
17  </html>
```

コード7-8　健康診断結果画面を出力するビュー

healthCheckResult.jsp（WebContent/WEB-INF/jsp ディレクトリ）

```
1  <%@ page language="java" contentType="text/html; charset=UTF-8"
2      pageEncoding="UTF-8" %>
3  <%@ page import="model.Health" %>
4  <%
5  // リクエストスコープに保存されたHealthインスタンスを取得
6  Health health = (Health) request.getAttribute("health");
7  %>
8  <!DOCTYPE html>
9  <html>
10  <head>
11  <meta charset="UTF-8">
12  <title>スッキリ健康診断</title>
13  </head>
14  <body>
15  <h1>スッキリ健康診断の結果</h1>
16  <p>
17  身長:<%= health.getHeight() %><br>
18  体重:<%= health.getWeight() %><br>
19  BMI:<%= health.getBmi() %><br>
20  体型:<%= health.getBodyType() %>
```

7章

207

```
21    </p>
22    <a href="/example/HealthCheck">戻る</a>
23    </body>
24    </html>
```

ん？　ミナト先輩の作ったやつおかしいで。

えっ！？　どこがおかしい？

うちの体型が「普通」のはずないやんか！

……。

MVCモデルと分業

　MVCモデルの真価は分業体制で発揮されます。**開発の現場ではすべてを1人で作ることはほとんどなく、手分けをするのが一般的です**。モデルの開発担当者は、Webアプリケーションの知識がなくても担当する処理に関する知識さえあれば開発に参加できます（コード7-4と7-5にWebアプリケーション関係のコードがないことに注目してください）。同様に、ビュー（JSPファイル）の開発担当者は主にHTMLの知識、コントローラ（サーブレットクラス）の開発担当者は主にWebアプリケーション関係の知識があれば、ユーザーの要求に応える処理（今回の健康診断や検索など）の知識がなくても参加できます。

　このように、**MVCモデルは手分けして開発を行う場面でより真価が発揮されます**。そうした状況をイメージして例題のソースコードを見たり書いたりすれば、MVCモデルの理解が早まるでしょう。

7.4 リクエストスコープの注意点

7.4.1 リクエストスコープでできないこと

できた！ リクエストスコープがあれば何でも作れそうだね。

ショッピングサイトを作って、一儲けしようかなあ。

まだまだ。リクエストスコープだけでは作れるアプリケーションには限界があるよ。それを知っておこう。

リクエストスコープの正体である HttpServletRequest インスタンスは、レスポンスが返されると同時に消滅してしまいます。それに伴ってリクエストスコープに保存していたインスタンスも消えてしまいます。

そのため、**リクエストスコープに保存したインスタンスは、次回のリクエストでは取得することができません**。

リクエストスコープに保存したインスタンス
リクエストをまたいでインスタンスを共有することはできない。

しかし、ショッピングカートの情報やログイン情報など、Web アプリケーションにはリクエストをまたいで共有すべきインスタンスが多くあります（次ページ図 7-7）。

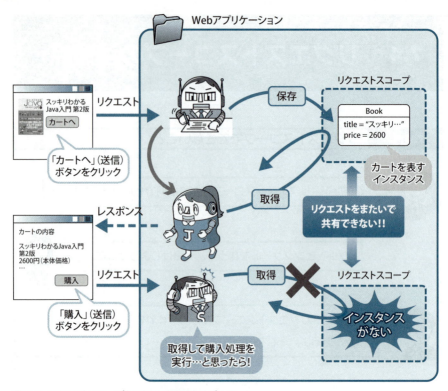

図 7-7　リクエストスコープとリクエストをまたぐデータ

　リクエストをまたいでインスタンスを共有するには、リクエストスコープではなく別の種類のスコープを使用します。詳しくは次の章で解説するので楽しみにしていてください。

こんなん作れたら面白そうやなぁ！

　また、リダイレクトはフォワードと異なり、転送前に一度レスポンスを行います。したがって**リダイレクト元でリクエストスコープに保存したインスタンスは、リダイレクト先では取得することができない**ので注意しましょう（次ページ図7-8）。

第 7 章 リクエストスコープ

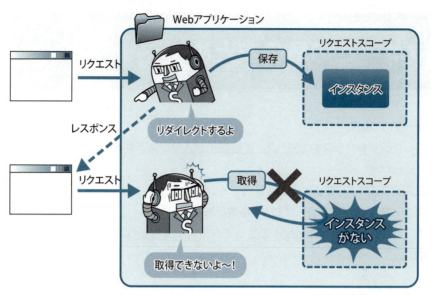

図 7-8 リクエストスコープとリダイレクト

リダイレクトとフォワードの違いはここにもあるんやな。要チェックや！

フォワードとリクエストスコープは相性良し、リダイレクトとリクエストスコープは相性悪し、だね。

 リクエストスコープと転送手段

リクエストスコープの内容は、サーバから HTTP レスポンスが戻されると消失する。

・ブラウザに HTTP レスポンスを戻さず転送するフォワードでは消失しない。

・ブラウザに HTTP レスポンスを一度戻して転送するリダイレクトでは消失する。

211

第 Ⅲ 部　本格的な開発を始めよう

7.5　この章のまとめ

スコープについて

・サーブレットクラスや JSP ファイルがインスタンスを共有する領域を「スコープ」という。

・スコープには「アプリケーションスコープ」「セッションスコープ」「リクエストスコープ」「ページスコープ」の 4 種類がある。

・スコープには「JavaBeans」に従って作成されたインスタンスしか保存できない。

JavaBeans について

・JavaBeans は、再利用性を高めるために決められたルールを満たすクラス、またはそのインスタンスである。

・Web アプリケーションのデータ管理は JavaBeans で行う。

・getter/setter によって「プロパティ」が定義される。

リクエストスコープについて

・リクエストスコープの正体は HttpServletRequest インスタンスである。

・サーブレットクラスの場合、doGet()/doPost() の引数を介して受け渡される。

・JSP ファイルの場合、HttpServletRequest インスタンスは暗黙オブジェクト「request」で利用できる。

・インスタンスの保存には setAttribute() メソッド、インスタンスの取得には getAttribute() メソッドを使用する。

・保存したインスタンスはブラウザにレスポンスが返されるまで使用できる。

・保存したインスタンスはリクエストをまたいで使用することができない。

・保存したインスタンスは、フォワード先では取得できるが、リダイレクト先では一度レスポンスが返されるため取得できない。

第 7 章　リクエストスコープ

7.6　練習問題

練習 7-1

次の（1）〜（5）に適切な語句を入れて文章を完成させてください。

スコープは、サーブレットクラスと JSP ファイルが自由にオブジェクトを保存したり取り出したりできる共有領域であり、アプリケーションスコープ、　(1)　スコープ、　(2)　スコープ、ページスコープの 4 種類がある。

スコープに保存するオブジェクトは、　(3)　という再利用性を高めるためのルールを実装しているクラスであることが一般的である。　(3)　には　(4)　という、getXxx() / setXxx() メソッドで定義される属性がある。たとえば get FullName() というメソッドを定義すると　(5)　という　(4)　が定義される。

練習 7-2

下記の Fruit クラスがあります。

```
Fruit.java
(ex パッケージ)

package ex;
public class Fruit implements java.io.Serializable {
  private String name;
  private int price;
  public Fruit() {}
  public Fruit(String name, int price) {
    this.name = name;
    this.price = price;
  }
  public String getName() { return name; }
  public int getPrice() { return price; }
}
```

213

第 Ⅲ 部　本格的な開発を始めよう

　GET リクエストによって起動し、次のような動作をするサーブレットクラス
(FruitServlet.java)を ex パッケージに作成してください。

・「700 円のいちご」を表す Fruit インスタンスを生成する。
・生成した Fruit インスタンスをリクエストスコープに「fruit」という名前で格納
　する。
・WebContent 内の WEB-INF/ex/fruit.jsp に処理をフォワードする。

　なお、fruit.jsp の内容については、次の①～③に適切な記述をしてください。

fruit.jsp（WebContent/WEB-INF/ex ディレクトリ）

```
<%@ page contentType="text/html; charset=UTF-8" %>
<%@ page import="①" %>
<% Fruit fruit = ②; %>
<!DOCTYPE html>
<html>
…（省略）…
<body>
<p><%= fruit.getName() %>の値段は③円です。</p>
</body>
</html>
```

第 7 章　リクエストスコープ

7.7　練習問題の解答

練習 7-1 の解答

①と②（順不同）　セッション、リクエスト

③ JavaBeans　④プロパティ　⑤ fullName

練習 7-2 の解答

サーブレットクラスの doGet() メソッド

FruitServlet.java
（ex パッケージ）

```java
protected void doGet(HttpServletRequest request,
    HttpServletResponse response)
    throws ServletException, IOException {
  Fruit f = new Fruit("いちご", 700);
  request.setAttribute("fruit", f);
  RequestDispatcher d =
      request.getRequestDispatcher("/WEB-INF/ex/fruit.jsp");
  d.forward(request, response);
}
```

① ex.Fruit

② (Fruit) request.getAttribute("fruit")

③ <%= fruit.getPrice() %>

第8章

セッション
スコープ

第7章で学んだリクエストスコープには、リクエストをまたいでインスタンスを共有できないという限界がありました。本章では、その限界を克服するセッションスコープについて学びます。

セッションスコープは、本格的な Web アプリケーションを開発する上で欠かすことのできない非常に重要なポイントです。時間をかけてじっくり取り組みましょう。

CONTENTS

8.1 セッションスコープの基礎

8.2 セッションスコープを使ったプログラムの作成

8.3 セッションスコープのしくみ

8.4 セッションスコープの注意点

8.5 この章のまとめ

8.6 練習問題

8.7 練習問題の解答

8.1 セッションスコープの基礎

8.1.1 セッションスコープの特徴

リクエストスコープは使えるようになったけど、保存したインスタンスがリクエストをまたげないんじゃ不便ですね。

そこで、リクエストをまたぐ方法を学習しよう。これを身に付けたら作れるアプリケーションの幅が「ぐっ」と広がるよ。

逆に、身に付けないと、作れるものが限られるということやね。

　リクエストスコープに保存したインスタンスは、そのリクエストの終了とともに消滅してしまい、次のリクエスト時には利用できない（リクエストをまたげない）ことを前章で学びました。
　リクエストをまたいでインスタンスを利用するには、リクエストスコープではなく**セッションスコープ**を使用します。**セッションスコープに保存したインスタンスの有効期間は開発者が決めることができます**。レスポンス後もインスタンスを残せるので、リクエストをまたいでインスタンスを利用できます（次ページ図8-1）。

セッションスコープの特徴
・保存したインスタンスの有効期間は、開発者が決めることができる。
・保存したインスタンスをレスポンス後も残せるため、リクエストをまたいで利用できる。

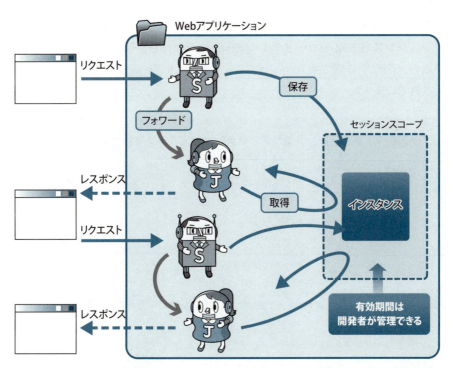

図 8-1　セッションスコープの働き

8.1.2　セッションスコープの基本操作の例

リクエストスコープのときは、HttpServletRequest インスタンスを使いましたよね。

あぁ。でもセッションスコープのときは、また別のものを使うんだよ。

　セッションスコープの正体は javax.servlet.http.**HttpSession** インスタンスです。このインスタンスのメソッドを使用して、セッションスコープを操作することができます。

次のコード 8-1 は、サーブレットクラスでセッションスコープに JavaBeans インスタンス（P192 のコード 7-1 の Human）を保存し、保存したインスタンスを取得、削除する例です（request には、HttpServletRequest インスタンスが代入されています）。

コード 8-1　サーブレットクラスでセッションスコープを利用する

```
1  // セッションスコープに保存するインスタンスの生成
2  Human human = new Human();
3  human.setName("湊 雄輔");
4  human.setAge(23);
5
6  // HttpSessionインスタンスの取得
7  HttpSession session = request.getSession();    ─ 解説①
8
9  // セッションスコープにインスタンスを保存
10 session.setAttribute("human", human);
11
12 // セッションスコープからインスタンスを取得
13 Human h = (Human) session.getAttribute("human");   解説②
14
15 // セッションスコープからインスタンスを削除
16 session.removeAttribute("human");
```

解説①　セッションスコープの取得

HttpSession インスタンスは、HttpServletRequest インスタンスの getSession() メソッドで取得します。

セッションスコープの取得
HttpSession session = request.getSession();
※ javax.servlet.http.HttpSession をインポートする必要がある。

解説② セッションスコープの基本操作

セッションスコープにインスタンスを保存したり、保存したインスタンスを取得したりするには、リクエストスコープのときと同様に、setAttribute() メソッドと getAttribute() メソッドを使用します。

セッションスコープに保存する
session.setAttribute("属性名", インスタンス);
※第1引数は String 型。保存するインスタンスの属性名を指定する。
※属性名は大文字と小文字を区別する。
※第2引数は Object 型。保存するインスタンスを指定する。第2引数にはあらゆるクラスのインスタンスを指定できる。
※すでに同じ属性名のインスタンスが保存されている場合、上書きされる。

セッションスコープからインスタンスを取得する
取得するインスタンスの型 変数名 =
　　　(取得するインスタンスの型) session.getAttribute("属性名");
※引数は String 型。取得するインスタンスの属性名を引数で指定する。
※属性名は大文字と小文字を区別する。
※戻り値は Object 型。取得したインスタンスが返される。
※取得したインスタンスは元の型にキャストする必要がある。
※指定した属性名のインスタンスが保存されていない場合「null」を返す。

セッションスコープに保存したインスタンスは、removeAttribute() メソッドで削除します。

セッションスコープからインスタンスを削除する

session.removeAttribute("属性名");

※引数は String 型。削除するインスタンスの属性名を引数で指定する。

※属性名は大文字と小文字を区別する。

　JSP ファイルでセッションスコープを使う場合は、暗黙オブジェクト「session」（P146 参照）を使用します（わざわざ getSession() メソッドを使って HttpSession インスタンスを取得する必要はありません）。

　次のコード 8-2 は、セッションスコープに保存されている JavaBeans（P192 のコード 7-1 の Human）のインスタンスを取得し、そのプロパティの値を出力する例です。

コード 8-2　セッションスコープに格納されたインスタンスを取得する JSP ファイル

```
1  <%@ page language="java" contentType="text/html;
2      pageEncoding="UTF-8" %>
3  <%@ page import="model.Human" %>   ← 取得するインスタンスのクラスをインポート
4  <%
5  // セッションスコープからインスタンスを取得
6  Human h = (Human) session.getAttribute("human");
7  %>
8  <!DOCTYPE html>
   …（省略）…
9  <%= h.getName() %>さんは<%= h.getAge() %>歳です
   …（省略）…
```

8.2 セッションスコープを使ったプログラムの作成

8.2.1 サンプルプログラムの基本動作

リクエストをまたいで情報を保持するアプリケーションを作ってみよう。今回のサンプルは難しいから時間をかけて理解するつもりでね。

セッションスコープを使ってユーザー登録機能を作ってみましょう。このプログラムは、次の図 8-2 のように画面遷移するものとします。

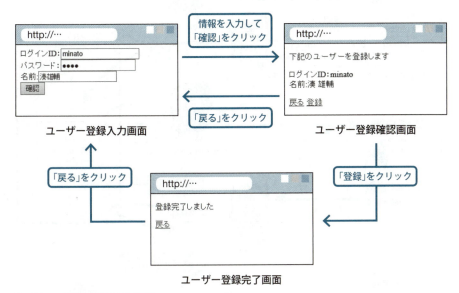

図 8-2 ユーザー登録の画面遷移

このサンプルプログラムでは次のクラスや JSP ファイルを使用します。

・User.java：登録するユーザーを表す JavaBeans のモデル

- RegisterUserLogic.java：ユーザー登録を行うモデル（ファイルやデータベースへの登録は行わない）
- registerForm.jsp：「ユーザー登録入力画面」を出力するビュー
- registerConfirm.jsp：「ユーザー登録確認画面」を出力するビュー
- registerDone.jsp：「ユーザー登録完了画面」を出力するビュー
- RegisterUser.java：ユーザー登録に関するリクエストを処理するコントローラ

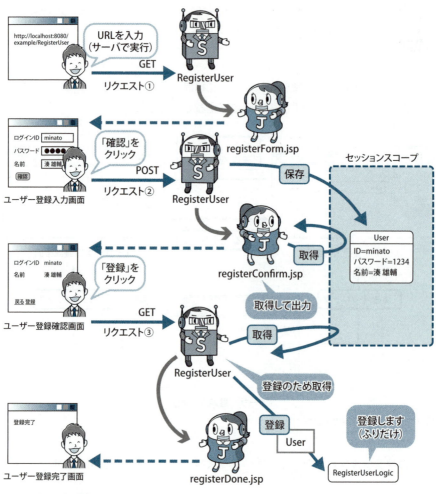

図8-3　ユーザー登録のしくみ

第 8 章　セッションスコープ

　このサンプルプログラムは、図 8-3 のように動作します。最大のポイントは、登録する User インスタンス（登録するユーザーの情報）の扱いです。このインスタンスは、ユーザ登録の入力画面で入力・送信された情報をもとに RegisterUser によって作成されます。このインスタンスが持つ情報はこの後のユーザー登録時、すなわちユーザー登録確認画面のリクエスト先である RegisterUser でも利用できなければならないため、セッションスコープに保存しておく必要があります。

　ユーザー登録確認画面がリクエストした RegisterUser では、セッションスコープから取得した User インスタンスを、ユーザー登録処理を担当する Register UserLogic に渡して登録を依頼します（今回は実際には登録しません）。

8.2.2　リクエストパラメータによる処理の振り分け

　このサンプルプログラムにはもう 1 つポイントがあります。図 8-3 を見るとわかるように、RegisterUser の doGet() メソッドは、プログラムの開始時（リクエスト①）とユーザー情報の登録時（リクエスト③）の両方のリクエストによって実行されます。それぞれのリクエストによって doGet() メソッドで行うべき処理が異なるため、どちらのリクエストかを判断して処理を分岐する必要があります。

　このように、**1 つの実行メソッドに対してリクエスト元が複数あるような場合、その実行メソッドでは、どこからのリクエストかを判断する必要があります**。その判断材料としてよく使用されるのが、リクエストパラメータです。

　具体的には、リクエスト元ごとに異なる値のリクエストパラメータを送信するようにします。その結果、実行メソッドでは、リクエストパラメータによってリクエスト元を判断することができるようになります。

　今回のサンプルプログラムでは、次ページ図 8-4 のように、「action」というリクエストパラメータでリクエスト元を判断しています。プログラムの開始時に RegisterUser を GET リクエストするときは action の値を送信せず、登録時に RegisterUser を GET リクエストするときは「done」を設定して送信します。

　RegisterUser の doGet() メソッドは、取得した action の値が null ならばリクエスト元はプログラム開始時のリクエスト、done ならばユーザー情報登録時のリクエストと判断することができます。

8 章

225

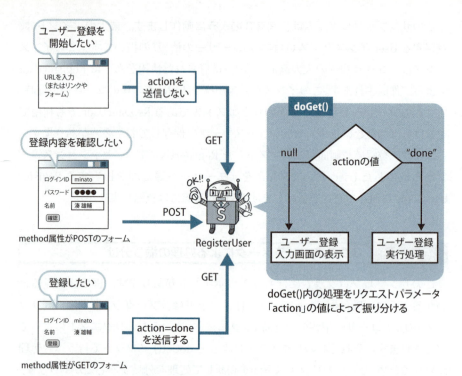

図 8-4　リクエストパラメータによる処理の振り分け

> **リクエストとサーブレットクラスの対応**
>
> 　今回のユーザー登録の例では、すべてのリクエストを RegisterUser に集中させましたが、必ずそのようにしなければならないわけではありません。リクエストごとにサーブレットクラスを作成する場合もあります。リクエストとサーブレットクラスの対応をどのようにするかは、開発するアプリケーションの規模や複雑さ、設計方針などから決定します。

8.2.3　サンプルプログラムの作成

　今回のサンプルプログラムのしくみが理解できたら、次ページ以降のコード 8-3 〜 8-8 のソースコードを参考にプログラムを作成してください。作成後、次

のいずれかの方法で実行して動作を確認しましょう。

・「http://localhost:8080/example/RegisterUser」にブラウザでリクエストする。
・「RegisterUser.java」を Eclipse の実行機能で実行する。

なお、このサンプルプログラムの開発途中で動作確認を行うと、コードが正しくても結果が思うようにならないことがあります。その場合は、開いているブラウザをすべて閉じてから動作確認をやり直してみてください。詳細は 8.3 節で解説します。

セッションスコープを使うプログラム実行時の注意点
セッションスコープを使用するプログラムの実行結果がおかしいときは、ブラウザをすべて閉じてから実行し直す。

コード 8-3　登録するユーザーを表す JavaBeans

User.java
（model パッケージ）

```java
package model;

import java.io.Serializable;

public class User implements Serializable {
    private String id;
    private String name;
    private String pass;

    public User() { }
    public User(String id, String name, String pass) {
        this.id = id;
        this.name = name;
        this.pass = pass;
```

第 Ⅲ 部　本格的な開発を始めよう

```java
15      }
16      public String getId() { return id; }
17      public String getPass() { return pass; }
18      public String getName() { return name; }
19   }
```

コード 8-4　ユーザー登録を行うモデル

RegisterUserLogic.java
(model パッケージ)

```java
1    package model;
2
3    public class RegisterUserLogic {
4      public boolean execute(User user) {
5        // 登録処理（サンプルでは登録処理を行わない）
6        return true;
7      }
8    }
```

次のコード 8-5 では、リクエストパラメータ「action」の値によって、処理や遷移先を振り分ける点に注目してください。

コード 8-5　ユーザー登録に関するリクエストを処理するコントローラ

RegisterUser.java
(servlet パッケージ)

```java
1    package servlet;
2
3    import java.io.IOException;
4    import javax.servlet.RequestDispatcher;
5    import javax.servlet.ServletException;
6    import javax.servlet.annotation.WebServlet;
7    import javax.servlet.http.HttpServlet;
8    import javax.servlet.http.HttpServletRequest;
9    import javax.servlet.http.HttpServletResponse;
```

第 8 章 セッションスコープ

```java
10   import javax.servlet.http.HttpSession;
11   import model.RegisterUserLogic;
12   import model.User;
13
14   @WebServlet("/RegisterUser")
15   public class RegisterUser extends HttpServlet {
16     private static final long serialVersionUID = 1L;
17
18     protected void doGet(HttpServletRequest request,
         HttpServletResponse response)
         throws ServletException, IOException {
19       // フォワード先
20       String forwardPath = null;
21
22       // サーブレットクラスの動作を決定する「action」の値を
23       // リクエストパラメータから取得
24       String action = request.getParameter("action");
25
26       // 「登録の開始」をリクエストされたときの処理
27       if(action == null) {
28         // フォワード先を設定
29         forwardPath = "/WEB-INF/jsp/registerForm.jsp";
30       }
31
32       // 登録確認画面から「登録実行」をリクエストされたときの処理
33       else if(action.equals("done")) {
34         // セッションスコープに保存された登録ユーザーを取得
35         HttpSession session = request.getSession();
36         User registerUser = (User) session.getAttribute
             ("registerUser");
37
38         // 登録処理の呼び出し
```

8
章

229

第 Ⅲ 部　本格的な開発を始めよう

```java
39      RegisterUserLogic logic = new RegisterUserLogic();
40      logic.execute(registerUser);
41
42      // 不要となったセッションスコープ内のインスタンスを削除
43      session.removeAttribute("registerUser");    ]—解説①
44
45      // 登録後のフォワード先を設定
46      forwardPath = "/WEB-INF/jsp/registerDone.jsp";
47    }
48
49    // 設定されたフォワード先にフォワード
50    RequestDispatcher dispatcher =
          request.getRequestDispatcher(forwardPath);
51    dispatcher.forward(request, response);
52  }
53  protected void doPost(HttpServletRequest request,
        HttpServletResponse response)
        throws ServletException, IOException {
54    // リクエストパラメータの取得
55    request.setCharacterEncoding("UTF-8");
56    String id = request.getParameter("id");
57    String name = request.getParameter("name");
58    String pass = request.getParameter("pass");
59
60    // 登録するユーザーの情報を設定
61    User registerUser = new User(id, name, pass);
62
63    // セッションスコープに登録ユーザーを保存
64    HttpSession session = request.getSession();
65    session.setAttribute("registerUser", registerUser);
66
67    // フォワード
```

第8章　セッションスコープ

```
68     RequestDispatcher dispatcher =
           request.getRequestDispatcher
           ("/WEB-INF/jsp/registerConfirm.jsp");
69     dispatcher.forward(request, response);
70   }
71 }
```

解説①　セッションスコープ内のインスタンスを削除

removeAttribute() メソッドを使用し、登録ユーザーの情報を削除しています。

コード8-6　ユーザー登録入力画面を出力するビュー

registerForm.jsp（WebContent/WEB-INF/jsp ディレクトリ）

```jsp
1  <%@ page language="java" contentType="text/html; charset=UTF-8"
2      pageEncoding="UTF-8" %>
3  <!DOCTYPE html>
4  <html>
5  <head>
6  <meta charset="UTF-8">
7  <title>ユーザー登録</title>
8  </head>
9  <body>
10 <form action="/example/RegisterUser" method="post">
11 ログインID:<input type="text" name="id"><br>
12 パスワード:<input type="password" name="pass"><br>
13 名前:<input type="text" name="name"><br>
14 <input type="submit" value="確認">
15 </form>
16 </body>
17 </html>
```

解説①

8章

第 Ⅲ 部　本格的な開発を始めよう

解説①　パスワードボックス

input タグの type 属性の値を password にすると、パスワードボックスが作成できます。パスワードボックスに入力した文字列は黒丸などで表示されます。

コード 8-7　ユーザー登録確認画面を出力するビュー

registerConfirm.jsp（WebContent/WEB-INF/jsp ディレクトリ）

```
 1  <%@ page language="java" contentType="text/html; charset=UTF-8"
 2      pageEncoding="UTF-8" %>
 3  <%@ page import="model.User" %>
 4  <%
 5  User registerUser = (User) session.getAttribute("registerUser");
 6  %>
 7  <!DOCTYPE html>
 8  <html>
 9  <head>
10  <meta charset="UTF-8">
11  <title>ユーザー登録</title>
12  </head>
13  <body>
14  <p>下記のユーザーを登録します</p>
15  <p>
16  ログインID:<%= registerUser.getId() %><br>
17  名前:<%= registerUser.getName() %><br>
18  </p>
19  <a href="/example/RegisterUser">戻る</a>
20  <a href="/example/RegisterUser?action=done">登録</a>
21  </body>
22  </html>
```

解説①

232

解説① リクエストパラメータ「action」の送信

P155で紹介したリンクでリクエストパラメータを送る方法を使い「action=done」を送信しています。

コード8-8　ユーザー登録完了画面を出力するビュー

registerDone.jsp (WebContent/WEB-INF/jsp ディレクトリ)

```
1  <%@ page language="java" contentType="text/html; charset=UTF-8"
2      pageEncoding="UTF-8" %>
3  <!DOCTYPE html>
4  <html>
5  <head>
6  <meta charset="UTF-8">
7  <title>ユーザー登録</title>
8  </head>
9  <body>
10 <p>登録完了しました</p>
11 <a href="/example/RegisterUser">戻る</a>
12 </body>
13 </html>
```

Eclipse の内部ブラウザの変更

Eclipse の実行機能を使用すると、初期設定では Eclipse に内蔵されているブラウザが使用されます。このブラウザを使用した場合、思うような実行結果が得られないことがまれにあります（特にセッションスコープ使用時）。動作確認は、プロジェクトで決められているブラウザや、使い慣れているブラウザを使って行うことをお薦めします。実行機能で使用するブラウザは「ウィンドウ」→「Web ブラウザ」で変更することができます。

8.3 セッションスコープのしくみ

8.3.1 セッションID

セッションスコープを使えばショッピングカートが作れるんやね。これでいよいよ店を開けるぞ。

まだ言っているのかい（笑）。そういえばカートって、僕が入れた内容は僕にしか見えないよね。どうなってるんだろう？

それはセッションスコープのしくみに秘密があるよ。セッションスコープはよく使うので、基本的なしくみも理解しておこう。

セッションスコープの正体である **HttpSession インスタンスはユーザー（ブラウザ）ごとに作成** されます。

アプリケーションサーバは HttpSession インスタンスを作成（あるユーザーにとって最初の getSession() を実行）すると、内部で **セッションID** と呼ばれる ID を新たに発行し、HttpSession インスタンスとブラウザに設定します。

次ページの図 8-5 のように、セッション ID を設定されたブラウザは、以降のリクエストのたびに設定されたセッション ID を送信するようになります。アプリケーションサーバは送られてきたセッション ID を取得し、2 回目以降の getSession() メソッドを実行する際に、取得したセッション ID と同じ ID を持つ HttpSession インスタンスを取得します。このようなしくみにより、各ユーザーは自分専用のセッションスコープを使うことができるようになっています。

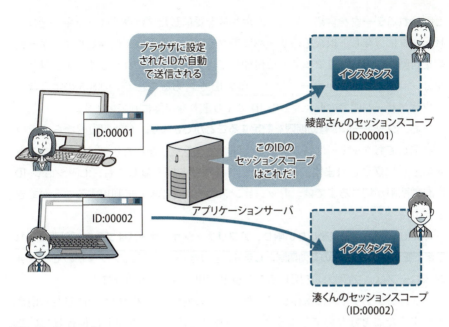

図 8-5　セッション ID

8.3.2　セッション ID とクッキー

でも、どうやってセッション ID をサーバとブラウザ間でやり取りさせているんだろう。そんなコードを書いた覚えはないぞ。

それにはクッキーという技術がリクエストとレスポンスの裏で使われているよ。

出た〜！　コーヒーにはクッキーやな。

クッキー（Cookie）とは、Web サーバ（またはアプリケーションサーバ）がブラウザにデータを保存、送信させるしくみです。サーバがレスポンスに「クッキー」

第 Ⅲ 部 本格的な開発を始めよう

と呼ばれるデータを含めると、レスポンスを受信したブラウザはクッキーをコンピュータに保存し、以後そのサーバにアクセスする際には、保存したクッキー情報を自動的に HTTP リクエストに付加して送信するようになります。アプリケーションサーバは、クッキーにセッション ID を含めることで、図 8-5 のようなブラウザ／サーバ間でのセッション ID のやり取りを可能にしています。

なお、**クッキーには有効期限を設定することができます**。有効期限内ならブラウザを閉じてもクッキーは残り、新しく開いたブラウザからもサーバへリクエストするときに送信されます。そのため、ブラウザを開き直しても、セッション ID の有効期限が切れるまでは、セッションスコープを継続して利用することができます。

ただし、**特別な設定をしない限り、アプリケーションサーバはブラウザが閉じられるまでをセッション ID の有効期限とします**。そのため一般的に、ブラウザのセッションスコープは、ブラウザを閉じると二度と利用できなくなります。

ショッピングサイトに保存していたカートの内容が、ブラウザを閉じたら消えてしまったことはないでしょうか。ブラウザを閉じるとサイトに保存していたデータが消えてしまうのは、ブラウザを閉じることでセッション ID の有効期限が切れるのが原因です（ブラウザを閉じてもデータが残るサイトは、有効期限を変更したり、セッションスコープ以外の方法を用いたりして、データを残しています）。

また、ブラウザのウィンドウを複数開くときは注意してください。Google Chrome などほとんどのブラウザは、開いているすべてのウィンドウでセッション ID を共有します。そのため、前回の実行で開いたウィンドウを残したまま実行すると、すでに発行されたセッション ID が、新しく開いたウィンドウにも設定されてしまいます。

これにより、セッションスコープは前回実行時の状態を引き継ぐことになります。もし、セッションスコープが空の状態の動作を期待していた場合、そのとおりにはなりません。予期しない動作を防ぐためにも、**セッションスコープを使ったプログラムの動作を確認する際には、必ずブラウザのウィンドウをすべて閉じてから行う**ようにしましょう。

8.4 セッションスコープの注意点

8.4.1 セッションのタイムアウト

セッションスコープって便利だなぁ。これさえあれば、リクエストスコープなんかいらないや。

そうはいかない。セッションスコープにも欠点があるんだ。

　セッションスコープが便利だからといって多用し過ぎると、アプリケーションサーバがメモリ不足になり性能の低下やサーバの停止を引き起こしてしまうことがあります。なぜなら、セッションスコープの正体であるHttpSessionインスタンスは、ブラウザから使われない状態になってもすぐには消滅しないからです。

Javaって使用してないインスタンスをJVMが自動で破棄するんじゃ？

そうそう。確か「ガベージコレクション」ってヤツやね。

　HttpSessionインスタンスは他のインスタンスとは異なり、使用されない状態になっても、すぐにはガベージコレクションの対象になりません。これは、HttpSessionインスタンスが不要になったことをサーバが判断できないためです。
　たとえば、Webアプリケーションにアクセスしているあるユーザーが、ひととおりの利用を終えた後、ブラウザを閉じて、別の作業を始めてしまった状況を想像してみてください。
　そのユーザーのセッションスコープは不要になりますが、サーバ側はユーザー

を見ることができませんから、ブラウザを閉じられたことに気付けません。そのため、HttpSession インスタンスをガベージコレクションの対象とすることができないのです。

しかしそれでは、永遠に HttpSession インスタンスを破棄できず、アプリケーションサーバ内に大量の HttpSession インスタンスを保持し続けることになってしまいます。そこでアプリケーションサーバは、一定時間利用されていない HttpSession インスタンスについては不要と判断し、ガベージコレクションの対象とします。これを**セッションタイムアウト**といいます。Apache Tomcat の場合、セッションタイムアウトまでの時間はデフォルトで 30 分に設定されています。

ショッピングサイトで 30 分以上放置しないでくださいって書いてあるのを見たことがあります。あれはタイムアウト防止だったんですね。

8.4.2　セッションスコープの破棄とインスタンスの削除

なーんや。セッションタイムアウトがあるなら、ほっといていいってことやね。

そうはいかないよ。

セッションタイムアウトがあっても、短時間にリクエストが集中すると、ガベージコレクションが間に合わずメモリがパンクしてしまうことがあります。そうならないためにも、**開発者自身がセッションスコープに格納するインスタンスを積極的に管理する必要があります。**

まず重要なのは、セッションスコープに保存したインスタンスが不要になったタイミングで、きちんと removeAttribute() を呼んで削除することです。

次に重要なのは、そもそもセッションスコープ自体が不要になったタイミングで、invalidate() メソッドを使ってスコープ自体を破棄することです。

だから、コード 8-5 のユーザー登録が終わったタイミング（解説①の部分）で削除していたんですね。

セッションスコープは自分で掃除して、リクエストスコープはオカンが勝手に掃除してくれるイメージやね。

セッションスコープを破棄する

session.invalidate();

※スコープ自体が破棄され、保存していたすべてのインスタンスが消滅する。

※実行後に再度 getSession() を実行すると、新しい HttpSession インスタンスが生成される。

セッションスコープ丸ごと破棄するなんて…いつやるんだろう？

　invalidate() を用いる典型的なシチュエーションは、ショッピングサイトなどにおいてユーザーが「ログアウト」を行ったときです。これにより、ログイン中のユーザー ID やカートに入れた商品など、セッションスコープに格納していた内容をすべてクリアすることが可能です。

ステートフルな通信

　リクエストをまたいでユーザーの情報を保持する通信のことを「ステートフル」な通信、反対にリクエストをまたいで情報を保持できない通信を「ステートレス」な通信といいます。

　Web アプリケーションの通信で使用される HTTP は「ステートフル」なしくみを提供していません。そのため、ステートフルを実現するには特別なしくみが必要です。今回紹介したセッションスコープはそのしくみの 1 つです。セッションスコープ以外にも、「リクエストパラメータ」や「クッキー」を使ってステートフルな通信を実現することができます。

第 Ⅲ 部　本格的な開発を始めよう

セッションスコープと直列化

　アプリケーションサーバは、停止時にセッションスコープ内のインスタンス
を直列化（P192）してファイルに保存し、再起動時にはそのファイルからイン
スタンスの復元を行います。これによりサーバを再起動しても、ユーザー（ブラ
ウザ）は、再起動前の状態のセッションスコープを利用することができます。

　また、割り当てられたメモリがいっぱいになった場合でも、アプリケーショ
ンサーバはセッションスコープのインスタンスを直列化してメモリからファイ
ルへ退避させることができます。

　このように、セッションスコープ内のインスタンスは直列化されることがあ
るので、「java.io.Serializable」インタフェースを実装して直列化ができるよう
にしておく必要があります。これを忘れると、直列化が行われるときに問題が
発生することがあります（付録 C の C.2.6 の**8**参照）。

　自作クラスのインスタンスをセッションスコープに保存する場合、直列化を
可能にすることを忘れないようにしましょう（String、Integer や ArrayList と
いった API に用意されているクラスのほとんどは直列化可能になっています）。

第8章 セッションスコープ

8.5 この章のまとめ

セッションスコープについて

- 正体は HttpSession インスタンス。サーブレットクラスの場合、Http ServletRequest インスタンスの getSession() で取得する。
- JSP ファイルの場合、HttpSession インスタンスは暗黙オブジェクト 「session」で利用できる。
- インスタンスの保存は setAttribute() メソッド、インスタンスの取得は getAttribute() メソッド、インスタンスの削除は removeAttribute() メソッド を使用する。
- セッションスコープに保存したインスタンスはリクエストをまたいで使用できる。

セッションスコープのしくみについて

- セッションスコープはブラウザごとに作成され、固有のセッション ID がブラウザと HttpSession インスタンスに設定される。
- Apache Tomcat の初期設定では、ブラウザを閉じるとそれ以前に利用していた HttpSession インスタンスを利用できなくなる。
- Apache Tomcat の初期設定では、30 分間利用されていない HttpSession インスタンスは破棄される。
- 不要となったインスタンスを残していると不具合の原因になる。
- invalidate() メソッドで、HttpSession インスタンスを破棄できる。

第 III 部　本格的な開発を始めよう

8.6　練習問題

練習 8-1

　サーブレットや JSP の間でオブジェクトを引き渡すために、リクエストスコープとセッションスコープのどちらかを利用したいと思います。次のそれぞれの状況でより好ましいものを選んでください。

(1)画面 A から呼び出されたサーブレットクラスが JSP ファイルに処理をリダイレクトする際にオブジェクトを引き渡したい。

(2)画面 B から呼び出されたサーブレットクラスが JSP ファイルに処理をフォワードする際にオブジェクトを引き渡したい。

(3)パスワード登録画面の「送信」ボタンのクリックで起動するサーブレットクラスで、もし登録画面で入力されたパスワードが 8 文字未満の場合、error.jsp にフォワードして「? 文字のパスワードは短すぎます」と表示したい。

(4)ログイン画面の「送信」ボタンのクリックで起動するサーブレットクラスにおいて、画面で入力された ID 情報（文字列インスタンス）を保存しておき、以後さまざまなサーブレットクラスや JSP ファイルで取り出し利用したい。

練習 8-2

　練習 7-2（P213）では、Fruit インスタンスをリクエストスコープ経由でやり取りするサーブレットクラスと JSP ファイルを作成しました。このコードを、リクエストスコープではなくセッションスコープを用いるように修正してください。

第 8 章　セッションスコープ

8.7　練習問題の解答

練習 8-1 の解答

(1)セッションスコープ　　(2)リクエストスコープ

(3)リクエストスコープ　　(4)セッションスコープ

練習 8-2 の解答

サーブレットクラスの doGet() メソッド

FruitServlet.java
(ex パッケージ)

```java
protected void doGet(HttpServletRequest request,
    HttpServletResponse response)
    throws ServletException, IOException {
  Fruit f = new Fruit("いちご", 700);
  HttpSession session = request.getSession();
  session.setAttribute("fruit", f);
  RequestDispatcher d =
    request.getRequestDispatcher("/WEB-INF/ex/fruit.jsp");
  d.forward(request, response);
}
```

フォワード先の JSP ファイル

fruit.jsp（WebContent/WEB-INF/ex ディレクトリ）

```jsp
<%@ page contentType="text/html; charset=UTF-8" %>
<%@ page import="ex.Fruit" %>
<% Fruit fruit = (Fruit) session.getAttribute("fruit"); %>
```

243

第 Ⅲ 部　本格的な開発を始めよう

```
<!DOCTYPE html>
<html>
…(省略)…
<body>
<p><%= fruit.getName() %>の値段は<%= fruit.getPrice() %>円です。</p>
</body>
</html>
```

第9章

アプリケーションスコープ

これまで紹介してきたリクエストスコープとセッションスコープは、ユーザーごとのスコープでした。しかし、アプリケーションの中には全ユーザーで利用したいインスタンス（データ）もあります。

そのようなインスタンスを保存するには、また別のスコープを利用する必要があります。この章では、全ユーザーが利用できる「懐の大きい」スコープを紹介しましょう。

CONTENTS

9.1 アプリケーションスコープの基本

9.2 アプリケーションスコープを使ったプログラムの作成

9.3 アプリケーションスコープの注意点

9.4 スコープの比較

9.5 この章のまとめ

9.6 練習問題

9.7 練習問題の解答

9.1 アプリケーションスコープの基本

9.1.1 アプリケーションスコープの特徴

ユーザーごとのデータが保存できちゃうなんて、セッションスコープって便利だね。

でも、みんなで共有したいデータはどうしたらいいやろう？　やっぱり、データベースとかを使うんかな？

確かにデータベースが一般的だけど、アプリケーションスコープを使う方法もあるよ。

アプリケーションスコープは、1つのアプリケーションにつき1つ作成されるスコープです。そのため、アプリケーションスコープに保存したインスタンスは、**Webアプリケーションが終了するまでの間、アプリケーション内のすべてのサーブレットクラスとJSPファイルで利用することができます**（次ページ図9-1）。

> **データベース vs アプリケーションスコープ**
>
> 　データベースは、高度なデータ管理やデータを保護するしくみを備えています。一方、アプリケーションスコープは、そのようなしくみは備えていませんが、インスタンスがサーバのメモリ上にあるため、高速にアクセスでき、また手軽に利用することができます。
> 　データベースとアプリケーションスコープの強みと弱みを把握して有効に活用しましょう。

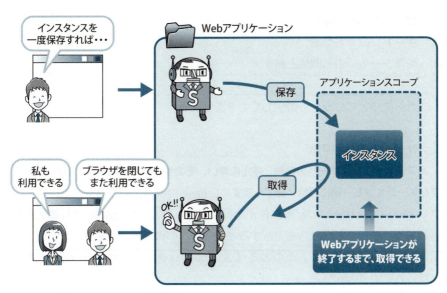

図 9-1　アプリケーションスコープの働き

「セッションスコープ」はオレのもの、「アプリケーションスコープ」はみんなのものやね。

どっかで聞いたことある台詞だなあ。

9.1.2　Web アプリケーションの開始と終了

Web アプリケーションの終了まで使えるのはわかったんですが、そもそもアプリケーションっていつ終了するんですか？

では、Web アプリケーションの開始と終了について補足しておこう。

　Web アプリケーションの開始と終了は、次のような操作や機能によって行われます。

1. サーバの起動と停止
2. オートリロード機能
3. 管理ツールによる開始と終了

これらについてもう少し説明しておきましょう。

1. サーバの起動と停止

アプリケーションサーバの起動/停止に伴い、そのサーバに追加されている Web アプリケーションも一緒に開始/終了します。Eclipse の場合、「サーバービュー」でアプリケーションサーバの起動/停止を行えます。また、Eclipse の実行機能を使用してサーブレットクラスを実行すると、サーバの再起動を促すダイアログが表示されることがあります。このとき「OK」をクリックするとサーバの停止と起動が行われます(図 9-2)。

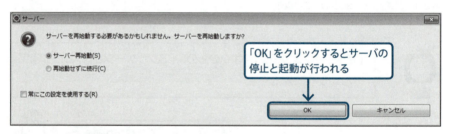

図 9-2 サーバの再起動

2. オートリロード機能

Web アプリケーションサーバには、一度実行したサーブレットクラスのソースコードを修正すると、そのサーブレットクラスの Web アプリケーションを再読み込み(終了と開始)する「オートリロード」があります。

Pleiades とともにインストールされる Apache Tomcat では、このオートリロード機能がデフォルトで無効になっています(第 3 章 P100 参照)。

3. 管理ツールによる開始と終了

アプリケーションサーバは、Web アプリケーションを管理するツールを提供しています。この管理ツールを使うと、特定の Web アプリケーションの開始/終了を行うことができます(Apach Tomcat の場合は「Tomcat Web アプリケー

第 9 章　アプリケーションスコープ

ションマネージャ」というツールで行いますが、本書では、このツールは使用しません）。

　整理すると、本書の設定では、サーバの停止や再起動を行ったとき Web アプリケーションが終了します。**その際に、アプリケーションスコープと保存したインスタンスが消滅する**ので注意してください（オートリロードを有効にした場合は、自動で Web アプリケーションが終了するので気を付けましょう）。

9.1.3　アプリケーションスコープの基本操作

　アプリケーションスコープの正体は javax.servlet.**ServletContext** インスタンスです。このインスタンスを介してアプリケーションスコープを操作することになります。次のコード 9-1 は、サーブレットクラスでアプリケーションスコープに JavaBeans インスタンス（P192 のコード 7-1 の Human）を保存し、保存されているインスタンスを取得、削除する例です。

コード 9-1　サーブレットクラスでアプリケーションスコープを利用する

```
 1   // アプリケーションスコープに保存するインスタンスの生成
 2   Human human = new Human("湊 雄輔", 23);
 3
 4   // ServletContextインスタンスの取得
 5   ServletContext application = this.getServletContext();    解説①
 6
 7   // アプリケーションスコープにインスタンスを保存
 8   application.setAttribute("human", human);
 9
10   // アプリケーションスコープからインスタンスを取得
11   Human h = (Human) application.getAttribute("human");      解説②
12
13   // アプリケーションスコープからインスタンスを削除
14   application.removeAttribute("human");
```

9章

249

解説① アプリケーションスコープの取得

ServletContext インスタンスは、サーブレットクラスのスーパークラスである HttpServlet から継承した getServletContext() メソッドで取得できます。

アプリケーションスコープを取得する

ServletContext application = this.getServletContext();

※ javax.servlet.ServletContext をインポートする必要がある。

※「this.」は省略可。

解説② アプリケーションスコープの基本操作

アプリケーションスコープにインスタンスを保存する方法、および保存したインスタンスの取得と削除の方法は、他のスコープと同じです。

アプリケーションスコープに保存する

application.setAttribute("属性名", インスタンス);

※第 1 引数は String 型。保存するインスタンスの属性名を指定する。

※属性名は大文字と小文字を区別する。

※第 2 引数は Object 型。保存するインスタンスを指定する。第 2 引数にはあらゆるクラスのインスタンスを指定できる。

※すでに同じ属性名のインスタンスが保存されている場合、上書きされる。

アプリケーションスコープからインスタンスを取得する

取得するインスタンスの型 変数名 =
  (取得するインスタンスの型) application.getAttribute("属性名");

※引数は String 型。取得するインスタンスの属性名を引数で指定する。

※属性名は大文字と小文字を区別する。

※戻り値は Object 型。取得したインスタンスが返される。

※取得したインスタンスは元の型にキャストする必要がある。

※指定した属性名のインスタンスが保存されていない場合「null」を返す。

アプリケーションスコープからインスタンスを削除する
application.removeAttribute("属性名");

※引数は String 型。削除するインスタンスの属性名を引数で指定する。

※属性名は大文字と小文字を区別する。

　JSP ファイルでアプリケーションスコープを使用する場合、暗黙オブジェクト「application」（P146 参照）を使用します（わざわざ getServletContext() メソッドを用いて ServletContext を取得する必要はありません）。次のコード 9-2 は、アプリケーションスコープに保存されている JavaBeans（P192 のコード 7-1 の Human）のインスタンスを取得しプロパティの値を出力する例です。

**コード 9-2　アプリケーションスコープに格納された
インスタンスを取得する JSP ファイル**

```
1  <%@ page language="java" contentType="text/html;
2      pageEncoding="UTF-8" %>
3  <%@ page import="model.Human" %>   ── 取得するインスタンスのクラスをインポート
4  <%
5  // アプリケーションスコープからインスタンスを取得
6  Human h = (Human) application.getAttribute("human");
7  %>
8  <!DOCTYPE html>
   …（省略）…
9  <%= h.getName() %>さんは<%= h.getAge() %>歳です
   …（省略）…
```

251

9.2 アプリケーションスコープを使ったプログラムの作成

9.2.1 サンプルプログラムの基本動作

アプリケーションスコープを使って、全ユーザーでデータを共有するアプリケーションを作ってみよう。

　アプリケーションスコープを使ってサイトの評価ボタン機能を作ってみましょう。「よいね」と「よくないね」をクリックした人数をカウントし、アプリケーションスコープに保存します。

　まずは評価ボタン機能の画面遷移を確認しましょう（図9-3）。

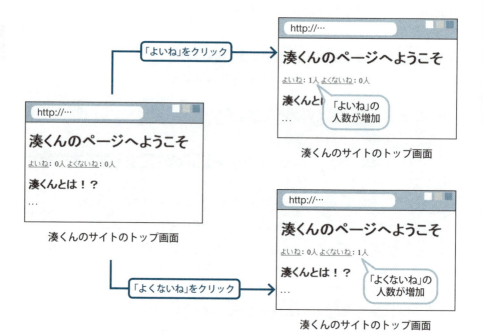

図9-3　評価ボタン機能の画面遷移

ここでは次のサーブレットクラスと JSP ファイルを使用します。

- ・SiteEV.java：サイト評価に関する情報（「よいね」と「よくないね」の数）を持つ JavaBeans のモデル
- ・SiteEVLogic.java：サイト評価に関する処理（「よいね」または「よくないね」の数を増やす）を行うモデル
- ・minatoIndex.jsp：湊くんのサイトのトップ画面を出力するビュー
- ・MinatoIndex.java：湊くんのサイトのトップ画面に関するリクエストを処理するコントローラ

これらを次ページ図 9-4 のように組み合わせて作成します。

ポイントはアプリケーションスコープに保存するサイト評価の情報（SiteEV インスタンス）です。これはアプリケーションに関する情報なので、セッションスコープではなくアプリケーションスコープに保存します。

サーブレット MinatoIndex は、リクエストパラメータ「action」の値が、「like」ならば「よいね」、「dislike」ならば「よくないね」がクリックされたと判断し、サイトの評価を変更します。変更の処理は「SiteEVLogic」に依頼します。

9.2.2 サンプルプログラムの作成

それでは、コード 9-3 ～ 9-6 を参考にプログラムを作成してください。作成後、「MinatoIndex.java」を次のいずれかの方法で実行して動作を確認しましょう。

- ・「http://localhost:8080/example/MinatoIndex」に、ブラウザでリクエストする。
- ・「MinatoIndex.java」を Eclipse の実行機能で実行する。

アプリケーションスコープの効果としてブラウザを閉じた後に再度アクセスしても「よいね」と「よくないね」の人数が残ることも確認しましょう。

なお、9.1.2 項で解説したように、サーバの停止や再起動を行うと、アプリケーションスコープに保存されているインスタンスが消滅するため、「よいね」と「よくないね」の数が 0 に戻ります（オートリロード有効時は特に注意）。

第 III 部　本格的な開発を始めよう

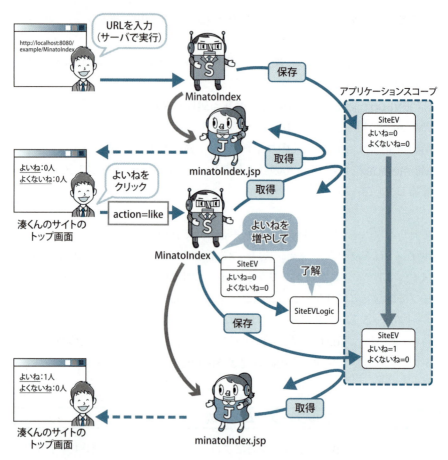

図9-4　評価ボタン機能プログラムのしくみ

コード9-3　サイト評価に関する情報を持つJavaBeans

SiteEV.java
（model パッケージ）

```
1  package model;
2  import java.io.Serializable;
3
4  public class SiteEV implements Serializable {
5    private int like;    // よいねの数
6    private int dislike; // よくないねの数
7
```

第 9 章　アプリケーションスコープ

```java
 8    public SiteEV() {
 9      like = 0;
10      dislike = 0;
11    }
12    public int getLike() { return like; }
13    public void setLike(int like) {
14      this.like = like;
15    }
16    public int getDislike() { return dislike; }
17    public void setDislike(int dislike) {
18      this.dislike = dislike;
19    }
20  }
```

コード 9-4　サイト評価に関する処理を行うモデル

SiteEVLogic.java
（model パッケージ）

```java
 1  package model;
 2
 3  public class SiteEVLogic {
 4    public void like(SiteEV site) {
 5      int count = site.getLike();
 6      site.setLike(count + 1);
 7    }
 8    public void dislike(SiteEV site) {
 9      int count = site.getDislike();
10      site.setDislike(count + 1);
11    }
12  }
```

9
章

255

第 Ⅲ 部　本格的な開発を始めよう

コード 9-5　湊くんのサイトのトップ画面に関するリクエストをするコントローラ

MinatoIndex.java
(servlet パッケージ)

```java
1   package servlet;

3   import java.io.IOException;
4   import javax.servlet.RequestDispatcher;
5   import javax.servlet.ServletContext;
6   import javax.servlet.ServletException;
7   import javax.servlet.annotation.WebServlet;
8   import javax.servlet.http.HttpServlet;
9   import javax.servlet.http.HttpServletRequest;
10  import javax.servlet.http.HttpServletResponse;
11  import model.SiteEV;
12  import model.SiteEVLogic;

14  @WebServlet("/MinatoIndex")
15  public class MinatoIndex extends HttpServlet {
16    private static final long serialVersionUID = 1L;

18    protected void doGet(HttpServletRequest request,
          HttpServletResponse response)
          throws ServletException, IOException {
19      // アプリケーションスコープに保存されたサイト評価を取得
20      ServletContext application = this.getServletContext();
21      SiteEV siteEV = (SiteEV) application.getAttribute("siteEV");

23      // サイト評価の初期化（初回リクエスト時実行）
24      if(siteEV == null) {    ]─ 解説①
25        siteEV = new SiteEV();
26      }
27
```

256

第9章　アプリケーションスコープ

```
28        // リクエストパラメータの取得
29        request.setCharacterEncoding("UTF-8");
30        String action = request.getParameter("action");
31
32        // サイトの評価処理(初回リクエスト時は実行しない)
33        SiteEVLogic siteEVLogic = new SiteEVLogic();
34        if(action != null && action.equals("like")) {
35          siteEVLogic.like(siteEV);
36        } else if(action != null && action.equals("dislike")) {
37          siteEVLogic.dislike(siteEV);
38        }
39
40        // アプリケーションスコープにサイト評価を保存
41        application.setAttribute("siteEV", siteEV);
42
43        // フォワード
44        RequestDispatcher dispatcher =
            request.getRequestDispatcher
            ("/WEB-INF/jsp/minatoIndex.jsp");
45        dispatcher.forward(request, response);
46      }
47    }
```

解説①　スコープからインスタンスが取得できなかった場合

　getAttribute() メソッドは、引数で指定した名前のインスタンスがスコープに保存されていなかった場合は、「null」を返します。

コード 9-6　湊くんのサイトのトップ画面を出力するビュー

minatoIndex.jsp（WebContent/WEB-INF/jsp ディレクトリ）

```
1  <%@ page language="java" contentType="text/html; charset=UTF-8"
2     pageEncoding="UTF-8" %>
```

257

```
3  <%@ page import="model.SiteEV" %>
4  <%
5  SiteEV siteEV = (SiteEV) application.getAttribute("siteEV");
6  %>
7  <!DOCTYPE html>
8  <html>
9  <head>
10 <meta charset="UTF-8">
11 <title>湊くんのページ</title>
12 </head>
13 <body>
14 <h1>湊くんのページへようこそ</h1>
15 <p>
16 <a href="/example/MinatoIndex?action=like">よいね</a>：
17 <%= siteEV.getLike() %>人
18 <a href="/example/MinatoIndex?action=dislike">よくないね</a>：
19 <%= siteEV.getDislike() %>人
20 </p>
21 <h2>湊くんとは！？</h2>
22 <p>・・・</p>
23 </body>
24 </html>
```

それそれっ！

あー！「よくないね」をいっぱいにするなー！！

9.3 アプリケーションスコープの注意点

9.3.1 アプリケーションスコープのトラブル

湊先輩の「よいね」を増やすの、協力したるわ。オラオラー！！

よし、僕も。連打♪連打♪

こらこら、不正をするんじゃない。バチが当たるぞ。

あれっ、おかしいぞ？　「よいね」が連打の割には増えてないぞ。

　湊くんが気付いた不具合はアプリケーションスコープが原因です。アプリケーションスコープを利用するときに注意するべきことを2つ紹介します。

注意①　同時アクセスによる更新
　アプリケーションスコープ内のインスタンスを更新するような処理を複数のリクエストがほぼ同じタイミングで行うと、アプリケーションスコープのインスタンスに不整合が発生する場合があります。
　たとえば、先ほどの評価ボタンのプログラムの場合、ほぼ同時に2人が「よいね」をクリックすると1人分しか「よいね」の人数が増えません。これは、1人目が実行したサーブレットクラスが人数を更新する前に、ほぼ同時に実行した2人目のサーブレットクラスが人数を取得してしまっているのが原因です（次ページ図 9-5）。

対処法としては、このような不整合がアプリケーションにとって致命的になるデータはアプリケーションスコープで保存しない（または保存後は取得のみで更新しない）か、あるいは**スレッド**による競合が発生しないよう調停を行います。「スレッド」とは処理の単位のことで、リクエストごとにスレッドが作成されます。図 9-5 の「湊くんのリクエストの処理」と「綾部さんのリクエストの処理」がスレッドだと思えばよいでしょう。スレッドの競合と調停については P324 のコラムや『スッキリわかる Java 入門 実践編 第 2 版』を参照してください。

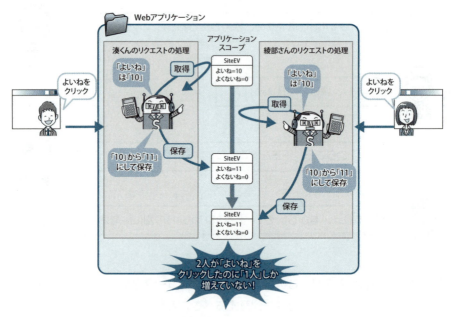

図 9-5　ほぼ同時にリクエストされると不整合が生じる

注意②　インスタンスの保存期間

アプリケーションスコープに保存したデータ（インスタンス）は、Web アプリケーションを終了すると消滅します。Web アプリケーション再開後でも使用できるようにするには、ファイルやデータベースなどに保存する必要があります。また、セッションスコープと違いタイムアウトがないので、削除しないとメモリにインスタンスが残り続けてしまいます。大量のインスタンスを保存したままにすると、メモリを圧迫し続けることになるので注意が必要です。

9.4 スコープの比較

9.4.1 スコープの特徴のまとめ

これまで、リクエスト、セッション、アプリケーションといったさまざまなスコープを学習しました。各スコープの特徴を表 9-1 に整理してみます。

表 9-1　各スコープの特徴

	リクエストスコープ	セッションスコープ	アプリケーションスコープ
インスタンス	HttpServletRequest	HttpSession	ServletContext
暗黙オブジェクト	request	session	application
作成される単位	リクエストごと	ユーザーごと（ブラウザごと）	アプリケーションごと
保存したインスタンスが取得できる期間	削除するかレスポンスするまで	削除するか、セッションタイムアウトするまで	削除するか、アプリケーションが終了するまで
リクエストをまたいでインスタンスを保存	できない	できる	できる
ユーザーごとのインスタンスを保存	できる（リクエストごとに保存する）	できる	できない（すべてのブラウザで共有する）

ちなみに第 4 のスコープである「ページスコープ」を意識的に利用することはほとんどないから、解説を割愛するよ。上記の 3 つをしっかりマスターすれば大丈夫だ。

Web アプリケーション開発ではスコープを使いこなすことがとても重要となります。焦らずに身に付けていきましょう。

第 III 部　本格的な開発を始めよう

9.5　この章のまとめ

アプリケーションスコープについて

・正体は ServletContext インスタンス。サーブレットクラスの場合はスーパークラス（HttpServlet）の getServletContext() で取得する。

・JSP ファイルの場合、ServletContext インスタンスは暗黙オブジェクト「application」で利用できる。

・インスタンスの保存は setAttribute() メソッド、インスタンスの取得は getAttribute() メソッド、インスタンスの削除は removeAttribute() メソッドを使用する。

・アプリケーションごとに作成され、保存したインスタンスは全ユーザーで利用できる。

・保存したインスタンスはアプリケーションが終了すると消滅する。

アプリケーションスコープの注意点

・保存したインスタンスの更新を複数のユーザーがほぼ同時に行った場合、不整合が発生することがある。

・アプリケーションスコープを削除、またはアプリケーションを終了するまで、メモリにインスタンスが残るので、大量のインスタンスを保存するとメモリを圧迫する。

・保存したインスタンスはアプリケーションが終了すると失われる。

262

第 9 章　アプリケーションスコープ

9.6　練習問題

練習 9-1

　次に挙げる特性は、リクエスト／セッション／アプリケーションのどのスコープに当てはまるものか答えてください。なお、2 つ以上のスコープが当てはまる場合は、すべて挙げてください。

(1) 保存したオブジェクトはアプリケーションサーバにアクセスする複数のユーザーで共有される。

(2) サーバからブラウザにレスポンスが返ると、中身が消えてしまう。

(3) 基本的には、ブラウザを閉じても中身が消えない。

(4) getAttribute() メソッドと setAttribute() メソッドを用いて、オブジェクトを保存、取得ができる。

(5) invalidate() メソッドを用いて、スコープ自体を破棄できる。

(6) アプリケーションサーバを停止したり、明示的な削除指示をしたりしなければ、保存したオブジェクトが自動では消えないため、濫用するとメモリを圧迫する点に特に注意が必要である。

練習 9-2

　練習 8-2（P242）では、Fruit インスタンスをセッションスコープ経由でやり取りするサーブレットクラスと JSP ファイルを作成しました。このコードを、セッションスコープではなくアプリケーションスコープを用いるように修正してください。

第 Ⅲ 部　本格的な開発を始めよう

9.7　練習問題の解答

練習 9-1 の解答

(1)アプリケーションスコープ　　　(2)リクエストスコープ

(3)アプリケーションスコープ

(4)リクエスト／セッション／アプリケーションのすべてのスコープ

(5)セッションスコープ　　　　　　(6)アプリケーションスコープ

練習 9-2 の解答

サーブレットクラスの doGet() メソッド

FruitServlet.java
(ex パッケージ)

```java
protected void doGet(HttpServletRequest request,
    HttpServletResponse response)
    throws ServletException, IOException {
  Fruit f = new Fruit("いちご", 700);
  ServletContext application = this.getServletContext();
  application.setAttribute("fruit", f);
  RequestDispatcher d =
    request.getRequestDispatcher("/WEB-INF/ex/fruit.jsp");
  d.forward(request, response);
}
```

264

第9章　アプリケーションスコープ

フォワード先の JSP ファイル

fruit.jsp（WebContent/WEB-INF/ex ディレクトリ）

```jsp
<%@ page contentType="text/html; charset=UTF-8" %>
<%@ page import="ex.Fruit" %>
<% Fruit fruit = (Fruit) application.getAttribute("fruit"); %>
<!DOCTYPE html>
<html>
…（省略）…
<body>
<p><%= fruit.getName() %>の値段は<%= fruit.getPrice() %>円です。</p>
</body>
</html>
```

9
章

コンテキスト

　ServletContext の「Context（コンテキスト）」とは Web アプリケーション
のことです。正確には、Web アプリケーションをリクエストする URL には、
動的 Web プロジェクトの名前ではなくコンテキストの名前を指定する必要が
あります。

　http://< サーバ >/< コンテキストの名前 >/…

　デフォルトでは、動的 Web プロジェクトの名前が、そのままコンテキスト
の名前になります。そのため本書では、動的 Web プロジェクト名を URL で指
定しています。

第10章

アプリケーション作成

この章はこれまでの総決算です。アプリケーションの作成を通じて、これまで学んできたことの理解を深めます。

エラーがたくさん出て、なかなか思うように進まないかもしれませんが、1つひとつ復習しながらじっくりと取り組みましょう。

本書で初めて Web アプリケーション開発を学んだ方にとってはこの章がひとまずゴールです。アプリケーションが完成したら自信を持ってください。

CONTENTS

10.1 作成するアプリケーションの機能と動作

10.2 開発の準備

10.3 ログイン機能を作成する

10.4 メイン画面を表示する

10.5 ログアウト機能を作成する

10.6 投稿と閲覧の機能を作成する

10.7 エラーメッセージの表示機能を追加する

10.8 この章のまとめ

10.1 作成するアプリケーションの機能と動作

10.1.1 「どこつぶ」の機能と画面設計

ここまで学んだ知識を使って、少し実践的なアプリケーションを作ってみよう。そうだな…湊くんが作りたいと言っていた、つぶやきアプリにチャレンジしようか。時間がかかってもいい。完成させて自信を付けよう。

はい！　がんばります。

　この章では、どこでも短い文字情報（つぶやき）を投稿できることを目的とするWebアプリケーション「どこつぶ」を作成します。「どこつぶ」は次のような機能を持つものとします。

機能①　ログイン機能
・アプリケーションにログインする。
・入力されたパスワードをもとにユーザー認証を行う。
・パスワードは全ユーザー共通のもの("1234")を使用する。

機能②　ログアウト機能
・アプリケーションからログアウトする。

機能③　つぶやき投稿機能
・短い文字列情報を「つぶやき」として投稿できる。
・投稿が空の場合、投稿を受け付けずエラーメッセージを表示する。
・投稿した「つぶやき」はアプリケーションが終了するまで保存される。
・この機能を使用するにはログインをしている必要がある。

機能④　つぶやき閲覧機能
・全ユーザーの「つぶやき」を表示する。
・「つぶやき」は新しいものから順に表示する。
・この機能を使用するにはログインをしている必要がある。

　「どこつぶ」の画面遷移は図 10-1 のようになります。動作がイメージしにくい場合は、サンプルプログラムをダウンロードして実行してみましょう(P12 参照)。遷移は、図 10-1 左上の「トップ画面」から始まり、ログインを経て「メイン画面」に移り、そこでつぶやきの投稿や閲覧を行い、ログアウトして終了します。

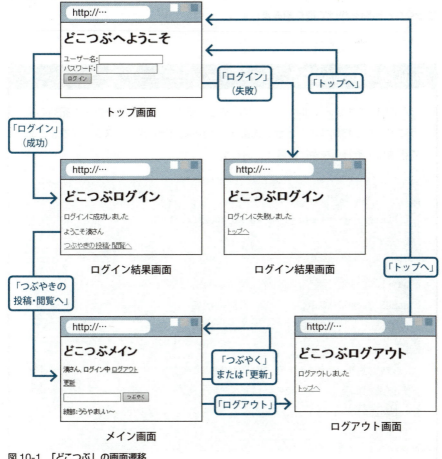

図 10-1　「どこつぶ」の画面遷移

第 Ⅲ 部　本格的な開発を始めよう

10.1.2　「どこつぶ」作成にあたって

「どこつぶ」はこれまでの復習と Web アプリケーション作成に慣れることを目的としているため、なるべくシンプルな構成にしています。そのため、入力チェックなどの異常系操作への対応は最小限とし、またアプリケーション内のデータの保存先にファイルやデータベースといった外部システムを使用しません。

ただし、Java API に含まれる List インタフェースと ArrayList クラスを使用するため、これらに関する基礎知識が必要です。本章でも簡単な解説は行いますが、詳しくは『スッキリわかる Java 入門 実践編 第 2 版』などを参照してください。

また、シンプルとはいえ一気にすべてを作ることは難しいです。**復習しながらじっくりと時間をかけて取り組みましょう。**

ArrayList の基本的な使い方

ArrayList は java.util パッケージにあるクラスで、インスタンスを配列のようにまとめて格納することができます。下記は、String インスタンスをまとめて格納し、それらを順に取得する例です。

```java
// ArrayListインスタンスの生成
List<String> nameList = new ArrayList<>();

// Stringインスタンスを格納
nameList.add("湊");      // 0番目に格納
nameList.add("綾部");    // 1番目に格納
nameList.add("菅原");    // 2番目に格納

// 格納したStringインスタンスを順に取得
for(String name : nameList) {
  System.out.println(name);   //湊→綾部→菅原の順で出力
}
```

10.2 開発の準備

10.2.1 動的 Web プロジェクトの作成

まずは「どこつぶ」の開発準備として、次のことを行いましょう。各手順の操作方法は、付録 A を参照してください。

・動的 Web プロジェクト「docoTsubu」を作成する。
・動的 Web プロジェクト「docoTsubu」をサーバに追加（公開）する。

以降は作成した動的 Web プロジェクト「docoTsubu」に対して作業を進めていきます。

10.2.2 JavaBeans の作成

まず、アプリケーション全体で使用する次のクラスを作成しましょう。

・User.java：ユーザーに関する情報（ユーザー名、パスワード）を持つ Java Beans のモデル
・Mutter.java：つぶやきに関する情報（ユーザー名、内容）を持つ JavaBeans のモデル

これらはどちらも単純に情報を保持するだけの JavaBeans のクラスです。コード 10-1 および次ページのコード 10-2 を参考に作成してください。

コード 10-1 ユーザーに関する情報を持つ JavaBeans

User.java
（model パッケージ）

```
1  package model;
2  import java.io.Serializable;
```

第 Ⅲ 部　本格的な開発を始めよう

```java
3
4  public class User implements Serializable {
5    private String name; // ユーザー名
6    private String pass; // パスワード
7
8    public User() {}
9    public User(String name, String pass) {
10     this.name = name;
11     this.pass = pass;
12   }
13   public String getName() { return name; }
14   public String getPass() { return pass; }
15 }
```

コード10-2　つぶやきに関する情報を持つJavaBeans

Mutter.java
（model パッケージ）

```java
1  package model;
2  import java.io.Serializable;
3
4  public class Mutter implements Serializable {
5    private String userName; // ユーザー名
6    private String text;     // つぶやき内容
7    public Mutter() {}
8    public Mutter(String userName, String text) {
9      this.userName = userName;
10     this.text = text;
11   }
12   public String getUserName() { return userName; }
13   public String getText() { return text; }
14 }
```

10.2.3　トップ画面の作成

次に「トップ画面」として index.jsp を作成します（コード 10-3）。
なお、**このファイルはブラウザから直接リクエストするため、WebContent 直下に保存**してください。

コード 10-3　トップ画面を出力するビュー

index.jsp（WebContent ディレクトリ）

```jsp
1  <%@ page language="java" contentType="text/html; charset=UTF-8"
2      pageEncoding="UTF-8" %>
3  <!DOCTYPE html>
4  <html>
5  <head>
6  <meta charset="UTF-8">
7  <title>どこつぶ</title>
8  </head>
9  <body>
10 <h1>どこつぶへようこそ</h1>
11 </body>
12 </html>
```

10.2.4　デフォルトページ

よし完成っと。アクセスする URL は、http://localhost:8080/docoTsubu/index.jsp やな ....。

あ、でもそういえば、普段僕らがいろんなサイトを使うとき、末尾に index.jsp とか付けなくてもいいよね？

Webアプリケーション（Webサイト）で最初にリクエストする画面は、URLの末尾からファイル名を省略してもリクエストできることが一般的です。たとえば、ヤフーのトップページは本来「https://www.yahoo.co.jp/index.html」ですが、末尾のindex.htmlを省略してもアクセス可能です。

今回作成する「どこつぶ」でも、トップ画面を「http://localhost:8080/docoTsubu/」でリクエストできるようにしてみましょう。

サーブレットクラスやJSPファイルのどこを修正すればいいんだろう？

実は、ファイルを修正する必要はないんだ。

末尾のファイル名を省略したURLでリクエストできるようにするしくみは、プログラムではなく、アプリケーションサーバ（Webサーバ）の機能で実現します。アプリケーションサーバは、ファイル名を省略したURLでリクエストされた場合、あらかじめ設定しておいたファイルを自動的に探してくれるのです。

たとえばApache Tomcatの場合、デフォルトでは「index.html → index.htm → index.jsp → default.html → default.htm → default.jsp」の順にファイルを探して、最初に見つかったファイルを使用する、という設定になっています。そのため、トップ画面を「index.jsp」で作成すれば、「http://localhost:8080/docoTsubu/」でトップ画面にアクセスできるのです（次ページ図10-2）。

このように、ファイル名やURLパターンを省略したURLでリクエストできるファイルのことを**デフォルトページ**と呼びます。

それでは、次の方法で末尾のindex.jspを省略したURLにアクセスし、トップ画面が表示されることを確認しましょう。

・「http://localhost:8080/docoTsubu/」にブラウザでリクエストする。
・動的Webプロジェクト「docoTsubu」を選択し、Eclipseの実行機能で実行する。

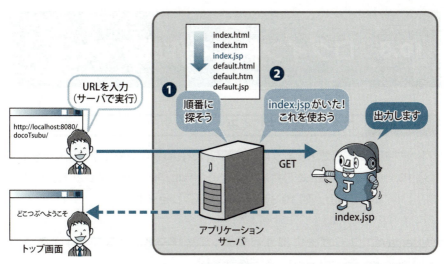

Apache Tomcatでは、順番にファイルを検索して(❶)、最初に見つかった
ファイルを使用する(❷)。

図 10-2　トップ画面を表示する流れ

いつもと実行の仕方がちょっと違うよ。ファイルではなくプロジェクトを選んで実行するんだ。

デフォルトページへのリクエスト方法
・ファイル名やURLパターンを省略したURLでリクエストすると、デフォルトページへのリクエストとなる。
・動的Webプロジェクトを選択してEclipseの実行機能で実行すると、デフォルトページへのリクエストになる。

10.3 ログイン機能を作成する

10.3.1 ログイン機能のしくみ

トップ画面が表示できるようになったら、次にログイン機能を作成します(仕様は 10.1.1 項を参照)。この機能の実現のために、次のサーブレットクラスとJSP ファイルを作成し、図 10-3 のように組み合わせます。

・User.java：ユーザーに関する情報(ユーザー名、パスワード)を持つ JavaBeans のモデル(10.2 節で作成済み)
・LoginLogic.java：ログインに関する処理を行うモデル
・index.jsp：トップ画面を出力するビュー(10.2 節で作成済みのものを本節で修正)

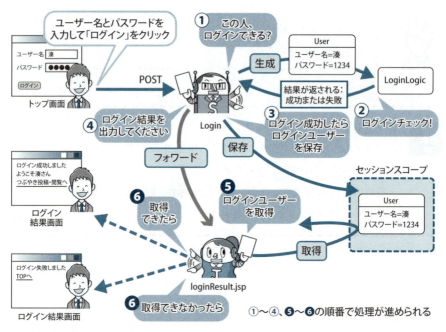

図 10-3　ログイン機能の流れ

第 10 章　アプリケーション作成

・loginResult.jsp：ログイン結果画面を出力するビュー
・Login.java：ログインに関するリクエストを処理するコントローラ

　ポイントはセッションスコープに保存される User インスタンスです。サーブ
レットクラス Login は、ログイン成功の場合はログインユーザーの情報を User
インスタンスに設定し、それをセッションスコープに保存します。ログイン判定
結果を出力する loginResult.jsp は、このインスタンスを利用して、ログインの成
功や失敗を判定し、適切な HTML を組み立てます。

10.3.2　プログラムの作成

　ログイン機能のしくみが理解できたら、次ページ以降のコード 10-4 ～ 10-7
を参考に各ファイルを作成し、次の手順で動作を確認しましょう。

［ログイン成功時の動作を確認する手順］
①トップ画面を表示する（10.2.4 項参照）。
②ユーザー名を「userA」、パスワードを「1234」でログインする。
③ログイン結果画面が表示され、ログイン成功のメッセージとユーザー名が出力
　されるのを確認する。

［ログイン失敗時の動作を確認する手順］
①トップ画面を表示する（10.2.4 項参照）。
②ユーザー名を「userA」、パスワードを「12345」でログインする。
③ログイン結果画面が表示され、ログイン失敗のメッセージが出力されるのを確
　認する。

　**セッションスコープを使うので、以前の実行で開いたブラウザのウィンドウを閉じ
てから実行する**ようにしてください（P227、付録 C の C.2.3 の**5**参照）。

10
章

277

第 Ⅲ 部　本格的な開発を始めよう

コード10-4　ログインに関する処理を行うモデル

LoginLogic.java
（model パッケージ）

```java
1  package model;
2
3  public class LoginLogic {
4    public boolean execute(User user) {
5      if(user.getPass().equals("1234")) { return true; }
6      return false;
7    }
8  }
```

コード10-5　ログインに関するリクエストを処理するコントローラ

Login.java
（servlet パッケージ）

```java
1  package servlet;
2
3  import java.io.IOException;
4  import javax.servlet.RequestDispatcher;
5  import javax.servlet.ServletException;
6  import javax.servlet.annotation.WebServlet;
7  import javax.servlet.http.HttpServlet;
8  import javax.servlet.http.HttpServletRequest;
9  import javax.servlet.http.HttpServletResponse;
10 import javax.servlet.http.HttpSession;
11 import model.LoginLogic;
12 import model.User;
13
14 @WebServlet("/Login")
15 public class Login extends HttpServlet {
16   private static final long serialVersionUID = 1L;
17
```

278

第10章 アプリケーション作成

```java
18    protected void doPost(HttpServletRequest request,
          HttpServletResponse response)
          throws ServletException, IOException {
19      // リクエストパラメータの取得
20      request.setCharacterEncoding("UTF-8");
21      String name = request.getParameter("name");
22      String pass = request.getParameter("pass");
23
24      // Userインスタンス(ユーザー情報)の生成
25      User user = new User(name, pass);
26
27      // ログイン処理
28      LoginLogic loginLogic = new LoginLogic();
29      boolean isLogin = loginLogic.execute(user);
30
31      // ログイン成功時の処理
32      if(isLogin) {
33        // ユーザー情報をセッションスコープに保存
34        HttpSession session = request.getSession();
35        session.setAttribute("loginUser", user);
36      }
37      // ログイン結果画面にフォワード
38      RequestDispatcher dispatcher =
            request.getRequestDispatcher(
            "/WEB-INF/jsp/loginResult.jsp");
39      dispatcher.forward(request, response);
40    }
41  }
```

10
章

279

第 III 部　本格的な開発を始めよう

次のコード 10-6 は、10.2.3 項で作成したコード 10-3 にログイン機能で使用するフォームを追加したものです。

コード 10-6　トップ画面を出力するビュー（修正）

index.jsp（WebContent ディレクトリ）

```
1  <%@ page language="java" contentType="text/html; charset=UTF-8"
2      pageEncoding="UTF-8" %>
3  <!DOCTYPE html>
4  <html>
5  <head>
6  <meta charset="UTF-8">
7  <title>どこつぶ</title>
8  </head>
9  <body>
10 <h1>どこつぶへようこそ</h1>
11 <form action="/docoTsubu/Login" method="post">
12 ユーザー名:<input type="text" name="name"><br>
13 パスワード:<input type="password" name="pass"><br>
14 <input type="submit" value="ログイン">
15 </form>
16 </body>
17 </html>
```

追加する部分 (lines 11-15)

コード 10-7　ログイン結果画面を出力するビュー

loginResult.jsp（WebContent/WEB-INF/jsp ディレクトリ）

```
1  <%@ page language="java" contentType="text/html; charset=UTF-8"
2      pageEncoding="UTF-8" %>
3  <%@ page import="model.User" %>
4  <%
```

第10章 アプリケーション作成

```jsp
5    // セッションスコープからユーザー情報を取得
6    User loginUser = (User) session.getAttribute("loginUser");
7    %>
8    <!DOCTYPE html>
9    <html>
10   <head>
11   <meta charset="UTF-8">
12   <title>どこつぶ</title>
13   </head>
14   <body>
15   <h1>どこつぶログイン</h1>
16   <% if(loginUser != null) { %>
17      <p>ログインに成功しました</p>
18      <p>ようこそ<%= loginUser.getName() %>さん</p>
19      <a href="/docoTsubu/Main">つぶやき投稿・閲覧へ</a>    ⎤—解説①
20   <% } else { %>
21      <p>ログインに失敗しました</p>
22      <a href="/docoTsubu/">TOPへ</a>    ⎤—解説②
23   <% } %>
24   </body>
25   </html>
```

解説①　メイン画面へのリンク

この段階では、このリンクをクリックすると 404 ページが表示されます。

解説②　デフォルトページへのリンク

リンク先のファイル名を省略すると、デフォルトページへのリンクになります。省略せずに「<a href="/docoTsubu/index.jsp">」としても構いません。

ソースコードが作成できたら、P277 の手順を参照して動作を確認しましょう。

10章

281

10.4 メイン画面を表示する

10.4.1 メイン画面表示のしくみ

次に、ログイン結果画面からメイン画面を表示するまでを作成します。次のサーブレットクラスとJSPファイルを、図10-4のように組み合わせます。

- User.java：ユーザーに関する情報（ユーザー名、パスワード）を持つJavaBeansのモデル（10.2節で作成済み）
- loginResult.jsp：ログイン結果画面を出力するビュー（10.3節で作成済み）
- main.jsp：メイン画面を出力するビュー
- Main.java：つぶやきに関するリクエストを処理するコントローラ

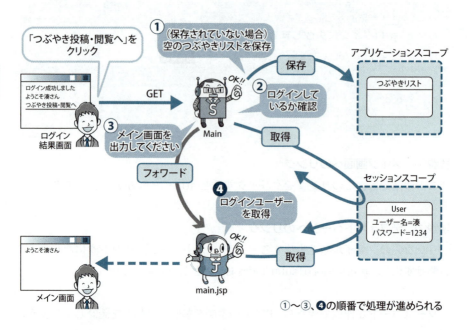

図10-4　メイン画面の表示

手順①の「つぶやきリスト」って何なんだろ？

メイン画面を表示したいだけやのに、なんでこんなもん作成したり保存する必要があるん？

　「どこつぶ」では、ユーザーから投稿されるすべてのつぶやき情報を「つぶやきリスト」としてシステム内部に保持します。つぶやきリストは複数件のつぶやき情報を格納できなければなりませんので、ArrayList クラスで実現します。
　また、「どこつぶ」にアクセスするすべてのユーザーがつぶやきリストにつぶやきを追加したり、閲覧したりできる必要があります。そのため、つぶやきリストは、アプリケーションスコープ内に格納して利用することが適切です。
　そこでサーブレットクラス Main は、アプリケーションスコープにつぶやきリストがまだ存在しない場合（たとえば、アプリケーションサーバを起動して最初にアクセスされたときなど）、空のつぶやきリストを新規作成してアプリケーションスコープに保存します。

なるほど。必ず「アプリケーションスコープ内につぶやきリストがあることが保証される」わけやね。

　さらに Main はセッションスコープの User インスタンスの取得を試みて、ユーザーがログインしているかを確認します。取得できた場合は、main.jsp にフォワードをしてメイン画面を出力します（図 10-4 の②～④）。
　User インスタンスがセッションスコープから取得できない場合は、ログインせずにリクエストしていると判定し、トップ画面にリダイレクトします（次ページ図 10-5）。

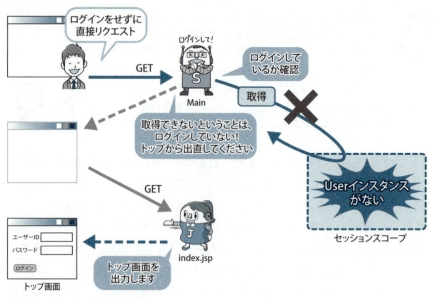

図10-5 メイン画面の表示(未ログイン時)

なんでリダイレクト? フォワードでいいんとちゃう?

今回はフォワードよりリダイレクトのほうがいいんだ。

　フォワードを使うと、転送後に表示されるトップ画面のアドレス欄には転送元のURL「http://localhost:8080/docoTsubu/Main」が表示されます。これでは**URLはメイン画面なのに表示されているのはトップ画面**となり、URLと画面にズレが生じてしまいます。一方、リダイレクトを使うと、アドレス欄には転送先のURL「http://localhost:8080/docoTsubu/index.jsp」が表示されるので、URLと画面を一致させることができます(第6章6.2.9項参照)。

第10章　アプリケーション作成

10.4.2　プログラムの作成

メイン画面を表示するまでのしくみが理解できたら、コード10-8およびコード10-9（P288）を参考にソースコードを作成してください。作成後は、ログイン時と未ログイン時について、それぞれ次の手順で動作を確認しましょう。

［ログイン時のメイン画面の表示を確認する手順］
①トップ画面を表示する（10.2.4項参照）。
②任意のユーザーでログインし、ログイン結果画面を表示する。
③ログイン結果画面で「つぶやき投稿・閲覧」のリンクをクリックする。
④メイン画面が表示され、ユーザー名が出力されるのを確認する。

［未ログイン時のメイン画面の表示を確認する手順］
①サーブレットクラスMainを次のいずれかの方法でリクエストする（すべてのブラウザを閉じてから行うこと）。
　・「http://localhost:8080/docoTsubu/Main」にブラウザでリクエストする。
　・Main.javaを選択してEclipseの実行機能で実行する。
②トップ画面が表示されるのを確認する。

コード10-8　つぶやきに関するリクエストを処理するコントローラ

Main.java
（servlet パッケージ）

```
 1  package servlet;
 2
 3  import java.io.IOException;
 4  import java.util.ArrayList;
 5  import java.util.List;
 6  import javax.servlet.RequestDispatcher;
 7  import javax.servlet.ServletContext;
 8  import javax.servlet.ServletException;
 9  import javax.servlet.annotation.WebServlet;
10  import javax.servlet.http.HttpServlet;
11  import javax.servlet.http.HttpServletRequest;
```

285

第 III 部　本格的な開発を始めよう

```java
12  import javax.servlet.http.HttpServletResponse;
13  import javax.servlet.http.HttpSession;
14  import model.Mutter;
15  import model.User;
16
17  @WebServlet("/Main")
18  public class Main extends HttpServlet {
19    private static final long serialVersionUID = 1L;
20
21    protected void doGet(HttpServletRequest request,
          HttpServletResponse response)
          throws ServletException, IOException {
22      // つぶやきリストをアプリケーションスコープから取得
23      ServletContext application = this.getServletContext();
24      List<Mutter> mutterList =
          (List<Mutter>) application.getAttribute("mutterList");
25      // 取得できなかった場合は、つぶやきリストを新規作成して
26      // アプリケーションスコープに保存
27      if(mutterList == null) {
28        mutterList = new ArrayList<>();
29        application.setAttribute("mutterList", mutterList);
30      }
31
32      // ログインしているか確認するため
33      // セッションスコープからユーザー情報を取得
34      HttpSession session = request.getSession();
35      User loginUser = (User) session.getAttribute("loginUser");
36
37      if(loginUser == null) { // ログインしていない場合
38        // リダイレクト
39        response.sendRedirect("/docoTsubu/");
40      } else { // ログイン済みの場合
```

解説②

解説①

解説③

286

第10章　アプリケーション作成

```
41      // フォワード
42      RequestDispatcher dispatcher =
            request.getRequestDispatcher("/WEB-INF/jsp/main.jsp");
43      dispatcher.forward(request, response);
44    }
45  }
46 }
```

解説①　ArrayList インスタンスの作成

つぶやき（Mutter インスタンス）をまとめて格納する ArrayList インスタンス
は次のように作成します（28 行目の mutterList は 24 行目で宣言されている）。

```
List<Mutter> mutterList = new ArrayList<>();
```

List 横の < > 内には ArrayList に格納するインスタンスの型名を指定します。
ArrayList クラスは List インタフェースを実装しているので、**ArrayList インスタ
ンスは List 型の変数に代入する（ざっくりと List として扱う）ことができます。**
ArrayList クラスと List インタフェースは、java.util パッケージに所属している
のでともにインポートする必要があります（4 ～ 5 行目）。

解説②　スコープから ArrayList インスタンスを取得

アプリケーションスコープから、ArrayList インスタンス（つぶやきリスト）を
取得しています。このときも、ArrayList インスタンスをざっくり List として扱
います（List 型にキャストして List 型の変数に代入する）。

Web アプリケーションを開始してから最初にリクエストされるときにはつぶ
やきリストがないので、新規に作成してアプリケーションスコープに保存してお
きます。

解説③　デフォルトページへのリダイレクト

リンク先のファイル名を省略すると、デフォルトページへのリダイレクトにな
ります（アドレスバーには「http://localhost:8080/docoTsubu/」が表示される）。
ファイル名を省略せずに「response.sendRedirect("/docoTsubu/index.jsp");」とし

第 Ⅲ 部　本格的な開発を始めよう

ても構いません。

　次のコード 10-9 は、メイン画面を出力する main.jsp です。本来メイン画面は、新たなつぶやきのための入力フォームやつぶやき一覧の表示を含みますが、現時点ではログインしているユーザー名の出力だけを行います。

コード 10-9　メイン画面を出力するビュー

main.jsp（WebContent/WEB-INF/jsp ディレクトリ）

```
1  <%@ page language="java" contentType="text/html; charset=UTF-8"
2      pageEncoding="UTF-8" %>
3  <%@ page import="model.User" %>
4  <%
5  // セッションスコープに保存されたユーザー情報を取得
6  User loginUser = (User) session.getAttribute("loginUser");
7  %>
8  <!DOCTYPE html>
9  <html>
10 <head>
11 <meta charset="UTF-8">
12 <title>どこつぶ</title>
13 </head>
14 <body>
15 <h1>どこつぶメイン</h1>
16 <p>
17 <%= loginUser.getName() %>さん、ログイン中
18 </p>
19 </body>
20 </html>
```

ソースコードが作成できたら、動作を確認しましょう（P285 参照）。

288

10.5 ログアウト機能を作成する

10.5.1 ログアウト機能のしくみ

次に、メイン画面からログアウトできるようにします（仕様は 10.1.1 項参照）。この機能では次のサーブレットクラスと JSP ファイルを使用します。

- User.java：ユーザーに関する情報（ユーザー名、パスワード）を持つ JavaBeans のモデル（10.2 節で作成済み）
- main.jsp：メイン画面を出力するビュー（10.4 節で作成済みのものを本節で修正）
- logout.jsp：ログアウト画面を出力するビュー
- Logout.java：ログアウトに関するリクエストを処理するコントローラ

サーブレットクラス Logout が、セッションスコープの破棄を行い、logout.jsp へフォワードします（図 10-6）。

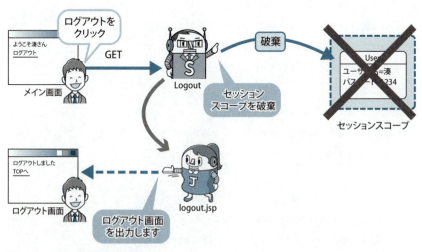

図 10-6　ログアウト機能の流れ

第 III 部　本格的な開発を始めよう

10.5.2　プログラムの作成

　しくみが理解できたら、コード 10-10 〜 10-12 を参考にソースコードを作成してください。

　作成後は次の手順で動作を確認しましょう。

［ログアウト時のメイン画面の表示を確認する手順］

①トップ画面を表示する（10.2.4 参照）。

②任意のユーザーでログインし、メイン画面を表示する。

③メイン画面でログアウトし、トップ画面が表示されるのを確認する。

コード 10-10　ログアウトに関するリクエストを処理するコントローラ

Logout.java
（servlet パッケージ）

```java
 1  package servlet;
 2
 3  import java.io.IOException;
 4  import javax.servlet.RequestDispatcher;
 5  import javax.servlet.ServletException;
 6  import javax.servlet.annotation.WebServlet;
 7  import javax.servlet.http.HttpServlet;
 8  import javax.servlet.http.HttpServletRequest;
 9  import javax.servlet.http.HttpServletResponse;
10  import javax.servlet.http.HttpSession;
11
12  @WebServlet("/Logout")
13  public class Logout extends HttpServlet {
14    private static final long serialVersionUID = 1L;
15
16    protected void doGet(HttpServletRequest request,
          HttpServletResponse response)
          throws ServletException, IOException {
17
```

290

第 10 章 アプリケーション作成

```java
18        // セッションスコープを破棄
19        HttpSession session = request.getSession();
20        session.invalidate();
21
22        // ログアウト画面にフォワード
23        RequestDispatcher dispatcher =
              request.getRequestDispatcher("/WEB-INF/jsp/logout.jsp");
24        dispatcher.forward(request, response);
25    }
26 }
```

次のコード 10-11 では、メイン画面（コード 10-9）にログアウト用のリンクを
追加します。

コード 10-11　メイン画面を出力するビュー（修正）

main.jsp（WebContent/WEB-INF/jsp ディレクトリ）

```jsp
1  <%@ page language="java" contentType="text/html; charset=UTF-8"
2      pageEncoding="UTF-8" %>
3  <%@ page import="model.User" %>
4  <%
5  // セッションスコープに保存されたユーザー情報を取得
6  User loginUser = (User) session.getAttribute("loginUser");
7  %>
8  <!DOCTYPE html>
9  <html>
10 <head>
11 <meta charset="UTF-8">
12 <title>どこつぶ</title>
13 </head>
14 <body>
15 <h1>どこつぶメイン</h1>
```

10
章

291

第 Ⅲ 部　本格的な開発を始めよう

```
16    <p>
17    <%= loginUser.getName() %>さん、ログイン中
18    <a href="/docoTsubu/Logout">ログアウト</a>    ]── 追加する部分
19    </p>
20    </body>
21    </html>
```

コード 10-12　ログアウト画面を出力するビュー

logout.jsp (WebContent/WEB-INF/jsp ディレクトリ)

```
1    <%@ page language="java" contentType="text/html; charset=UTF-8"
2        pageEncoding="UTF-8" %>
3    <!DOCTYPE html>
4    <html>
5    <head>
6    <meta charset="UTF-8">
7    <title>どこつぶ</title>
8    </head>
9    <body>
10   <h1>どこつぶログアウト</h1>
11   <p>ログアウトしました</p>
12   <a href="/docoTsubu/">トップへ</a>
13   </body>
14   </html>
```

ソースコードが作成できたら、動作を確認しましょう（P290 参照）。

10.6 投稿と閲覧の機能を作成する

10.6.1　投稿と閲覧機能のしくみ

　メイン画面でつぶやきの投稿と閲覧ができるようにしましょう（仕様は 10.1.1 項参照）。

　この機能には、次の 5 つのサーブレットクラスと JSP ファイルを使用します。これらを図 10-7 のように組み合わせます。

- User.java：ユーザーに関する情報（ユーザー名、パスワード）を持つ Java Beans のモデル（10.2 節で作成済み）
- Mutter.java：つぶやきに関する情報（ユーザー名、内容）を持つ JavaBeans の

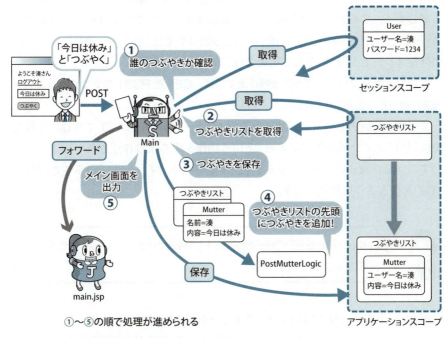

図 10-7　つぶやきの投稿と閲覧の機能（フォワードまで）

モデル（10.2 節で作成済み）
・PostMutterLogic.java：つぶやきの投稿に関する処理を行うモデル
・main.jsp：メイン画面を出力するビュー（10.4 節で作成済みのものを本節で修正）
・Main.java：つぶやきに関するリクエストを処理するコントローラ（10.4 節で作成済みのものを本節で修正）

あれ…？　そもそも Main サーブレットって、つぶやき投稿の処理をするためのクラスだっけ？

いや「単にメイン画面を表示するためのサーブレットクラス」として 10.4 節で作ったはずやけど…。

　図 10-7 の Main サーブレットクラスの役割を見て、混乱してしまった人もいるでしょう。このクラスは「単にメイン画面を表示するためのサーブレットクラス」としてすでに作成済みにも関わらず、図 10-7 では「つぶやき投稿を行うためのサーブレットクラス」として掲載されているからです。
　ここで、**サーブレットクラスを呼び出すには、GET と POST の 2 つのリクエスト方法があった**ことを思い出してください。
　コード 10-8（P285）を確認すると、Main サーブレットは GET で呼び出された際に「単にメイン画面を表示する」という動作をするよう作成されています。そして今回は、Main サーブレットが POST で呼び出された際に「つぶやき投稿の処理」を行うように修正します。

Main は、GET で呼ぶか POST で呼ぶかでまったく違う動きをするのかぁ。1 人 2 役だね。

　POST によるつぶやき投稿リクエストを受信したサーブレットクラス Main は、リクエストパラメータから取得したつぶやきの内容が空文字でない場合、まず

セッションスコープに保存されている User インスタンスからユーザー名を取得します。そして、そのユーザー名と、リクエストパラメータに含まれるつぶやきの 2 つの情報から Mutter インスタンスを作成し、アプリケーションスコープに保存されているつぶやきリスト（ArrayList インスタンス）に追加します。

投稿されたつぶやきを表示する処理はフォワード先の main.jsp で行います（図 10-8）。

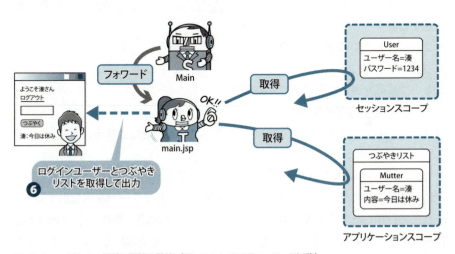

図 10-8　つぶやきの投稿と閲覧の機能（図 10-7 におけるフォワード以降）

main.jsp はアプリケーションスコープからつぶやきリストを取得し、その中に設定されているつぶやきを取得して出力を行います。これで投稿されたつぶやきを閲覧することができます。

10.6.2　プログラムの作成

しくみが理解できたら次ページ以降のコード 10-13 ～ 10-15 を参考にプログラムを作成してください。作成後は次の手順で動作を確認しましょう。

[つぶやきの投稿と閲覧を確認する手順]
①トップ画面を表示する（10.2.4 項参照）。
②任意のユーザー（以下ユーザー A）でログインをする。

第 Ⅲ 部　本格的な開発を始めよう

③１つ目のつぶやきを投稿し、表示されるのを確認する。

④２つ目のつぶやきを投稿し、１つ目のつぶやきの上に表示されるのを確認する。

⑤空のつぶやきを投稿し、表示されないのを確認する。

⑥ユーザー A をログアウトし、ブラウザを閉じる。

⑦ユーザー A 以外のユーザー（以下ユーザー B）でログインをする。

⑧ユーザー A のつぶやきが表示されるのを確認する。

⑨１つ目のつぶやきを投稿し、ユーザー A のつぶやきの上に表示されるのを確認する。

⑩ユーザー B をログアウトする。

⑪ブラウザを閉じる。

⑫トップ画面を表示する（10.2.4 参照）。

⑬ユーザー A でログインする。

⑭ユーザー B とユーザー A のつぶやきが表示されるのを確認する。

　なお、つぶやきリストの有効期限に注意してください。アプリケーションスコープに保存しているため、サーブレットクラスを修正してサーバを再起動すると、それまで投稿したつぶやきは消えてしまいます。その場合、動作確認の手順は最初からやり直す必要があります（特にオートリロードを有効にした場合は自動で消えるので注意しましょう）。

コード 10-13　つぶやきの投稿に関する処理を行うモデル

PostMutterLogic.java
（model パッケージ）

```
1  package model;
2
3  import java.util.List;
4
5  public class PostMutterLogic {
6    public void execute(Mutter mutter, List<Mutter> mutterList){
7      mutterList.add(0, mutter);    // 先頭に追加 ┃━ 解説①
8    }
9  }
```

296

第 10 章　アプリケーション作成

解説① ArrayList にインスタンスを格納

ArrayList の add() メソッドは、第 1 引数で格納位置（インデックス）を、第 2
引数で格納するインスタンスを指定します。指定した位置にすでにインスタンス
が格納されていた場合、上書きするのではなく、指定した位置に挿入し、以降の
インスタンスを 1 つ後ろにずらします。

次のコード 10-14 では、doPost() メソッドを追加しています。

コード 10-14　つぶやきに関するリクエストを処理するコントローラ（修正）

Main.java
（servlet パッケージ）

```java
1   package servlet;
2
3   import java.io.IOException;
4   import java.util.ArrayList;
5   import java.util.List;
6   import javax.servlet.RequestDispatcher;
7   import javax.servlet.ServletContext;
8   import javax.servlet.ServletException;
9   import javax.servlet.annotation.WebServlet;
10  import javax.servlet.http.HttpServlet;
11  import javax.servlet.http.HttpServletRequest;
12  import javax.servlet.http.HttpServletResponse;
13  import javax.servlet.http.HttpSession;
14  import model.Mutter;
15  import model.PostMutterLogic;        ┐── 追加する部分
16  import model.User;
17
18  @WebServlet("/Main")
19  public class Main extends HttpServlet {
20      private static final long serialVersionUID = 1L;
21
        …（doGet()メソッドは変更がないため省略）…  ┐── コード 10-8 を参照
```

297

第 III 部　本格的な開発を始めよう

```java
22
23    protected void doPost(HttpServletRequest request,
          HttpServletResponse response)
          throws ServletException, IOException {
24        // リクエストパラメータの取得
25        request.setCharacterEncoding("UTF-8");
26        String text = request.getParameter("text");
27
28        // 入力値チェック
29        if(text != null && text.length() != 0) {
30            // アプリケーションスコープに保存されたつぶやきリストを取得
31            ServletContext application = this.getServletContext();
32            List<Mutter> mutterList =
                  (List<Mutter>) application.getAttribute("mutterList");
33
34            // セッションスコープに保存されたユーザー情報を取得
35            HttpSession session = request.getSession();
36            User loginUser = (User) session.getAttribute("loginUser");
37
38            // つぶやきをつぶやきリストに追加
39            Mutter mutter = new Mutter(loginUser.getName(), text);
40            PostMutterLogic postMutterLogic = new PostMutterLogic();
41            postMutterLogic.execute(mutter, mutterList);
42
43            // アプリケーションスコープにつぶやきリストを保存
44            application.setAttribute("mutterList", mutterList);
45        }
46
47        // メイン画面にフォワード
48        RequestDispatcher dispatcher =
              request.getRequestDispatcher("/WEB-INF/jsp/main.jsp");
49        dispatcher.forward(request, response);
```

このメソッドを追加する

第 10 章 アプリケーション作成

```
50    }
51  }
```

　次のコード 10-15 では、コード 10-11（P291）に、つぶやきの投稿と閲覧に関する部分を追加します。

コード 10-15　メイン画面を出力するビュー（修正）

main.jsp（WebContent/WEB-INF/jsp ディレクトリ）

```
1  <%@ page language="java" contentType="text/html; charset=UTF-8"
2      pageEncoding="UTF-8" %>
3  <%@ page import="model.User,model.Mutter,java.util.List" %>
4  <%
5  // セッションスコープに保存されたユーザー情報を取得
6  User loginUser = (User) session.getAttribute("loginUser");
7  // アプリケーションスコープに保存されたつぶやきリストを取得
8  List<Mutter> mutterList =
       (List<Mutter>) application.getAttribute("mutterList");
9  %>
10 <!DOCTYPE html>
11 <html>
12 <head>
13 <meta charset="UTF-8">
14 <title>どこつぶ</title>
15 </head>
16 <body>
17 <h1>どこつぶメイン</h1>
18 <p>
19 <%= loginUser.getName() %>さん、ログイン中
20 <a href="/docoTsubu/Logout">ログアウト</a>
21 </p>
```

修正する部分

追加する部分

10章

299

第 Ⅲ 部　本格的な開発を始めよう

```
22   <p><a href="/docoTsubu/Main">更新</a></p>      ] 追加する部分
23   <form action="/docoTsubu/Main" method="post">
24   <input type="text" name="text">
25   <input type="submit" value="つぶやく">
26   </form>                                        ] 解説①
27   <% for(Mutter mutter : mutterList) {%>
28     <p><%= mutter.getUserName() %>:<%= mutter.getText() %></p>
29   <% } %>
30   </body>                                        追加する部分
31   </html>
```

解説①　ArrayList に格納されたインスタンスを先頭から順に取得

Java 5 で追加された拡張 for 文を使用すると、ArrayList に格納されているインスタンスを簡単に取得できます。

```
for(変数の型 変数名 : ArrayListインスタンス) {…}
```

ArrayList に格納されているインスタンスの数だけループが実行されます。ループが実行されるたび、() 内で宣言した変数に、ArrayList に格納されているインスタンスが先頭から順に代入されます。今回の場合、つぶやきリストに格納されているつぶやき（Mutter インスタンス）が、新しいものから順に変数 mutter に代入されます。

ソースコードが作成できたら、動作を確認しましょう（P295 参照）。

注意：スコープに保存したインスタンスの変更

　getAttribute() メソッドでスコープから取得したインスタンスを変更すると、スコープ内のインスタンスも変更されます。これは、Java の参照のしくみが原因です。

　PostMutterLogic クラス（コード 10-13）で、つぶやきリストにつぶやきを追加すると、アプリケーションスコープ内のつぶやきリストにもつぶやきが追加されます。そのため、コード 10-14 の 41 行目で setAttribute() メソッドを呼び出さなくても、同じ動作結果になります。

300

10.7 エラーメッセージの表示機能を追加する

10.7.1 エラー表示のしくみ

最後に、10.6節で作成したつぶやき投稿機能に手を加えて、空のつぶやきを投稿したらエラーメッセージが表示されるようにします。

エラーメッセージを表示するしくみは次の図10-9のようになります。

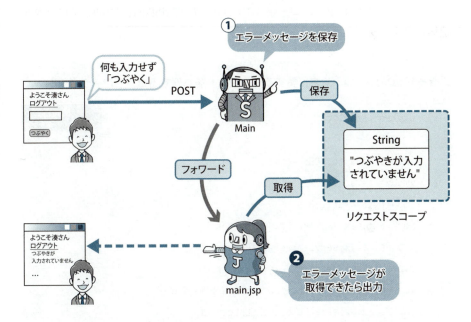

図10-9 エラーメッセージの表示

サーブレットクラスMainは、送信されてきたつぶやきが空だった場合、エラーメッセージ（Stringインスタンス）を作成します。この情報は、フォワード先（main.jsp）で利用するだけですので、保存先はリクエストスコープで十分です。

フォワード先のmain.jspでは、リクエストスコープからエラーメッセージが取得できた場合のみ、エラーメッセージを表示します。

第 Ⅲ 部　本格的な開発を始めよう

10.7.2　プログラムの作成

　しくみが理解できたらコード 10-16 およびコード 10-17（P304）を参考にプログラムを作成してください。作成後は次の手順で動作確認しましょう。

［エラーメッセージが表示されるのを確認する手順］
①トップ画面を表示する（10.2.4 項参照）。
②任意のユーザーでログインをする。
③空のつぶやきを投稿し、エラーメッセージが表示されるのを確認する。

　次のコード 10-16 では、コード 10-14（P297）の doPost() に else ブロックを追加します。

コード 10-16　つぶやきに関するリクエストを処理するコントローラ（修正）

```java
package servlet;

import java.io.IOException;
import java.util.ArrayList;
import java.util.List;
import javax.servlet.RequestDispatcher;
import javax.servlet.ServletContext;
import javax.servlet.ServletException;
import javax.servlet.annotation.WebServlet;
import javax.servlet.http.HttpServlet;
import javax.servlet.http.HttpServletRequest;
import javax.servlet.http.HttpServletResponse;
import javax.servlet.http.HttpSession;
import model.Mutter;
import model.PostMutterLogic;
import model.User;

```

Main.java
（servlet パッケージ）

第 10 章　アプリケーション作成

```java
@WebServlet("/Main")
public class Main extends HttpServlet {
  private static final long serialVersionUID = 1L;

  …(doGet()メソッドは変更がないため省略)…

  protected void doPost(HttpServletRequest request,
      HttpServletResponse response)
      throws ServletException, IOException {
    // リクエストパラメータの取得
    request.setCharacterEncoding("UTF-8");
    String text = request.getParameter("text");

    // 入力値チェック
    if(text != null && text.length() != 0) {
      …(コード10-14から変更がないため省略)…
    } else {
      // エラーメッセージをリクエストスコープに保存
      request.setAttribute("errorMsg" ,
          "つぶやきが入力されていません");
    }

    // メイン画面にフォワード
    RequestDispatcher dispatcher =
        request.getRequestDispatcher("/WEB-INF/jsp/main.jsp");
    dispatcher.forward(request, response);
  }
}
```

コード 10-8 を参照

追加する部分

10 章

次ページのコード 10-17 では、コード 10-15（P299）に、エラーメッセージの取得と表示に関する部分を追加します。

303

第 III 部　本格的な開発を始めよう

コード 10-17　メイン画面を出力するビュー（修正）

main.jsp（WebContent/WEB-INF/jsp ディレクトリ）

```
1  <%@ page language="java" contentType="text/html; charset=UTF-8"
2      pageEncoding="UTF-8" %>
3  <%@ page import="model.User,model.Mutter,java.util.List" %>
4  <%
5  // セッションスコープに保存されたユーザー情報を取得
6  User loginUser = (User) session.getAttribute("loginUser");
7  // アプリケーションスコープに保存されたつぶやきリストを取得
8  List<Mutter> mutterList =
       (List<Mutter>) application.getAttribute("mutterList");
9  // リクエストスコープに保存されたエラーメッセージを取得
10 String errorMsg = (String) request.getAttribute("errorMsg");
11 %>
12 <!DOCTYPE html>
13 <html>
14 <head>
15 <meta charset="UTF-8">
16 <title>どこつぶ</title>
17 </head>
18 <body>
19 <h1>どこつぶメイン</h1>
20 <p>
21 <%= loginUser.getName() %>さん、ログイン中
22 <a href="/docoTsubu/Logout">ログアウト</a>
23 </p>
24 <p><a href="/docoTsubu/Main">更新</a></p>
25 <form action="/docoTsubu/Main" method="post">
26 <input type="text" name="text">
27 <input type="submit" value="つぶやく">
```

追加する部分

304

```
28  </form>
29  <% if(errorMsg != null) { %>
30  <p><%= errorMsg %></p>
31  <% } %>
32  <% for(Mutter mutter : mutterList){%>
33  <p><%= mutter.getUserName() %>:<%= mutter.getText() %></p>
34  <% } %>
35  </body>
36  </html>
```

追加する部分

ソースコードが作成できたら、動作を確認しましょう（P302参照）。

……できた！！

2人ともお疲れさま。どうだった？

いろんな知識がごちゃ混ぜになって大変やったあ…。

僕はエラーだらけで途中で泣きそうだったよ…。

でも、動いたら、めっちゃおもしろい！！

そうそう。僕は自信も付いたよ！！

2人ともひと回り成長したね。アプリケーションの作成は一筋縄ではいかないけど、作るごとに頭の中が整理されていき、実力も大きく伸ばせるんだ。自信が付くまで、何度でも「どこつぶ」を作ってみるといいよ。

　今回作成したアプリケーションは、世の中で動いている本物のWebアプリケーションに比べればかなりシンプルなものです。備える機能も完全ではなく、改善すべきところもたくさんあります。

　しかし、「どこつぶ」にはWebアプリケーションを開発するうえで欠かせない、さまざまな技術やしくみを多く盛り込んでありますので、**一度だけでなく繰り返し作成することで、十分に理解を深め、技術を磨くことができるでしょう**。スムーズに作成できるようになったら、基礎力は十分に身に付いたと自信を持って構いません。

第 10 章　アプリケーション作成

10.8　この章のまとめ

作成したアプリケーションでの新たなポイント

・ファイル名を省略した URL でリクエストできるファイルを「デフォルトペー
　ジ」という。

・GET と POST で異なる動作をする「1 人 2 役」のサーブレットクラスを作成
　することができる。

Web アプリケーション開発の勉強を始めたばかりの方へのアドバイス

・アプリケーション作成に慣れるため、数をこなす。

・学んだことを復習しながら、焦らずじっくり時間をかけて取り組む。

10
章

第IV部 応用的な知識を深めよう

第11章 サーブレットクラスの実行のしくみとフィルタ
第12章 アクションタグとEL式
第13章 JDBCプログラムとDAOパターン

開発の奥義を使いこなそう

「どこつぶ」もなんとか作れるようになったし、これで開発現場でバリバリやれるぞ。

早くプロジェクトに配属されへんかな。

ここまでよくがんばったね。でもせっかくだから、現場に行く前にもう少し知識を増やしておかないか。

まだあるんですか！

もちろんすべての現場で使うとは限らないけど、サーブレットとJSP は奥深いからね。より高度なものを、より効率的に開発できるようにする、さまざまな応用技術を紹介しておこう。

　これまで実用的な Web アプリケーション開発に必要不可欠な知識を学習してきました。しかし実際の開発現場では、さらに深い知識と高度な文法が用いられることもあります。第 IV 部では、現場で皆さんを助ける実践的な知識を学習しましょう。

第11章

サーブレットクラスの実行のしくみとフィルタ

これまで、サーブレットクラスで利用するメソッドとして、doGet() とdoPost() の 2 つを紹介してきました。しかし、サーブレットクラスには、それら以外にも定義して利用できるメソッドがあります。

この章ではサーブレットクラスの実行のしくみをより詳しく紹介します。学習した内容を上手に使えば、Web アプリケーションの開発効率を上げ、また、より高度な Web アプリケーションを作ることができるようになるでしょう。

CONTENTS

11.1 サーブレットクラス実行のしくみ

11.2 リスナー

11.3 フィルタ

11.4 この章のまとめ

11.5 練習問題

11.6 練習問題の解答

11.1 サーブレットクラス実行のしくみ

11.1.1 サーブレットクラスのインスタンス化

この章ではサーブレットの知識をより深めよう。これから学習する内容を使えば、Webアプリケーションで実現可能なことが広がるし、開発の効率がよくなるよ。

楽しみだなあ。早く教えてください。

それでは、まずはサーブレットクラスが実行されるしくみの復習から始めよう。

　本書ではこれまで、doGet()やdoPost()を動かすことを便宜的に「サーブ
レットクラスを実行」と表現してきました。しかし厳密には、これらstaticが付いて
いないメソッドを、クラスの状態で実行することはできません。実行するには、
まずインスタンス化を行う必要があります。

えっ、でもインスタンス化した覚えなんてないぞ。

忘れたんですか。アプリケーションサーバが自動でやってくれているんですよ。

　通常のクラスは開発者がnew演算子を使って明示的にインスタンス化を行います。しかしサーブレットクラスはブラウザからリクエストされた際に、**アプリケーションサーバ内のサーブレットコンテナによってインスタンス化**されます。よっ

て、開発者自身がインスタンス化を行う必要はありません（P87 参照）。

そうだった。じゃあ、リクエストするたびにインスタンス化されているんだね。

ところが、そうじゃないんだ。

　アプリケーションサーバにとって、インスタンスの生成と破棄は大変な処理です。リクエストのたびに行っているとサーバに負荷がかかり応答速度が落ちてしまいます。そのような状況を防ぐためにアプリケーションサーバ（サーブレットコンテナ）は、リクエスト応答後もサーブレットクラスのインスタンスを破棄せずメモリに残し、**次のリクエストでも再度利用**します（図 11-1）。

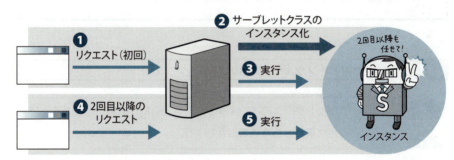

図 11-1　サーブレットクラスのインスタンス化

　サーバの終了などによって Web アプリケーションが終了すると、**サーブレットクラスのインスタンスはアプリケーションサーバによって破棄されます**。

サーブレットクラスのインスタンス
・初回のリクエスト時にインスタンス化される。
・インスタンスは以降のリクエストで再利用される。
・Web アプリケーション終了まで、インスタンスは残る。

捨てずに使い回すなんて、サーブレットはエコやなあ。

そうだね。Web アプリケーションの終了（と開始）については第 9 章 9.1.2 項で解説しているよ。

> ### JSP ファイルのインスタンス化
>
> 　JSP ファイルも、実行するにはインスタンス化が必要です。JSP ファイルは保存後の初回リクエスト時に、まずサーブレットクラスに変換され、それがインスタンス化されます（P108 ～ 109 参照）。サーブレットクラスに変換する処理が必要なので、初回リクエスト時には実行に少し時間がかかります。
> 　生成されたインスタンスは、Web アプリケーションの終了または JSP ファイルの更新まで破棄されず、以降のリクエストで再利用されます。

11.1.2　init() メソッド／ destroy() メソッド

サーブレットクラスのインスタンスを生成したり破棄したりするたびに、ひと仕事させる方法を紹介しよう。

　サーブレットクラスは、init() と destroy() というメソッドをスーパークラスである HttpServlet から継承しています。これらのメソッドは決まったタイミングにアプリケーションサーバが呼び出してくれることになっています。init() メソッドはサーブレットクラスのインスタンスが作成された直後、destroy() メソッドはサーブレットクラスのインスタンスが破棄される直前に実行されます（次ページ図 11-2）。

init() メソッドは普通のクラスのコンストラクタにちょっと似てるね。

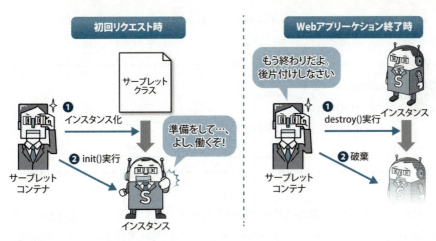

図 11-2　init() メソッドと destroy() メソッド

　スーパークラスの init() および destroy() メソッドは、doGet() および doPost() メソッド同様、サブクラスにてオーバーライドして処理内容を自由に記述することができます。

　init() メソッドのオーバーライドは次のように行います。

---

init() メソッド

```
public void init(ServletConfig config) throws ServletException {
    super.init(config); // スーパークラスのinit()メソッドを実行
    …    // 最初の1回だけ実行したい処理
}
```

　メソッド内に書いた処理はサーブレットクラスのインスタンスが生成された直後（通常は初回リクエスト時）に 1 回だけ実行されます。通常は、doGet() や doPost() メソッドを実行できるようにするための初期化処理（データベース接続など）を記述します。

　ただし、1 行目に記述する「super.init(config);」で、**あらかじめスーパークラスの init() メソッドを実行する必要がある**ことに注意しましょう。

一方、destroy() メソッドをオーバーライドするには次のように記述します。

destroy() メソッド
```
public void destroy() {
    …    // 最後に一度だけ実行される処理
}
```

メソッド内に書いた処理はサーブレットクラスのインスタンスが破棄される直前（通常はアプリケーションサーバ停止時）に1回だけ実行されます。通常は、後始末を行う処理（データベースの切断など）を記述します。

11.1.3　init() ／ destroy() メソッドのサンプルプログラム

次ページのコード 11-1 は、init() および destroy() メソッドが自動で実行される様子を確認するサンプルプログラムです。このプログラムを実行すると、画面に訪問回数が表示されます。また、更新リンクをクリックすると、再度このプログラムが実行され、訪問回数が増加します（図 11-3）。

図 11-3　コード 11-1 の実行結果

今回のサンプルプログラムのポイントは、doGet() メソッドで利用する Integer インスタンスの準備を init() メソッドで行っている点です。init() メソッドでは、訪問回数を表す Integer インスタンスを新規作成してアプリケーションスコープに保存し、doGet() メソッドで利用できるようにしています（コード 11-1 の 22 ～ 24 行目）。

なお、Eclipse を使用している場合、サーブレットの作成画面でチェックを入

れると、init() および destroy() メソッドのオーバーライドが簡単に行えます（図11-4）。

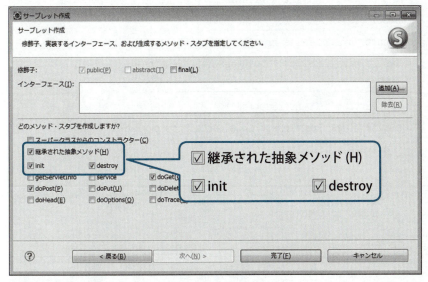

図 11-4　init() ／ destroy() のオーバーライド

それでは、コード 11-1 を参考にプログラムを作成し、動的 Web プロジェクト「example」に保存したら、次のいずれかの方法で実行し動作を確認しましょう。

・「http://localhost:8080/example/CounterServlet」をブラウザでリクエストする。
・「CounterServlet」を Eclipse の実行機能で実行する。

コード 11-1　init()/destroy() を持つサーブレットクラス

CounterServlet.java
(servlet パッケージ)

```
1   package servlet;
2
3   import java.io.IOException;
4   import java.io.PrintWriter;
5   import javax.servlet.ServletConfig;
```

第 IV 部　応用的な知識を深めよう

```java
 6   import javax.servlet.ServletContext;
 7   import javax.servlet.ServletException;
 8   import javax.servlet.annotation.WebServlet;
 9   import javax.servlet.http.HttpServlet;
10   import javax.servlet.http.HttpServletRequest;
11   import javax.servlet.http.HttpServletResponse;
12
13   @WebServlet("/CounterServlet")
14   public class CounterServlet extends HttpServlet {
15     private static final long serialVersionUID = 1L;
16
17     public void init(ServletConfig config) throws ServletException {
18       super.init(config);
19
20       // 訪問回数を表すIntegerインスタンスを新規作成し
21       // アプリケーションスコープに保存
22       Integer count = 0;
23       ServletContext application = config.getServletContext();
24       application.setAttribute("count", count);
25
26       System.out.println("init()が実行されました");    ┐—解説①
27     }
28
29     protected void doGet(HttpServletRequest request,
           HttpServletResponse response)
           throws ServletException, IOException {
30       // アプリケーションスコープに保存された訪問回数を増加
31       ServletContext application = this.getServletContext();
32       Integer count = (Integer) application.getAttribute("count");
33       count++;
34       application.setAttribute("count", count);
35
```

318

第 11 章　サーブレットクラスの実行のしくみとフィルタ

```
36        // HTMLを出力
37        response.setContentType("text/html; charset=UTF-8");
38        PrintWriter out = response.getWriter();
39        out.println("<html>");
40        out.println("<head>");
41        out.println("<title>訪問回数を表示</title>");
42        out.println("</head>");
43        out.println("<body>");
44        out.println("<p>訪問回数:" + count + "</p>");
45        out.println
              ("<a href=¥"/example/CounterServlet¥">更新</a>");
46        out.println("</body>");
47        out.println("</html>");
48      }
49      public void destroy() {
50        System.out.println("destroy()が実行されました");  ┐── 解説①
51      }
52    }
```

解説①　init() ／ destroy() メソッド

init() メソッドと destroy() メソッドの実行を確認するため、System.out.
println() を使用しています。**System.out.println() の出力結果は、ブラウザには表
示されませんが Eclipse の「コンソール」ビューに表示されます**（図 11-5）。

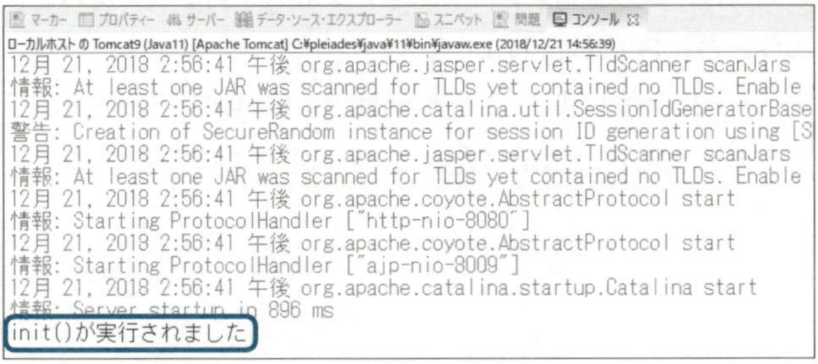

図 11-5　System.out.println() の出力結果と「コンソール」ビュー

初回リクエスト時には「init() が実行されました」、オートリロードの実行やサーバの停止によって Web アプリケーションが終了したときには「destroy() メソッドが実行されました」と表示されるのを確認してください。

11.1.4　init() メソッドの注意点

よーし、これから初期化は init() メソッドでやっていくぞ！

いいね。でも、init() メソッドで初期化をするときの注意点があるからぜひ知っておいてほしい。

第 10 章で作成した「どこつぶ」のような複数のサーブレットクラスを使用する Web アプリケーションを作成する場合、init() メソッドを使って Web アプリケーション全体に関する初期化を行うと、Web アプリケーションがうまく動作しないことがあります。

たとえば、Web アプリケーション全体で使用するインスタンスがあり、それをあるサーブレットクラス（次ページ図 11-6 の ServletA）の init() メソッドで生成し、アプリケーションスコープに保存していたとします。このような場合、そのサーブレットクラスがリクエストされるまでは、他のサーブレットクラス（図 11-6 の ServletB）は、アプリケーションスコープからインスタンスを取得することができません。

このように、**init() メソッド実行のタイミングはサーブレットクラスがリクエストされる順番に左右されてしまう**ことに注意しましょう。

なお、Web アプリケーション全体に関わる初期化は、11.2 節で紹介する「リスナー」を使用することでリクエストの順番に左右されず確実に行えるので、そちらをお勧めします。

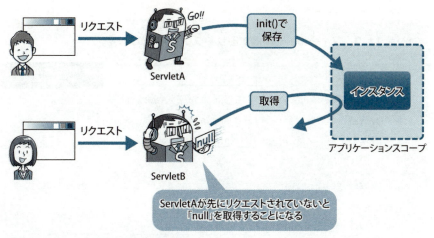

図 11-6　init() メソッドとリクエストの順番

11.1.5　サーブレットクラスのフィールド

init() と destroy()、doGet() に doPost() か。サーブレットクラスには特殊なメソッドがたくさんあるね。

メソッドといえばフィールドはどうなってるんやろ？　全然使ってないけど、なんか理由があるんやろか。

鋭いね。サーブレットクラスのフィールドを使うには特別な注意が必要なんだ。

　サーブレットクラスでも、通常のクラスのようにフィールドを定義することができます。たとえば、コード 11-1 の CounterServlet は、次ページのコード 11-2 のように、訪問回数（Integer インスタンス）をアプリケーションスコープに保存するのではなくフィールドに保存することもできます（青色の部分が変更点）。

第 IV 部　応用的な知識を深めよう

コード 11-2　フィールドを使用するサーブレットクラスの例

CounterServlet.java
(servlet パッケージ)

```java
1  @WebServlet("/CounterServlet")
2  public class CounterServlet extends HttpServlet {
3    private static final long serialVersionUID = 1L;
4    private Integer count; // 訪問回数
5
6    public void init(ServletConfig config) throws ServletException {
7      super.init(config);
8      //訪問回数を初期化
9      count = 0;
10   }
11   protected void doGet(HttpServletRequest request,
          HttpServletResponse response)
          throws ServletException, IOException {
12     // 訪問回数を増加
13     count++;
       …(以下の処理は省略)…
14   }
15 }
```

　ただし、このようにサーブレットクラスのフィールドを利用するときは、次の2点に注意する必要があります。

注意①　フィールドが利用できる範囲

　サーブレットクラスのフィールドは、他のサーブレットクラスや JSP ファイルでは使用できません。たとえば、JSP ファイルにフォワードして出力をする場合、フォワード先の JSP ファイルでは訪問回数（Integer インスタンス）を出力することができません。

注意②　フィールドの整合性

サーブレットクラスのインスタンスは、複数のリクエストで使用されます。そのため、同時にリクエストしているユーザーがいる場合、そのユーザー間で、インスタンス内のフィールドが共有されることになります（図 11-7）。

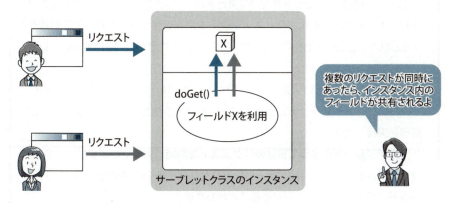

図 11-7　サーブレットクラスの共用

　doGet() や doPost() メソッド内に、フィールドの値を「変更」する処理があった場合、リクエストのタイミングが重なると、**フィールドの値に不整合が起こる可能性**があります。たとえば、フィールドを使用して訪問回数をカウントしていた場合、2 人が同時にリクエストすると、訪問回数が 1 人分しか増えないといった現象が発生する可能性があります。これは、第 9 章 9.3 節で紹介したアプリケーションスコープで不整合が発生するしくみと同じです。

　対応策もアプリケーションスコープのときと同じで、不整合がアプリケーションにとって致命的になるようなデータをフィールドで扱わないようにするか、スレッドによる競合が発生しないよう調停を行うようにします。

サーブレットクラスのフィールドは扱いが難しいから、なるべく使用しないほうがいいよ。

第 IV 部　応用的な知識を深めよう

スレッドとサーブレット

　「スレッド」とは、1つの処理の流れを表す単位です。ざっくりたとえるなら
プログラムを実行する人みたいなものです。

　Java には複数のスレッドを同時に実行する「マルチスレッド」というしくみが
備わっています。これにより、ネットワークの通信処理をしながら計算処理を
する、といったことが可能になります。このとき、それぞれの処理は別々のスレッ
ドが担当しています。

　サーブレットクラス（JSP ファイル）は、このマルチスレッドで動作します。
1つのリクエストを受けるごとに1つのスレッドが生成され、そのスレッドが
処理を実行します。

　マルチスレッドによって複数のリクエストを同時に処理できますが、その際、
複数のスレッドが同時に同じデータにアクセスしてその内容を壊してしまう「ス
レッドの競合」という現象が起こることがあります。

　サーブレットでスレッドの競合が起こる対象として代表的なものが、アプリ
ケーションスコープと、サーブレットクラスのフィールドです。これらはスレッ
ド間で共有されるので、競合が発生する可能性があります。競合を避けるには、
競合が起こる可能性のあるデータを1つのスレッドが利用している間、他のス
レッドは待機するように、スレッドをコントロールする必要があります。この
コントロールのことを、スレッドの調停、同期または排他処理などと呼びます（ス
レッドの調停については、『スッキリわかる Java 入門 実践編 第 2 版』で解説し
ています）。

11.2 リスナー

11.2.1 リスナーのしくみ

Webアプリケーション全体に関する初期化を、リクエストの順番に左右されずに行う方法を紹介しよう。

　サーブレットにはリスナーと呼ばれる特殊なクラスがあります。リスナーのメソッドは、リクエストで実行されるのではなく、Webアプリケーションで特定のイベント（出来事）が発生したら自動的に実行されます（図11-8）。

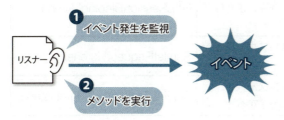

図11-8　イベントとリスナー

　リスナーを使用すると、リクエストではなく、Webアプリケーションの状況に応じて処理を行うことができます。たとえば、Webアプリケーションが開始されたら、リスナーがアプリケーションスコープにインスタンスを保存する、といったことができます。

11.2.2 リスナーの作成方法

　リスナーはあらかじめ用意されているリスナーインタフェースを実装して作成します。実装するリスナーインタフェースによって、リスナーが対応できるイベントが決まります。言い換えると、**対応したいイベントに合わせて実装するリスナー**

第 IV 部 応用的な知識を深めよう

インタフェースを決める必要があるのです。

次の表 11-1 に、イベントとそれに対応するリスナーインタフェースを挙げています。たとえば、Web アプリケーション開始というイベントに対応するには、ServletContextListener インタフェースを実装したリスナーを作成します。

表 11-1　イベントとリスナーインタフェース

イベント	リスナーインタフェース
Web アプリケーションが開始または終了する	ServletContextListener
アプリケーションスコープにインスタンスを保存、上書き保存、またはスコープから削除する	ServletContextAttributeListener
セッションスコープを作成または破棄する	HttpSessionListener
セッションコープにインスタンスを保存、上書き保存、またはスコープから削除する	HttpSessionAttributeListener
セッションスコープが退避、または回復する	HttpSessionActivationListener
このインタフェースを実装したクラスのインスタンスをセッションスコープに保存、またはスコープから削除する	HttpSessionBindingListener
リクエストが発生する、またはレスポンスが完了する	ServletRequestListener
リクエストスコープにインスタンスを保存、上書き保存、またはスコープから削除する	ServletRequestAttributeListener

11.2.3　リスナーのサンプルプログラム

Web アプリケーションが開始されたら処理を行うリスナーを例に、リスナーの作り方を学びましょう。次ページのコード 11-3 は、コード 11-1 (P317) の init() メソッドと同じことを Web アプリケーション開始時に行うリスナーです。このリスナーを作成すると、コード 11-1 の CounterServlet の init() メソッドは不要になりますので、削除またはコメントアウトしておきましょう。

プログラムが作成できたらサーバの再起動を行ってください。それにより、Web アプリケーションが開始されリスナーが実行されます。サーバ起動後、CounterServlet を実行し、動作結果が変わらない（アプリケーションスコープか

らインスタンスが取得できる）ことを確認しましょう。

なお、**Eclipse を使用するとリスナーは簡単に作成することができます**。具体的な手順は付録 A を参照してください。

コード 11-3　リスナーの例

ListenerSample.java
（listener パッケージ）

```java
1   package listener;
2
3   import javax.servlet.ServletContext;
4   import javax.servlet.ServletContextEvent;
5   import javax.servlet.ServletContextListener;
6   import javax.servlet.annotation.WebListener;
7
8   @WebListener        ─ 解説①
9   public class ListenerSample implements ServletContextListener {   ─ 解説②
10      public void contextInitialized(ServletContextEvent sce) {
11          ServletContext context = sce.getServletContext();
12          Integer count = 0;
13          context.setAttribute("count", count);
14      }
15      public void contextDestroyed(ServletContextEvent sce) {
16      }
17  }
```

解説①　@WebListener アノテーションの付与

リスナーには「@WebListener」アノテーションを付与する必要があります。このアノテーションを付けられたリスナーが、Web アプリケーション開始時にインスタンス化されます。

327

@WebListener アノテーションの付与

@WebListener

※ javax.servlet.annotation.WebListener をインポートする必要がある

解説②　リスナーインタフェースとそのメソッドの実装

　リスナーが対応するイベントに合わせて、リスナーインタフェースを実装します。リスナーインタフェースには、イベント発生時に呼び出されるメソッドが定義されています。**リスナーインタフェースを実装したら、それらのメソッドを必ず実装する必要があります**（実装しないとコンパイルエラーになります）。

　今回実装する SevletContextListener インタフェースには、次のメソッドが定義されています。

メソッド	実行のきっかけとなるイベント
contextInitialized()	Web アプリケーションが開始する
contextDestroyed()	Web アプリケーションが終了する

　Web アプリケーション開始時に実行される contextInitialized() メソッドで、Integer インスタンスを生成し、それをアプリケーションスコープに保存します。アプリケーションスコープの正体である SevletContext インスタンスは、引数に渡される ServletContextEvent インスタンスの getServletContext() メソッドで取得することができます。

　Web アプリケーション終了時に実行される contextDestroyed() メソッドでは今回は特に何も行いません。

11.2.4　リスナーの作り方

サンプルのリスナーは作成できたけど、他のリスナーはどうやって作ればいいんだろう？

> どのリスナーも決まった手順で作成することができるよ。ちょっと手順を整理しておこうか。

リスナーは次の4つの作業で作ることができます。

① @WebListener アノテーションの付与
② リスナーインタフェースの実装
③ リスナーインタフェースのメソッドの実装
④ リスナーインタフェースのメソッドの内容を記述

Eclipse でリスナーを作成する場合、①から③は自動で行われるので、開発者は④を行うだけで済みます。実装したメソッドが実行されるタイミングは API 等を参照してください。

サーブレットのバージョンにご用心

　本書では、サーブレットのバージョンが 4.0 という前提でリスナーとフィルタ (11.3 節) を紹介しています。使用しているサーブレットのバージョンが異なる場合は、リスナーおよびフィルタ (11.3 節参照) の登録方法や使用できるインタフェースなどに違いがあるので注意しましょう。サーブレットのバージョンについての解説は付録 D.1.3 を参照してください。

11.3 フィルタ

11.3.1 フィルタとは

あー、またやってもうた。リクエストパラメータの文字コードを指定するの忘れて…。

「文字化け」だね。僕もよくやるよ(笑)。

綾部さんは、次のように書いて文字化けを起こしてしまったようです。

```
public class SampleServlet extends HttpServlet {
  protected void doPost(…) {
    // リクエストパラメータの取得
    String name = request.getParameter("name");
    …
  }
}
```

setCharacterEncoding() による文字コードの指定を忘れている

いつも書く処理やねんから、書かなくてもいいようにしてほしいわあ。

実は、毎回書かなくてもいい方法がちゃんとサーブレットには用意されているよ。

サーブレットには**フィルタ**という特殊なクラスが用意されています。このフィ

ルタをサーブレットクラスに設定すると、その**サーブレットクラスの doGet() および doPost() メソッドが実行される前後のタイミングで、フィルタのメソッドが自動的に実行**されます（図 11-9）。

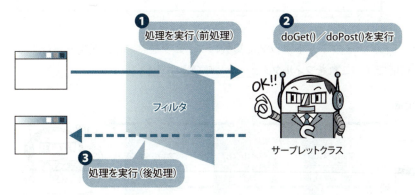

図 11-9　フィルタとサーブレットクラス

　この**フィルタを複数のサーブレットクラスに対して設定すると、それらのサーブレットクラスで共通の処理をまとめる**ことができます。たとえば、ログインしていることが前提のサーブレットクラスが複数あった場合、ログインしているかをチェックするフィルタを 1 つ作成し、それを各サーブレットクラスに設定すれば、それぞれのサーブレットクラスでログインしているかをチェックする処理が不要になります（図 11-10）。

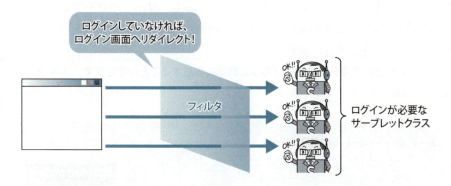

図 11-10　複数のサーブレットクラスにフィルタを設定

> じゃあ、リクエストパラメータの文字コードの指定をするフィルタを用意して、それを全部のサーブレットクラスに設定すればいいってことやね！

また、1つのサーブレットクラスに複数のフィルタを設定し、連続で実行することも可能です。これを**フィルタチェーン**と呼びます（図11-11）。

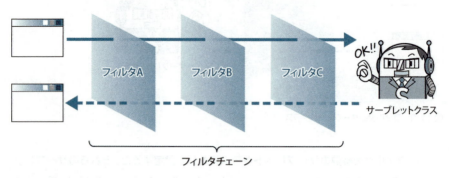

図11-11　フィルタチェーン

11.3.2　フィルタのサンプルプログラム

リクエストパラメータの文字コード指定を行うフィルタを例に、フィルタの作り方を学びましょう。次のコード11-4のフィルタは、すべてのサーブレットクラスのdoGet()またはdoPost()メソッドが実行される前に、リクエストパラメータの文字コード指定を行います。

なお、Eclipseを使用するとフィルタは簡単に作成することができます。手順は付録Aを参照してください。

コード11-4　フィルタの例

FilterSample.java
（filter パッケージ）

```
1  package filter;
2
3  import java.io.IOException;
```

```java
 4
 5  import javax.servlet.Filter;
 6  import javax.servlet.FilterChain;
 7  import javax.servlet.FilterConfig;
 8  import javax.servlet.ServletException;
 9  import javax.servlet.ServletRequest;
10  import javax.servlet.ServletResponse;
11  import javax.servlet.annotation.WebFilter;
12
13  @WebFilter("/*")  ──解説①
14  public class FilterSample implements Filter {  ──解説②
15    public void init(FilterConfig fConfig) throws ServletException { }
16    public void doFilter(ServletRequest request,
          ServletResponse response, FilterChain chain)
          throws IOException, ServletException {
17      request.setCharacterEncoding("UTF-8");  ┐
18      chain.doFilter(request, response);      ┘──解説③
19    }
20    public void destroy() { }
21  }
```

解説①　@WebFilter アノテーションの付与

フィルタには「@WebFilter アノテーション」を付与する必要があります。このアノテーションが付けられたフィルタは、Web アプリケーション開始時にインスタンス化されます。

@WebFilter アノテーションの付与

@WebFilter("/設定するサーブレットクラスのURLパターン")

※ javax.servlet.annotation.WebFilter をインポートする必要がある。

第 IV 部　応用的な知識を深めよう

　　フィルタを設定するサーブレットクラスは、@WebFilter アノテーションで指
定します。複数のサーブレットクラスに設定するには「/*（アスタリスク）」を使
用します。次に設定例を挙げておきます。

・URL パターンが「/Sample」のサーブレットクラスに設定する場合

```
@WebFilter("/Sample")
```

・URL パターンが「/Sample/〜」のサーブレットクラスへ設定する場合

```
@WebFilter("/Sample/*")
```

・すべてのサーブレットクラスに設定する場合

```
@WebFilter("/*")
```

解説②　Filter インタフェースの実装

　　フィルタは javax.servlet.Filter インタフェースを実装して作成します。この
Filter インタフェースには表 11-2 に挙げた 3 つのメソッドが定義されており、
必ずこれらのメソッドを実装する必要があります。今回のサンプルプログラムでは、
init() と destroy() メソッドでは特に何も処理を行いませんが、コンパイルエラー
を防ぐために、空の処理を実装しています。

　　実装したこれらのメソッドは、決められたタイミングで自動的に実行されます。

表 11-2　javax.servlet.Filter インタフェースのメソッドと実行のタイミング

メソッド	実行のタイミング
init() メソッド	フィルタがインスタンス化された直後
destroy() メソッド	フィルタのインスタンスが破棄される直前
doFilter() メソッド	設定したサーブレットクラスをリクエストしたとき

334

第 11 章　サーブレットクラスの実行のしくみとフィルタ

解説③　doFilter() メソッド

サーブレットクラスの前処理と後処理をこのメソッド内に記述します。

コード 11-4 の 18 行目「chain.doFilter(request, response);」より前に書いた処理が前処理、後ろに書いた処理が後処理となります。リクエストパラメータの文字コード指定は、サーブレットクラス内の処理で利用されるものですから、前処理に記述する必要があります。

このフィルタを作成した動的 Web プロジェクト（今回のサンプルプログラムでは example プロジェクト）のサーブレットクラスでは、リクエストパラメータの文字コード指定をする必要がなくなります。次のコード 11-5 のように削除（またはコメントアウト）し、取得したリクエストパラメータが文字化けしないことを確認してみてください。

コード11-5　フィルタの動作を確認するサーブレットクラス（コード5-2）

FormSampleServlet.java
（servlet パッケージ）

```
…（省略）…
1  @WebServlet("/FormSampleServlet")
2  public class FormSampleServlet extends HttpServlet {
3      private static final long serialVersionUID = 1L;
4
5      protected void doPost(HttpServletRequest request,
            HttpServletResponse response)
            throws ServletException, IOException {
6          // リクエストパラメータを取得
7          // request.setCharacterEncoding("UTF-8");      ← コメントアウトした部分
8          String name = request.getParameter("name");
9          String gender = request.getParameter("gender");
            …（省略）…
```

11
章

335

第 Ⅳ 部　応用的な知識を深めよう

11.3.3　フィルタクラスの作り方

フィルタは、次の 4 つの作業で作成できます。

① @WebFilter アノテーションで設定するサーブレットクラスの指定
② javax.servlet.Filter インタフェースの実装
③ init() ／ destroy() ／ doFilter() メソッドの実装
④doFilter() メソッドの「chain.doFilter(request, response);」の前後における
　前処理、後処理それぞれの記述

　init() ／ destroy() メソッドについては必要に応じて処理を書きます。また
**Eclipse でフィルタを作成する場合、①から③は自動で行われるので、開発者は④を行
うだけ**で済みます。

JSP ファイルと HTML ファイルへのフィルタ適用

　フィルタはサーブレットクラスだけでなく、JSP ファイルや HTML ファイ
ルにも適用することができます。たとえば、JSP ファイル「index.jsp」に適用
する場合、@WebFilter アノテーションで次のように指定します。

@WebFilter("/index.jsp")

　また次のように指定した場合、すべてのサーブレットクラス、JSP ファイル、
および HTML ファイルにも設定されます。

@WebFilter("/*")

336

11.4 この章のまとめ

サーブレットクラス実行のしくみ

・サーブレットクラスのインスタンスは、最初のリクエスト時にインスタンス化され、以降のリクエストでも再利用される。

・サーブレットクラスは、インスタンス化された直後に init() メソッドが実行される。

・サーブレットクラスのインスタンスが破棄される直前に、destory() メソッドが実行される。

リスナーについて

・Web アプリケーションで発生するイベントに応じてメソッドを実行するには、リスナーを利用する。

・実行したいタイミングで発生するイベントに応じたインタフェースを実装する必要がある。

フィルタについて

・サーブレットクラスの doGet() および doPost() メソッドの前後で処理を実行するには、フィルタを利用する。

・1 つのフィルタを複数のサーブレットクラスに設定することができる。

・javax.servlet.Filter インタフェースを実装する必要がある。

第 IV 部　応用的な知識を深めよう

11.5　練習問題

練習 11-1

　次のような Web アプリケーションで、以下の 1 ～ 4 の操作を行った場合の処理の流れ①～⑧に、選択肢から適切なものを選んで入れてください。

・init()、doGet()、destroy() メソッドを持つサーブレットクラス A がある。
・サーブレットクラス A にはフィルタ B が設定されている。
・ServletContextListner インターフェースを実装したリスナー C がある。

［操作］

1.　サーバを起動　　　　　　　　　　 ① 　が実行
2.　サーブレット A をリクエスト　 ② → ③ → ④ の順で実行
3.　サーブレット A をリクエスト　 ⑤ → ⑥ の順で実行
4.　サーバを終了　　　　　　　　　 ⑦ → ⑧ の順で実行

［選択肢］

(ア)A の init() メソッド　　　　　(イ)A の destroy() メソッド
(ウ)A の doGet() メソッド　　　　(エ)B の doFilter() メソッド
(オ)C の contextInitialized() メソッド
(カ)C の contextDestroyed () メソッド

練習 11-2

　ある開発プロジェクトではアプリケーションスコープの利用を禁止することとしました。アプリケーションスコープにインスタンスを保存しようとすると、System.out.println() でコンソールに警告文を出力するようなリスナー NoAppScopeListener.java を listener パッケージに作成してください(ヒント: ServletContextAttributeListener を用います)。

第11章　サーブレットクラスの実行のしくみとフィルタ

11.6　練習問題の解答

問題11-1の解答

①オ　　②ア　　③エ　　④ウ　　⑤エ　　⑥ウ　　⑦イ　　⑧カ

問題11-2の解答

```
package listener;                          NoAppScopeListener.java
                                              (listener パッケージ)

import javax.servlet.ServletContextAttributeEvent;
import javax.servlet.ServletContextAttributeListener;
import javax.servlet.annotation.WebListener;
@WebListener
public class NoAppScopeListener
    implements ServletContextAttributeListener {
  public void attributeAdded(ServletContextAttributeEvent arg) {
    System.out.println("警告：格納は禁止されています");
  }
  public void attributeRemoved(ServletContextAttributeEvent arg) {}
  public void attributeReplaced(ServletContextAttributeEvent arg) {}
}
```

※実際にこのリスナーを適用すると、開発者がアプリケーションスコープを使っていなくても、警告が出力されることがあります。これは、Apache Tomcat などのアプリケーションサーバが、内部でアプリケーションスコープを利用していることがあるためです。

339

第12章

アクションタグ と EL 式

業務に使用する Web アプリケーションでは、画面を見栄えよくするために、Web デザイナーが JSP ファイルを編集します。しかし、Web デザイナーの専門分野は HTML であり Java ではありません。そのため、JSP ファイルに Java のコードがたくさん書かれていると作業効率が悪いだけでなく、不具合の原因にもなりかねません。

この章では、JSP ファイルから Java のコードを極力減らす方法を紹介します。これにより、Web デザイナーだけでなく開発者の負担も減らすことができます。

CONTENTS ....

12.1 インクルードと標準アクションタグ

12.2 EL 式

12.3 JSTL

12.4 この章のまとめ

12.5 練習問題

12.6 練習問題の解答

12.1 インクルードと標準アクションタグ

12.1.1 動的インクルードと標準アクションタグ

よいしょ、よいしょ…。ふー、疲れた。

何してるんだい？

全部のページにフッターを付けようと思って、コピー&ペーストをしまくっているんですよ。

ちょっと待った。そのやり方は止めといたほうがいいぞ。

　Webページの一番上の領域を「ヘッダー」、一番下の領域を「フッター」と呼び、同じWebサイト内では各ページのヘッダーやフッターの内容を統一するのが一般的です。内容に決まりはありませんが、ヘッダーにはロゴや各コンテンツへのリンク（ナビゲーションメニュー）などを表示し、フッターにはコピーライトやサイトマップ、プライバシーポリシーを記載したページへのリンクなどを表示しているWebサイトが多く見られます。

　このような各ページ共通の内容をWebページに入れる方法として多くの方がまず思いつくのが、湊くんのように各JSPファイルに載せたい内容をコピー&ペーストする方法ではないでしょうか。しかし、この方法の場合、共通の内容に変更があるとすべてのJSPファイルを変更しなければならなくなります。もし、JSPファイルの数が多ければ、変更に時間がかかり効率がよくありません。

　この問題を解決するのが、これから紹介する**動的インクルード**です。動的イン

クルードを使用すると、JSP ファイルの実行中に他の JSP ファイルを実行することができます（図 12-1 の❶）。さらに、**動的インクルードによって実行された JSP ファイル（図 12-1 の❷）が出力した内容を、動的インクルードを実行した JSP ファイルの出力に取り込む**ことができます（図 12-1 の❸）。

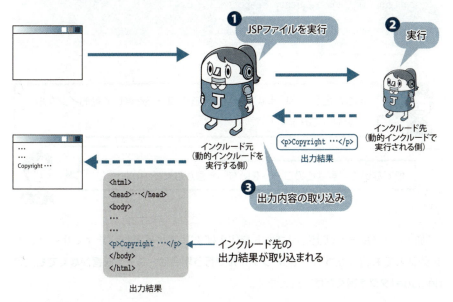

図 12-1　動的インクルード

　ヘッダーやフッターといった各ページで共通の内容を出力する JSP ファイルを用意して、それを動的インクルードで取り込むようにすることで、共通の内容の修正が簡単にできるようになります。

　フォワードとよく似ていますが、フォワードは実行後にフォワード元に処理が戻ってこないのに対して、**動的インクルードは実行後にインクルード元に処理が戻ってくる**という違いがあります。

　動的インクルードを行うには、次のように RequestDispatcher の include() メソッドを利用します。

```
<%
RequestDispatcher dispatcher = request.getRequestDispatcher(
    "インクルード先");
dispatcher.include(request, response);
%>
```

ありがとうございます！　早速、このコードを書いて動的インクルードをやってみます！

慌てないで。実はこのコードをいちいち書かなくてもいいんだ。

　動的インクルードは上記のコードを使えばJSPファイルだけでなくサーブレットクラスでも行えますが、**JSPファイルで行う場合は、コードを書かなくても次の「include」タグを書くだけ**で行えます。

---

include タグ
次のいずれかの構文で記述する。
①<jsp:include page="インクルード先" />
②<jsp:include page="インクルード先"></jsp:include>
※インクルード先の指定方法はフォワードと同じ
　・JSPファイルの場合　　　：　/WebContentからのパス
　・サーブレットクラスの場合：　/URLパターン

えっ！　たった1行！！　しかもタグ！　何ですかこれは？

これは**アクションタグ**といって、**Java のコードを呼び出すことができるタグ**です（図 12-2）。

図 12-2　アクションタグ

> 見た目は普通のタグだけど正体は Java のコードなんですね。

JSP には include タグのように最初から用意されている「アクションタグ」があり、それらを**標準アクションタグ**と呼びます。主なものを表 12-1 に挙げました。

表 12-1　主な標準アクションタグ

アクションタグ名	機能
`<jsp:useBean>`	スコープから JavaBeans インスタンスを取得（取得できないときは JavaBeans インスタンスを新規作成してスコープに保存）
`<jsp:setProperty>`	JavaBeans のプロパティの値を設定
`<jsp:getProperty>`	JavaBeans のプロパティの値の取得
`<jsp:include>`	インクルード
`<jsp:forward>`	フォワード

アクションタグの文法は HTML タグと基本的に同じですが、**大文字と小文字は区別され、終了タグは省略できない**ので注意しましょう。たとえば、次のように書いて実行すると動的インクルードは失敗し、例外「JasperException」がスローされます。

```
<jsp:Include page="/index.jsp" />    // 「i」が大文字になっている
<jsp:include page="/index.jsp">      // 終了タグが省略されている
```

標準アクションタグ

<jsp:アクション名 属性名="値">…</jsp:アクション名>

<jsp:アクション名 属性名="値" />

※大文字と小文字が区別される。

※終了タグは省略できない。

12.1.2　動的インクルードのサンプルプログラム

　動的インクルードで、他の JSP ファイルが出力するフッターを取り込む例を見てみましょう。

　コード 12-1 は include タグを使用して、次ページのコード 12-2 の footer.jsp の動的インクルードを行います。コード 12-1 を実行すると、その出力結果に、footer.jsp が出力するページフッターが取り込まれます（図 12-3）。

インクルード先（footer.jsp）が出力した部分

図 12-3　動的インクルードのサンプルプログラムの実行結果

コード 12-1　動的インクルードを行う JSP ファイル

includeTagSample.jsp（WebContent ディレクトリ）

```
1  <%@ page language="java" contentType="text/html; charset=UTF-8"
2      pageEncoding="UTF-8" %>
```

第12章 アクションタグと EL 式

```
 3  <!DOCTYPE html>
 4  <html>
 5  <head>
 6  <meta charset="UTF-8">
 7  <title>インクルードのサンプル</title>
 8  </head>
 9  <body>
10  <h1>どこつぶへようこそ</h1>
11  <p>「どこつぶ」は・・・</p>
12  <jsp:include page="/footer.jsp" />
13  </body>                         解説①
14  </html>
```

解説① インクルード先の指定方法

インクルード先の footer.jsp を WebContent 直下に配置している場合、このように指定します。もし、「WebContent/WEB-INF/jsp」に配置した場合は、インクルード先は「/WEB-INF/jsp/footer.jsp」と指定します。

次のコード 12-2 はインクルード先の JSP ファイルです。コピーライトの表記を出力します。WebContent 直下に保存してください。

コード 12-2 動的インクルードされる JSP ファイル

footer.jsp（WebContent ディレクトリ）

```
1  <%@ page language="java" contentType="text/html; charset=UTF-8"
2      pageEncoding="UTF-8" %>
3  <p>Copyright どこつぶ制作委員会 All Rights Reserved.</p>
```

12.1.3 静的インクルードとサンプルプログラム

実は JSP ファイルには、「動的インクルード」のほかに**静的インクルード**というインクルード方法があります。動的インクルードはすでに紹介した include タグで行いますが、静的インクルードには include **ディレクティブ**を用います。両者

ともインクルードという名前が付きますが、動作には微妙な違いがあります。

動的インクルードは「実行中」に他の JSP ファイルの「出力結果」を取り込むのに対して、静的インクルードは「実行前」に他の JSP ファイルの「内容」を取り込みます（図 12-4）。

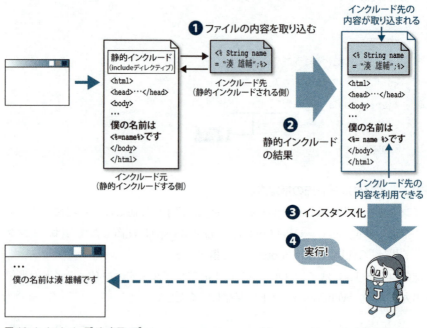

図 12-4　include ディレクティブ

---

include ディレクティブ

<%@ include file="インクルード先" %>

※インクルード先は「/WebContent からのパス」を指定する。

　例）WebContent 直下の index.jsp をインクルードする場合：　/index.jsp

※サーブレットクラスはインクルードできない。

静的インクルードの場合、インクルード先で作成した変数やインスタンス、インポートしたクラスやインタフェース、taglib ディレクティブ（12.3.2 項で解説）で利用可能にしたタグライブラリなどを**インクルード元で利用することができる**よ

うになります。

コード 12-4 は、インクルード先（コード 12-3 の common.jsp）でインポートした Date クラスと SimpleDateFormat クラス、そして定義した変数 name をインクルード元で利用している例です。インクルード元ではインポートをしていないところに注目してください。動的インクルードではインクルード元とインクルード先は別々のインスタンスで動作するので、このようなことはできません。

コード 12-3　静的インクルードされる JSP ファイル

common.jsp（WebContent ディレクトリ）

```
1   <%@ page language="java" pageEncoding="UTF-8" %>
2   <%@ page import="java.util.Date,java.text.SimpleDateFormat" %>
3   <% String name = "湊 雄輔"; %>
```

contentType 属性は不要

コード 12-4　静的インクルードを行う JSP ファイル

includeDirectiveSample.jsp（WebContent ディレクトリ）

```
1   <%@ page language="java" contentType="text/html; charset=UTF-8"
2       pageEncoding="UTF-8" %>
3   <%@ include file="/common.jsp" %>
4   <%
5   Date date = new Date();
6   SimpleDateFormat sdf = new SimpleDateFormat("MM月dd日");
7   String today = sdf.format(date);
8   %>
9   <!DOCTYPE html>
    …（省略）…
10  <%= name %>さんの<%= today %>の運勢は…
    …（省略）…
```

インクルード先で import した
クラスを使用

インクルード先で定義
した変数を使用

12章

349

includeディレクティブを使用するときは、インクルード先の更新に注意が必要です。インクルード先のJSPファイルの内容を更新しても、インクルード元のJSPファイルを更新しないと実行結果に反映されません。たとえば、コード12-4の場合、インクルード先のnameの内容を「綾部 みゆき」に変更しても、実行結果には変更前の「湊 雄輔」が出力されます。これは、JSPファイルは最初のリクエストでインスタンス化すると、そのインスタンスのもととなったJSPファイルが更新されるまでは、以降のリクエストでもそのインスタンスを繰り返し利用するというしくみが原因です（P314のコラム参照）。

　そのため、**インクルード先のJSPファイルの内容を更新したら、それに伴いインクルード元のJSPファイルも更新する必要**があります（ただし、アプリケーションサーバによってはインクルード元を更新しなくても実行結果に反映されます。本書で使用しているApache Tomcatの場合、バージョンが4.1以降からインクルード元の更新は不要になりました）。

最後に2つのインクルードの違いをまとめておこう。

! 動的インクルードと静的インクルードの違い

動的インクルード
・インクルード先の実行結果を取り込む。
・インクルード先の内容は利用できない。

静的インクルード
・インクルード先の内容を取り込む。
・インクルード先の内容を利用できる。
・インクルード先を更新したら、インクルード元も更新する必要がある。

※どちらも、インクルード元、インクルード先には、サーブレットクラスおよびJSPファイルが利用できる。

12.2　EL 式

12.2.1　EL 式とは

インクルードのおかげでだいぶ助かりました。こんな便利なものがあったんですね。

ほかにも便利なもの隠してるんとちゃうの？

ばれたか（笑）。JSP の基本は身に付いたみたいだし、教えておこう。

　ビューである JSP ファイルでは、スコープに保存されている JavaBeans インスタンスのプロパティの値を主に出力するために利用します。このような場合、これから紹介する **EL 式** を使用すると、**記述を非常に簡単にする**ことができます。

　たとえば、セッションスコープに属性名「human」で保存されている Human インスタンス（P192 のコード 7-1 参照）の name プロパティの値を出力する場合、これまでは次のように書いていました。

```
<%@ page import="model.Human" %>
<% Human human = (Human) session.getAttribute("human"); %>
<%= human.getName() %>
```

　これを EL 式を使って記述すると次のようになります。

```
${human.name}
```

めっちゃ短かなってるやん！ 素敵やわ EL 式って！

これは覚えないと損ですね！

EL 式の書式は、${…} です。「…」の箇所を「**式**」といいます。スコープに保存したインスタンスは次の構文で利用できます。

EL 式でスコープに保存されたインスタンスを利用

・スコープに保存されているインスタンスを取得する。

${属性名}

・スコープに保存されているインスタンスのプロパティの値を取得する。

${属性名.プロパティ}

※指定したプロパティの getter が自動で実行される。

EL 式とスコープに保存されたインスタンスの関係は図 12-5 のようになります。

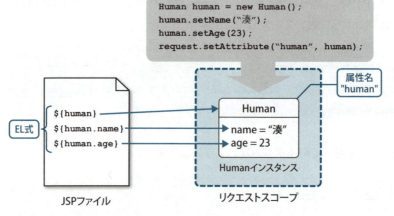

図 12-5　EL 式でスコープ内のインスタンスを利用

12.2.2　EL 式の使い方

EL 式はとても便利だから、使い方についてもう少し詳しく解説しておこう。

　図 12-5 では、インスタンスがリクエストスコープに保存されていますが、保存先がセッションスコープやアプリケーションスコープになっても EL 式の書き方は変わりません。なぜなら、**EL 式は、指定した属性名のインスタンスを「ページスコープ→リクエストスコープ→セッションスコープ→アプリケーションスコープ」の順に探す**からです。

　もし、指定した属性名のインスタンスがどのスコープにも存在しない場合、何も出力されません。例外も発生しないため、注意が必要です。

インスタンスが見つからない場合
EL 式で指定した属性名のインスタンスがスコープに保存されていない場合、例外はスローされず何も出力されない。

ページスコープは JSP ファイルのみがもつスコープだよ。このスコープに保存したインスタンスは、その JSP ファイルでしか取得できないんだ。この後に登場するから覚えておこう。

　このように、EL 式はすべてのスコープを自動で探し回ってくれるので非常に便利ですが、問題が起こる場面があります。それは、複数のスコープに同じ属性名のインスタンスが保存されている場合です。

　たとえば、リクエストスコープとセッションスコープに「msg」という属性名のインスタンスが保存されている場合、「${msg}」と書くと常にリクエストスコープに保存されたインスタンスが利用され、セッションスコープに保存されたインスタンスを利用できなくなってしまいます。このような場合は、次のように検索するスコープを指定すれば、セッションスコープに保存されたインスタンスを利

用することができます。

```
${sessionScope.msg}
```

この「sessionScope」はセッションスコープを表す EL 式独自のオブジェクトです。EL 式にはこのような特別なオブジェクトがいくつか用意されています。このようなオブジェクトを「**EL 式の暗黙オブジェクト**」といい、EL 式だけで使用することができます。

主な EL 式の暗黙オブジェクトには表 12-2 のものがあります。

表 12-2　主な EL 式の暗黙オブジェクト

暗黙オブジェクト名	説明
pageScope	ページスコープを表す暗黙オブジェクト
requestScope	リクエストスコープを表す暗黙オブジェクト
sessionScope	セッションスコープを表す暗黙オブジェクト
applicationScope	アプリケーションスコープを表す暗黙オブジェクト
param	リクエストパラメータの名前と値を対応させた Map オブジェクト
header	リクエストのヘッダの名前と値を対応させた Map オブジェクト
cookie	クッキーの名前と値を対応させた Map オブジェクト

EL 式で検索するスコープの指定

・検索するスコープは EL 式の暗黙オブジェクトを使用して指定できる。

・検索するスコープを指定しない場合、「ページ→リクエスト→セッション→アプリケーション」の順にスコープが検索される。

第 5 章の 5.2.3 項に出てきた JSP の暗黙オブジェクトとは別物だよ。スコープの表し方が違うので注意しよう。JSP の暗黙オブジェクトの場合は「sessionScope」ではなく「session」だよ。

12.2.3 EL式のサンプルプログラム

EL式を使って、これまでに登場したサンプルプログラムを書き直してみましょう。次のコード12-5は、P207のコード7-8「healthCheckResult.jsp」を、EL式を利用して修正したものです。

コード12-5　EL式を使用したJSPファイル

healthCheckResult.jsp (WebContent/WEB-INF/jsp ディレクトリ)

```
1  <%@ page language="java" contentType="text/html; charset=UTF-8"
2      pageEncoding="UTF-8" %>
3  <!DOCTYPE html>
4  <html>
5  <head>
6  <meta charset="UTF-8">
7  <title>スッキリ健康診断</title>
8  </head>
9  <body>
10 <h1>スッキリ健康診断の結果</h1>
11 <p>
12 身長:${health.height}<br>
13 体重:${health.weight}<br>
14 BMI:${health.bmi}<br>
15 体型:${health.bodyType}
16 </p>
17 <a href="/example/HealthCheck">戻る</a>
18 </body>
19 </html>
```

めっちゃシンプルになったなあ。

以下のポイントについて、元のソースコードと比較して違いを把握しましょう。

ポイント①　インポートとスコープからの取得が不要

EL 式は、page ディレクティブを使って**インポートしなくても、スコープに保存されているインスタンスを利用**できます。さらに、getAttribute() メソッドを使ってスコープからインスタンスを取得する必要もありません。

ポイント②　プロパティの値を取得

プロパティの値を取得するには getter メソッドを呼び出していましたが、EL 式では**プロパティ名を指定すると自動的に getter メソッドが実行**されます。たとえば「${health.weight}」と書いた場合、「health」という属性名でスコープに保存されているインスタンス（今回は Health インスタンス）の getWeight() メソッドが実行されます。ただし、指定したプロパティに対応する getter メソッドが存在しない場合、例外「PropertyNotFoundException」がスローされるので注意しましょう（付録 C の C.2.6 の❿参照）。

ポイント③　出力

変数の値やメソッドの戻り値を出力するにはスクリプト式を使用してきましたが、EL 式を**テンプレート（HTML の箇所）に書くだけで EL 式の結果が出力**されます。

EL 式の特徴
・スコープから取得するインスタンスのクラスをインポートしなくてよい。
・プロパティ名を指定すると、getter メソッドが自動で実行される。
・HTML に記述すると、式の結果が出力される。

12.2.4 EL 式の演算子

EL 式では演算子を使用することができます。ほとんどが Java と同じですが、次の「empty 演算子」のような Java にないものもあります。

---

empty 演算子
${empty 対象}
※対象が以下の場合、「true」を返す。
- スコープに保存されていない
- null
- 空文字
- 要素数が 0 の配列
- インスタンスを 1 つも格納していないコレクションクラス（リスト、マップ、セット）のインスタンス

※ empty 演算子の結果を反転したい場合、「not empty」演算子を使用する。

・通常の演算子の例（スコープは図 12-5 の状態とする）

```
${human.age + 1}      ┨─ 結果は 24 になる
${human.age >= 20}    ┨─ 結果は true になる
```

・empty 演算子の例（スコープは図 12-5 の状態とする）

```
${empty human}        ┨─ 結果は false となる
${not empty human}    ┨─ 結果は true となる
```

EL 式で演算子を使用する例は、12.3 節で出てきます。

12.2.5　EL 式とコレクション

EL 式の基本はわかったかな。ここからは、EL 式をより上手に使いこなすために知っておいたほうがよいことを紹介するよ。

リストやマップといった「コレクションクラス」のインスタンスをスコープに保存し、JSP ファイルで利用することがあります（たとえば第 10 章で使用した ArrayList はリストの 1 つです）。EL 式でリストやマップを利用するには、次のように記述します。

EL 式でスコープに保存されたコレクションを利用
・スコープに保存されているリスト内のインスタンスを取得する。
　${属性名[インデックス]}
・スコープに保存されているマップ内のインスタンスを取得する。
　${属性名["キー "]}

たとえば、${humanList[0].name} とすると、0 番目の Human インスタンスの getName() メソッドが実行され、name の値を取得できます（図 12-6）。

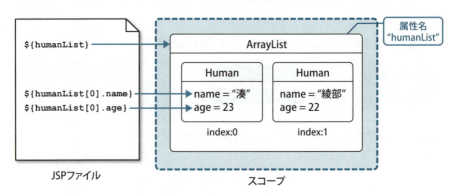

図 12-6　EL 式でスコープ内のインスタンスを利用（リストの場合）

12.2.6　EL式とスクリプト要素

　図 12-6 のようなスコープに格納されているリストを利用する際、格納されているインスタンスを先頭から順に取り出したいという場面がよくあります。EL式を使ってそのような処理を実現するために、次のような for 文を思いつくかもしれません。

```
<% for(int i=0; i < ${humanList.size()}; i++) { %> … <% } %>
<% for(Human human : ${humanList}) { %> … <% } %>    ]── 拡張 for 文の場合
```

　しかし、このように書くとエラーになります。なぜなら、**EL式はスクリプト要素（スクリプトレットやスクリプト式）内では使用できない**というルールがあり、for文や if 文と一緒に EL 式を使うことはできないからです。**繰り返しや条件分岐の際に EL 式を使用したい場合は、この後の 12.3 節で紹介する JSTL を使う**必要があります。

「EL式とスクリプト要素は相性が悪し」やね。

12.3 JSTL

12.3.1 JSTL とカスタムタグ

EL式って便利だから絶対使いたいです。EL式で分岐や繰り返しをする方法を教えてください。

気に入ったみたいだね。最後にそのやり方を紹介しよう。

　EL式で分岐や繰り返しを行うには、**JSTL**（JavaServer Pages Standard Tag Library）に含まれている**カスタムタグ**を使用します。

　カスタムタグとは開発者が独自に作成したアクションタグのことです。JSPには<jsp:include>といったアクションタグが標準でいくつか用意されていましたが（P345参照）、実はそれ以外のアクションタグを「カスタムタグ」として独自に作成することができます。作成したカスタムタグは、**タグライブラリ**にまとめて配布し、第三者に利用してもらうことも可能です。

　本章で紹介する「JSTL」は、一般的によく使用されるカスタムタグをまとめたライブラリで、JSPの標準として広く使われています。

カスタムタグは作るより使う機会のほうが多いからね。まずは作り方より使い方に慣れよう。

　JSTLを使用するには、インターネットからJSTLのJARファイルをダウンロードして、動的Webプロジェクトに配置する必要があります（JARファイルについては付録D.2.3を参照）。JSTLの入手の方法と配置の手順は、付録Aを参照してください。

第 12 章 アクションタグと EL 式

JAR ファイルをダウンロードして、プロジェクトに配置…っと。よぉし、準備できたぞ！

12.3.2　JSTL の構成

JSTL は、5 つのタグライブラリで構成されています（表 12-3）。このなかで特に使用する頻度の高いものが、この後に紹介する Core タグライブラリです。

表 12-3　JSTL のタグライブラリ一覧

タグライブラリ	内容
Core	変数、条件分岐、繰り返しなどの基本的な処理に関するタグ
I18N	数値や日付のフォーマット、国際化対応に関するタグ
Database	データベース操作に関するタグ
XML	XML 操作に関するタグ
Functions	コレクションや文字列を操作する関数

EL 式で分岐や繰り返しを使うには、Core タグライブラリに含まれるカスタムタグを使うんだよ。

JSP ファイルでタグライブラリを利用するには、「taglib ディレクティブ」で使用するタグライブラリを指定する必要があります。

---

taglib ディレクティブで使用するタグライブラリを指定
`<%@ taglib prefix="接頭辞" uri="使用するタグライブラリのURI" %>`

---

prefix 属性で指定する接頭辞は、使用するタグライブラリに付けるあだ名のようなものです。任意の文字列を指定できますが、Core タグライブラリなら「c」、I18N タグライブラリなら「fmt」、というように習慣化されています。uri 属性に

指定するタグライブラリのURIは、使用するタグライブラリによって決められています。

JSTLのタグライブラリとprefix属性およびuri属性の組み合わせは、次の表12-4を参考にしてください。

表12-4　JSTLタグライブラリのtaglibディレクティブ

タグライブラリ	prefix属性とuri属性の組み合わせ
Core	<%@ taglib prefix="c" uri="http://java.sun.com/jsp/jstl/core" %>
I18N	<%@ taglib prefix="fmt" uri="http://java.sun.com/jsp/jstl/fmt" %>
Database	<%@ taglib prefix="sql" uri="http://java.sun.com/jsp/jstl/sql" %>
XML	<%@ taglib prefix="x" uri="http://java.sun.com/jsp/jstl/xml" %>
Functions	<%@ taglib prefix="fn" uri="http://java.sun.com/jsp/jstl/functions" %>

12.3.3　Coreタグライブラリ

Coreタグライブラリのなかから、特に使用頻度が高いタグを紹介するよ。

Coreタグライブラリを使用すると、変数宣言、分岐と繰り返し、例外処理などのJavaプログラミングの基本処理をタグで行えるようになります（表12-5）。

表12-5　Coreタグライブラリの主なタグ（接頭辞を「c」にした場合）

タグの機能		タグ
変数宣言	変数設定	<c:set>
	変数削除	<c:remove>
	変数出力	<c:out>
分岐	2分岐	<c:if>
	多分岐	<c:choose>、<c:when>、<c:otherwise>
繰り返し		<c:forEach>
リダイレクト		<c:redirect>

タグライブラリ内のカスタムタグは、次の構文で使用できます。

カスタムタグの構文

<接頭辞:タグ名 属性名="値">…</接頭辞:タグ名>

<接頭辞:タグ名 属性名="値" />

※接頭辞は tablib ディレクティブの prefix 属性で指定した値。

ここからは、表 12-5 で紹介したタグを使用して「変数出力」「分岐」「繰り返し」を行う方法を解説します。

・**変数出力**

<c:out> タグを使用すると変数の値を出力することができます。

<c:out> タグ

<c:out value="変数名" />

value 属性で EL 式を使用すれば、スコープに保存されたインスタンスのプロパティの値を出力することができます。たとえば図 12-5 の Human インスタンスが持つ name プロパティの値("湊")を出力するには、次のように記述します。

```
<c:out value="${human.name}" />
```

変数の値を単に出力するだけならば、「${human.name}」という EL 式でも可能です。しかし、<c:out> を使うと出力内容に「<」や「>」といった HTML にとって特殊な記号が出力内容に含まれていた場合、それを無効にする処理（エスケープ）を行ってから出力してくれるので、**セキュリティの点でより優れています**。特に、**ユーザーが入力した内容を出力する場合は、<c:out> を使用するほうがよい**でしょう（ユーザーが入力した「<」や「>」をそのまま出力すると、ページが改ざんされたり、

クロスサイトスクリプティング（XSS）という攻撃に利用されたりします）。

・分岐

分岐は <c:if> または <c:choose> タグを使用します。<c:if> タグを使うとシンプルな if 文と同じ処理を行うことができます。

<c:if> タグ
<c:if test="条件式">
　　条件式がtrueなら実行される処理
　</c:if>

---

test 属性の条件式に EL 式を使用すれば、スコープに保存されたインスタンスを使って分岐を行うことができます。

たとえば図 12-5（P352）の状態である場合、次のように記述すると、成人（human.age が 20 以上）の場合に行いたい処理を記述することができます。

```
<c:if test="${human.age >= 20}">
  あなたは成人です
</c:if>
```

<c:if> タグは、test 属性が false になった場合、何も処理を行いません。false のときに何か処理を行いたい場合は <c:choose> タグを使用します。

<c:choose> タグでは「if-else if-else 文」のような多分岐をすることができます。

<c:choose> タグ
<c:choose>
　<c:when test="条件式">
　　　条件式がtrueなら実行される処理
　　</c:when>

```
    <c:otherwise>
       whenの条件式がすべてfalseなら実行される処理
    </c:otherwise>
  </c:choose>
  ※ <c:when> タグは複数記述することができる。
```

図12-5(P352)の状態である場合、次のように記述すると、成人と未成年とで処理を分岐することができます。

```
<c:choose>
  <c:when test="${human.age >= 20}">
    あなたは成人です
  </c:when>
  <c:otherwise>
    あなたは未成年です
  </c:otherwise>
</c:choose>
```

よし、EL式を使って分岐をする方法がわかったぞ。

・**繰り返し**

繰り返しには <c:forEach> タグを使用します。

<c:forEach> タグ（通常の for 文）
```
<c:forEach var="カウンタ変数" begin="カウンタ変数の最初の値"
    end="カウンタ変数の最後の値" step="カウンタの増加値">
    繰り返し実行する処理
</c:forEach>
```

一見ややこしそうに見えますが、通常の for 文と書き方はよく似ています。次の例を見てください。

```
<c:forEach var="i" begin="0" end="9" step="1">
  <c:out value="${i}" />
</c:forEach>
```

ループをカウントする変数 i が作成され（var）、その値が 0 でループが開始されます（begin）。ループを 1 回実行するごとに i の値は 1 つ増加し（step）、その値が 10 になるとループが終了します（end）。end 属性に指定した値までループする（値を超過したらループを抜ける）ことに注意してください。

普通の for 文で書くなら、「for (int i=0; i<=9; i++)」という感じだね。

変数 i は自動的にページスコープ（P190、261 参照）に保存されるため、「${i}」でその値を取得することができます。上記の場合、0〜9 が出力されます。
また、<c:forEach> タグは拡張 for 文と同じ処理を実現することができます。

<c:forEach> タグ（拡張 for 文）
<c:forEach var="変数名" items="インスタンスの集合">
繰り返し実行する処理
</c:forEach>
※items 属性には、インスタンスのコレクション（リスト、マップ、セット）や、インスタンスの配列といったインスタンスの集合を指定することができる。

---

items 属性には EL 式を使ってインスタンスの集合を指定します。リストを指定した場合、リストに格納されているインスタンスの数だけループが実行されます。ループを実行するたびにリストの先頭から順にインスタンスが取り出され、

var 属性の変数に代入されます。var 属性の変数は自動的にページスコープに保存されるので、${変数名} で使用することができます。

たとえば図 12-6（P358）の状態である場合、次のように記述すると、スコープに保存されている ArrayList に格納された Human インスタンスを先頭から順に取得して利用することができます。

```
<c:forEach var="human" items="${humanList}" >
   名前:${human.name}、年齢:${human.age}
</c:forEach>
```

拡張 for 文で表すと、「for(Human human: humanList)」って感じやね。

ここまで、Core タグを使って、変数出力、分岐、繰り返しを行う方法を紹介しました。ここで紹介したものがすべてではありませんので、興味を持ったらぜひ調べてみてください。

12.3.4　JSTL のサンプルプログラム

「どこつぶ」で作成したコード 10-15 の main.jsp（P299 参照）を、JSTL を使って書き直す例を紹介します（コード 12-6）。変更した箇所を色付きにしているので、どのように変わったかを比較してください（実際に書き直す場合、JSTL の JAR ファイルを WEB-INF/lib に配置することを忘れないようにしましょう）。

コード 12-6　どこつぶのメイン画面（EL 式 &JSTL 版）

main.jsp（WebContent/WEB-INF/jsp ディレクトリ）

```
1  <%@ page language="java" contentType="text/html; charset=UTF-8"
2      pageEncoding="UTF-8" %>
3  <%@ taglib prefix="c" uri="http://java.sun.com/jsp/jstl/core" %>
```

第 IV 部　応用的な知識を深めよう

```
4   <!DOCTYPE html>
5   <html>
6   <head>
7   <meta charset="UTF-8">
8   <title>どこつぶ</title>
9   </head>
10  <body>
11  <h1>どこつぶメイン</h1>
12  <p>
13  <c:out value="${loginUser.name}" />さん、ログイン中
14  <a href="/docoTsubu/Logout">ログアウト</a>
15  </p>
16  <p><a href="/docoTsubu/Main">更新</a></p>
17  <form action="/docoTsubu/Main" method="post">
18  <input type="text" name="text">
19  <input type="submit" value="つぶやく">
20  </form>
21  <c:if test="${not empty errorMsg}">
22    <p>${errorMsg}</p>
23  </c:if>
24  <c:forEach var="mutter" items="${mutterList}">
25    <p><c:out value="${mutter.userName}" />:
        <c:out value="${mutter.text}" /></p>
26  </c:forEach>
27  </body>
28  </html>
```

　動作確認を行うには、トップ画面から実行してください（P274 参照）。実行結果はこれまでと変わりません。

368

12.3.5 アクションタグと EL 式の関係

 最後にアクションタグと EL 式の関係を整理しておこう。

　アクションタグには「標準アクションタグ」と「カスタムタグ」の 2 種類があり、標準アクションタグの代表として include タグを、カスタムタグの代表として JSTL の Core タグライブラリ内のタグを紹介しました。
　一方、EL 式は、非常にシンプルな書き方でスコープに保存されているインスタンスやそのプロパティの利用を可能にします。単独で使用して出力に利用することができるほか、アクションタグの属性として使うこともできます（EL 式は、カスタムタグだけでなく、標準アクションタグの属性にも使用できます）。

 EL 式とアクションタグは相性ばっちりなんだね。

　アクションタグと EL 式を使うことで、JSP ファイルから Java のコード（スクリプト要素）をなくすことができます。先ほどのコード 12-6 をもう一度確認してください。Java のコードが一切入っておらず、ディレクティブを除けばタグ（HTML タグやアクションタグ）と通常のテキストしか書かれていません。

 でも、Java のコードでも同じことができるんやし、無理してタグにする必要ないんとちゃう？

いや。ちゃんとメリットはあるんだよ。

　ビューである JSP ファイルの作成や変更を主に担当するのは、Java の開発者ではなく Web デザイナーであることが一般的です。Web デザイナーの専門分野

はHTMLやCSSであり、Javaではありません。そのため、JSPファイルにスクリプト要素(Javaのコード)が多くあると、作成や変更などの作業を行いにくいだけでなく、不用意にコードを触ってしまうことで、バグの原因にもなりかねません。しかし、JSPファイルの内容がコード12-6のように**タグが主体になっていれば、作業の効率が上がり、かつ安全に編集ができる**ようになります。

開発者がアクションタグの名前や属性を指示して、Webデザイナーがそのアクションタグを書く、ということも可能だよ。

分業がもっとしやすくなるんやね。それって、とっても素敵やん。

JSPファイルのバージョンにご用心

　本書は、使用しているJSPのバージョンが2.3という前提で紹介しています。使用しているJSPのバージョンが異なる場合は、EL式やJSTLが使用できないこともあるので注意しましょう。JSPのバージョンについての解説は付録D.1.3を参照してください。

第12章　アクションタグとEL式

12.4　この章のまとめ

アクションタグについて

・アクションタグを使用すると Java のコードが呼び出される。

・JSP に最初から用意されているアクションタグを「標準アクションタグ」という。

・include アクションタグを使用すると、サーブレットクラスや JSP ファイルを実行し、その出力結果を取り込むことができる。

・独自に作成したアクションタグを「カスタムタグ」という。

・「JSTL」は 5 つのタグライブラリで構成されたカスタムタグである。

・JSTL の Core タグライブラリを使用すると、変数の操作や分岐・繰り返しといった基本的な Java の処理をタグで行える。

EL 式について

・スコープ内のインスタンスをシンプルな書き方で利用できる。

・テンプレート（HTML）で使用すると式の結果が出力される。

・アクションタグの属性で使用することができる。

・スクリプト要素（スクリプトレット、スクリプト式、スクリプト宣言）内で使用することはできない。

・アクションタグと組み合わせることで、Java のコードがない JSP ファイルを作成することができる。

12章

第 Ⅳ 部　応用的な知識を深めよう

12.5　練習問題

練習 12-1

次の文章およびコードの①〜⑦に適切な語句を入れてください。

アクションタグには、最初から利用可能な　①　と、開発者が独自に作成する　②　がある。代表的な　①　として、他の JSP ファイルの　③　結果を取り込むことができる include アクションタグがある。一方、便利な　②　の集合である JSTL は複数のタグライブラリから構成されており、そのなかの　④　は、条件分岐・繰り返しといった基本的な処理を行うタグを提供している。

EL 式を使うと、　⑤　に保存されたインスタンスを利用する処理を簡潔に記述できる。ただし、分岐や繰り返し処理で EL 式を使用するには　④　を使用する必要がある。たとえば、スコープの状態が図 12-6 の場合は次のように記述できる。

```
<c:forEach ⑥="user" ⑦="${humanList}">
    名前:${user.name}、 年齢:${user.age}
</c:forEach>
```

練習 12-2

練習 9-2（P264）ではアプリケーションスコープから Fruit インスタンスを取り出して表示するサーブレットと JSP を作成しました。このうち JSP ファイルを、EL 式を用いるように修正してください。なお、インスタンスは常にアプリケーションスコープから取得されることが保証されなければなりません。

第 12 章　アクションタグと EL 式

12.6　練習問題の解答

練習 12-1 の解答

①標準アクションタグ　　②カスタムタグ　　　③出力
④ Core タグライブラリ　⑤スコープ　　　　　⑥ var
⑦ items

練習 12-2 の解答

フォワード先の JSP ファイル

fruit.jsp（WebContent/WEB-INF/ex ディレクトリ）

```
<%@ page contentType="text/html; charset=UTF-8" %>
<!DOCTYPE html>
<html>
…(省略)…
<body>
<p>
${applicationScope.fruit.name}の値段は
${applicationScope.fruit.price}円です。
</p>
</body>
</html>
```

　常にアプリケーションスコープからインスタンスを取得するために、applicationScope を明示的に利用していなければなりません。

第 13 章

JDBC プログラムと DAO パターン

これまでの学習では、データはメモリ上にあるため、サーバを停止すると消滅してしまいます。サーバを停止してもデータを残したい場合、一般的にはデータベースを利用します。これにより、データが残るだけでなく、高度なデータ管理も可能になります。

この章では、データベースを利用したことがない方に向けて、データベースを Java プログラムで利用するのに必要となる基礎的な知識を紹介します。データベース活用の第一歩として役立ててください。

CONTENTS

13.1 データベースと JDBC プログラム

13.2 DAO パターン

13.3 どこつぶでデータベースを利用する

13.4 この章のまとめ

13.5 練習問題

13.6 練習問題の解答

13.1 データベースとJDBCプログラム

13.1.1 データベースの基礎知識

ちょっと、どこつぶを修正しようっと。サーバを再起動して…、よし、反映された！

あーっ！ 僕のつぶやきが消えちゃったじゃないかあ。

　データをスコープに保存しただけでは、サーバを停止するとデータも消滅してしまいます。**サーバを停止してもデータを残したい場合、ファイルやデータベースといった外部システムにデータを保存**しておく必要があります。

　業務で開発する本格的なアプリケーションの場合、データの保存先として、データベースが使用されることが一般的です。この章では、Javaプログラムからデータベースを利用するために必要となる基礎的な知識を紹介します。なお、データベースの詳しい働きやJavaプログラムからデータベースを利用する方法の詳細については、『スッキリわかるSQL入門 第2版』『スッキリわかるJava入門 実践編 第2版』が参考になります。

データベースか。以前に教わりましたね。懐かしいなあ。

何それ。私は教えてもらってないで。

大丈夫。まずはデータベースの基礎を解説するからね。

データベースを使うと、大量のデータを効率よく安全に蓄積して、利用することができます。データベースは、データの保存や管理方法によって種類が大きく分かれており、**テーブル**（表）形式での管理を採用している**リレーショナルデータベース**が広く使用されています。単にデータベースという場合、このリレーショナルデータベースを指していることがほとんどです。

リレーショナルデータベースでは、1件分のデータを1行で表します。これを**レコード**といいます（図13-1）。

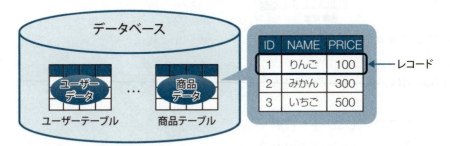

図 13-1　リレーショナルデータベース

データベースはテーブルの入れ物やね。

データベースのデータ管理は **DBMS（データベース管理システム）** というソフトウェアが行います。DBMS が管理をしてくれるおかげで、**大量のデータを「高速・安全かつ効率的に」扱う**ことが可能になるのです。

つまり、**データベースを操作するということは、DBMS に指示を送り操作する**ということにほかなりません。そのためのデータベース専用言語として SQL（Structured Query Language）が広く用いられています（次ページ図13-2）。

そうそう、SQL を使ってデータベースのなかにあるデータを探したり、変更したりできるんだよね。

なんや、表計算ソフトみたいに直接データを触るんやないんやね。

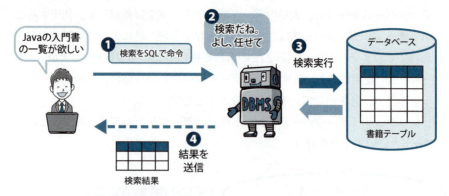

図 13-2　SQL と DBMS

SQL では、次の 4 つの命令を使ってデータを操作します。

- SELECT 文：レコードを検索
- INSERT 文 ：レコードを追加
- UPDATE 文：レコードを変更
- DELETE 文 ：レコードを削除

　DBMS とデータベースはセットで動作するので、両者を併せて「データベース」と呼ぶことも多くあります。

「（広義の）データベース＝ DBMS ＋データベース」ということなんやね。

　データベースには商用のものからオープンソースのものまで、多くの製品があります（表 13-1）。

表 13-1　主なデータベース製品

商用	オープンソース
Oracle Database Microsoft SQL Server IBM Db2	MySQL PostgreSQL H2 Database

ここからは、図 13-3 のようなテーブルとデータを持つデータベースを前提に解説を進めていきます。EMPLOYEE テーブルは従業員の情報を格納するテーブルです。なお、**使用するデータベースは「H2 Database」**とします。

ID	NAME	AGE
EMP001	湊 雄輔	23
EMP002	綾部 みゆき	22

「EMPLOYEE（従業員）」テーブル

「example」データベース

図 13-3　本章の解説に使うデータベースの構成

このような環境を作成するには、次の①〜④の作業を行う必要があります。

① H2 Database をインストールする。
② H2 Database にデータベース「example」を作成する。
③ データベース「example」に、テーブル「EMPLOYEE」を作成する。
④ テーブル「EMPLOYEE」にレコード（データ）を追加する。

このうち、①〜②の手順については付録 A を、③〜④の手順については付録 D の D.4.1 〜 D.4.2 を参照してください。

H2 Database

　H2 Database は Java で作成されており、本体は 1 つの JAR ファイルだけで構成されています。この JAR ファイルをクラスパスに追加するだけで使用できるので、手軽に導入することができます。しかも、機能が豊富で高性能であるため、学習や規模の小さい開発などによく使用されています。

よし、準備完了です！

13.1.2 JDBC プログラム

次は、Java プログラムからデータベースを利用する方法を紹介しよう。

Java プログラムでデータベースを利用するには、プログラムからデータベースに SQL を送信して、結果を取得する必要があります。それを行うのが **java.sql パッケージ**に含まれているクラスやインタフェースです（表 13-2）。

表 13-2　java.sql パッケージの主なクラスやインタフェース

クラス／インタフェース	機能
DriverManager	DBMS への接続準備を行う
Connection	DBMS への接続や切断を行う
PreparedStatement	SQL の送信を行う
ResultSet	DBMS から検索結果を受け取る
SQLException	データベースに関するエラー情報を提供する

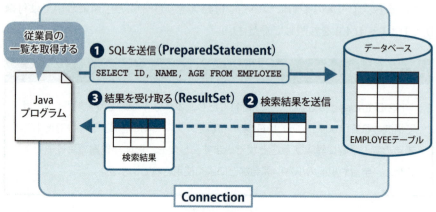

図 13-4　Java プログラムからデータベースを利用（DBMS は省略）

図 13-4 は、Java プログラムとデータベースの間でデータのやり取りを行う際に用いる java.sql パッケージのクラスやインタフェースを表したものです。

Connection はプログラムとデータベースとを結ぶ道路、**PreparedStatement** は SQL を運ぶ車、**ResultSet** は検索結果を受け取る入れ物のようなものと考えてください（図 13-4 の SQL「SELECT 文」については、付録の D.4.3 を参照してください）。

なお、java.sql パッケージは Java SE の標準 API で提供されているので、インポートすれば使用することができます。

じゃあ、特に準備はいらないんですね。

1 つだけ、用意しないといけないものがあるんだよ。

Java プログラムからデータベースを利用するには、java.sql パッケージのクラスやインタフェースのほかに、**JDBC ドライバ**と呼ばれるライブラリが必要です。JDBC ドライバとは、**データベースを操作するために必要となるクラスやインタフェース群**です。それぞれのデータベース製品の開発元が JAR ファイルとして提供しており、Web サイトなどから入手することができます（JAR ファイルについては付録 D.2.3 を参照）。

JDBC ドライバに格納されたクラスやインタフェースは直接使用するのではなく、**java.sql パッケージのクラスやインタフェースを介して間接的に使用**します。そのため、開発者が JDBC ドライバの内容を詳しく知っておく必要はありません。

このように、java.sql パッケージと JDBC ドライバを使用して、データベースを利用する Java プログラムのことを **JDBC プログラム**といいます。このあとに解説する JDBC プログラムを実際に動作させるには、H2 Database の JDBC ドライバを入手して、適切な場所に配置する必要があります（手順は付録 A を参照）。

 JDBC プログラムで必要なもの
① java.sql パッケージのクラスやインタフェース
　　インポートして使用する（Java の API に含まれているので準備は不要）。

② JDBC ドライバ

使用するデータベースの開発元から入手する。Eclipseの動的Webプロジェクトで使用する場合、<Apache Tomcat ディレクトリ >/lib に配置する。

※ H2 Database の JDBC ドライバの入手と配置については、付録 A を参照。

13.1.3　JDBC プログラムの例

Java プログラムからデータベースを利用する例を見てみましょう。今回は、図 13-3（P379）の EMPLOYEE テーブルから全レコード（全従業員の情報）を取得して表示するプログラムを紹介します。

まずは、次のコード 13-1 にざっと目を通してください。

なんかごちゃごちゃしてるなあ。

細かく見るのではなく、ポイントを押さえよう。

プログラムの詳細は割愛しますが、注目してほしいポイントは色の付いた部分のコードです。これは、Java プログラムからデータベースを利用するために、P380 の表 13-2 にある java.sql パッケージのクラスやインタフェースを利用しているコードです。

こんなに書かないと駄目なんか…。

データベースを利用するために必要な手続きなんだ。

第 13 章　JDBC プログラムと DAO パターン

コード 13-1　EMPLOYEE テーブルから全従業員情報を検索するクラス

SelectEmployeeSample.java
（デフォルトパッケージ）

```java
1   import java.sql.Connection;
2   import java.sql.DriverManager;
3   import java.sql.PreparedStatement;
4   import java.sql.ResultSet;
5   import java.sql.SQLException;
6
7   public class SelectEmployeeSample {
8     public static void main(String[] args) {
9       // データベースに接続
10      try (Connection conn = DriverManager.getConnection(
          "jdbc:h2:tcp://localhost/~/example", "sa", "")) {
11
12        // SELECT文を準備
13        String sql = "SELECT ID,NAME,AGE FROM EMPLOYEE";
14        PreparedStatement pStmt = conn.prepareStatement(sql);
15
16        // SELECTを実行し、結果表(ResultSet)を取得
17        ResultSet rs = pStmt.executeQuery();
18
19        // 結果表に格納されたレコードの内容を表示
20        while (rs.next()) {
21          String id = rs.getString("ID");
22          String name = rs.getString("NAME");
23          int age = rs.getInt("AGE");
24
25          // 取得したデータを出力
26          System.out.println("ID:" + id);
27          System.out.println("名前:" + name);
28          System.out.println("年齢:" + age + "\n");
```

接続先 DB、ユーザ名、パスワード

SQL を DB に届ける PreparedStatement インスタンスを取得する

ResultSet インスタンスに SELECT 文の結果が格納される

結果表の取り出し対象レコードを 1 つ進める

取り出し対象のレコードの各列の値を取得する

取得したデータを利用する

13 章

383

```
29          }
30      } catch (SQLException e) {
31          e.printStackTrace();  ]── 接続や SQL 処理失敗時の処理※
32      }
33   }
34 }
```

※必要に応じて適切な処理を入れる。

このプログラムを Eclipse で作って実行する場合、「実行するファイルを選択→右クリック→実行→ Java アプリケーション」という手順になります。

実行すると Eclipse の「コンソール」ビューに次の結果が表示されます。

```
ID:EMP001
名前:湊 雄輔
年齢:23

ID:EMP002
名前:綾部 みゆき
年齢:22
```

すごい！！　データベースの中のデータを抜き出せてるわ。

どうだい。すごいだろう。ふふん♪

先輩はすごくないで、Java がすごいんや。

13.2 DAO パターン

13.2.1 JDBC プログラムの問題

JDBC プログラムって、クラスをたくさん使うわ、例外処理もいるわで大変やねぇ。

ソースコードがごちゃごちゃになっちゃうよね。

　前節のコード 13-1 で見たように、Java のプログラムからデータベースを利用するには、データベースを利用するための処理、すなわち「JDBC プログラム特有のコード」をたくさん書く必要があります。そのため、プログラム本来の処理に関係しないコードが多く入ることになり、湊くんの言うように、**雑然としたわかりにくいソースコード**になってしまいます。

　コード 13-1 に示したサンプルプログラムでは、JDBC プログラム特有のコードを目立たせていますが、そうしないと目的（全従業員の情報を出力）に関係するコードがどこにあるか見つけにくくなるでしょう。

さっきのサンプルプログラムの目的は、取得したデータをただ出力するだけだったけど…。

想像してごらん。もし、プログラム本来の処理がもっと複雑だったらどうなるか。

ソースコードがもっと大変なことになりそう…。

ソースコードの見通しが悪くなると、バグが混入する可能性が高くなったり、不具合が起きたときに原因を見つけて修正するのに時間がかかったりするため、好ましくありません。

でも、しょうがないじゃないんですか。大丈夫！　気合いと根性でなんとかします！

いつまでそう言ってられるかな（笑）。

　問題はこれだけではありません。アプリケーションの規模が大きくなると、アプリケーション内のさまざまな場所で、データベースを利用する処理が必要となります。もし、データベースを使用するあちこちのクラスに、「JDBC プログラム特有のコード」が書いてあると、使用するデータベースやテーブルの列名の変更などがあった場合、それらのクラスそれぞれで修正が必要になってしまいます（図 13-5）。

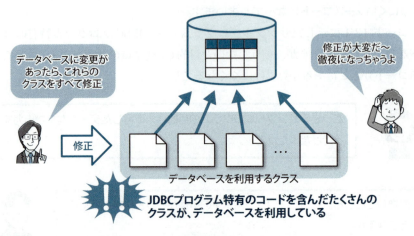

図 13-5　データベースの変更によるソースコード保守性の低下

もし、データベースを利用するクラスが 100 個あったら、1 つも漏らさず修正できるかい？

気合いと根性だけでは、どうにもなりません…。

13.2.2 DAO パターンによる解決

　こうした問題の解決策として生まれたのが DAO パターンという方法です。DAO パターンとは、おおまかに言うと、「データベースを利用する処理は、担当者を作ってすべて任せる設計にしましょう」という、Java でデータベースを利用する場合のお手本です。

　具体的には、DAO（Data Access Object）と呼ばれる、データベースの操作（テーブルに対する検索、追加、更新、削除など）を担当するクラスを用意します。データベースを利用するクラスは、直接ではなく、必ず DAO を介してデータベースを利用するようにします（図 13-6）。

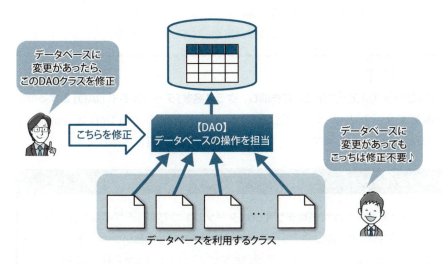

図 13-6　DAO パターン

DAOパターンを用いると、**データベースを利用するクラスからJDBCプログラム特有のコードがなくなります**。それにより、ソースコードの見通しはよくなり、利用するデータベースに変更があっても修正箇所は最低限に抑えることができます。加えて、データベースの知識がない開発者でもDAOを介してデータベースを利用することが可能になるので、開発の効率も上がります。

データベースの知識がなくても利用できるのね。それって素敵やん♪

DAOパターンとは

データベースを利用するクラスが、JDBCプログラムに関するクラスやインタフェースを使用せず、データベースとのやり取りを専門に行うDAOクラスを介してデータベースを利用する方法のこと。
DAOを利用することのメリットとして以下の点が挙げられる。
　・JDBCプログラムの知識がなくてもデータベースを利用できる。
　・コードの見通しがよくなる。
　・データベースに関する仕様の変更に対応しやすくなる。

DAOクラスはテーブルごとに作成し、クラス名を「テーブル名+DAO」とするのが一般的です。たとえば、EMPLOYEEテーブルを担当するDAOは「EmployeeDAO」という名前にします（テーブル単位に作成しない場合もあります）。

デザインパターン

　DAOパターンは有名な**デザインパターン**の1つです。デザインパターンとは「○○をしたければ、こういうふうにクラスを設計したらいいよ。そうすれば開発もしやすいし、後々の修正や改善も楽だよ」という、いわば設計の定石です。
　デザインパターンに従ってクラスを設計する（クラスに役割を与える）ことで、オブジェクト指向に関する豊富な知識や経験がなくても、開発効率や保守性の

高いクラス設計が可能になります。デザインパターンは、先人たちの失敗から生み出された汗と涙の結晶と言えるでしょう。

　デザインパターンをまとめたものとして、「GoFのデザインパターン」や「J2EEデザインパターン」が有名です。DAOパターンはJ2EEパターンの1つです。

13.2.3　DAOパターンのサンプルプログラム

　ではDAOの例として、EMPLOYEEテーブルを担当するEmployeeDAOを見てみましょう。このクラスはEMPLOYEEテーブルの全レコードの検索を行うfindAll()メソッドを持っています。このメソッドは、呼び出されると次の処理を実行します（図13-7）。

① EMPLOYEEテーブルからレコードを取得する。
②取得したレコードの内容をEmployeeインスタンスのフィールドに設定する。
③ EmployeeインスタンスをArrayListインスタンスに追加する。
④上の①～③の処理を取得したレコードの数だけ繰り返す。
⑤ ArrayListインスタンスを呼び出し元に返す。

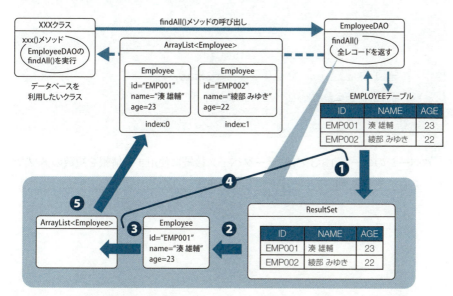

図13-7　EmployeeDAOのfindAll()メソッド

第 Ⅳ 部　応用的な知識を深めよう

②で利用する Employee クラスは、EMPLOYEE テーブルの 1 件分のデータを格納するために作成するクラスです。**DAO パターンでは、このような各テーブルのレコードを表すクラスを用いることが一般的**です。

さて、findAll() メソッドの内容が理解できたら、コード 13-2 ～ 13-4 を作成して、動作を確認してみましょう。

コード 13-2　EMPLOYEE テーブルのレコードを表すクラス

Employee.java
（model パッケージ）

```java
package model;

public class Employee {
  private String id;
  private String name;
  private int age;

  public Employee(String id, String name, int age) {
    this.id = id;
    this.name = name;
    this.age = age;
  }
  public String getId() { return id; }
  public String getName() { return name; }
  public int getAge() { return age; }
}
```

次ページのコード 13-3 では、データベース接続に使用する情報を複数のメソッドで共有できるようにフィールドにしています。

390

第 13 章　JDBC プログラムと DAO パターン

コード 13-3　EMPLOYEE テーブルを担当する DAO

EmployeeDAO.java
（dao パッケージ）

```java
1  package dao;
2
3  import java.sql.Connection;
4  import java.sql.DriverManager;
5  import java.sql.PreparedStatement;
6  import java.sql.ResultSet;
7  import java.sql.SQLException;
8  import java.util.ArrayList;
9  import java.util.List;
10 import model.Employee;
11
12 public class EmployeeDAO {
13   // データベース接続に使用する情報
14   private final String JDBC_URL =
           "jdbc:h2:tcp://localhost/~/example";
15   private final String DB_USER = "sa";
16   private final String DB_PASS = "";
17
18   public List<Employee> findAll() {
19     List<Employee> empList = new ArrayList<>();
20
21     // データベースへ接続
22     try (Connection conn = DriverManager.getConnection(
         JDBC_URL, DB_USER, DB_PASS)) {
23
24       // SELECT文を準備
25       String sql = "SELECT ID, NAME, AGE FROM EMPLOYEE";
26       PreparedStatement pStmt = conn.prepareStatement(sql);
27
```

13
章

391

第 IV 部　応用的な知識を深めよう

```
28        // SELECTを実行し、結果表を取得
29        ResultSet rs = pStmt.executeQuery();
30
31        // 結果表に格納されたレコードの内容を
32        // Employeeインスタンスに設定し、ArrayListインスタンスに追加
33        while (rs.next()) {
34          String id = rs.getString("ID");
35          String name = rs.getString("NAME");       レコードの値を取得
36          int age = rs.getInt("AGE");                する
37          Employee employee = new Employee(id, name, age);
38          empList.add(employee);
39        }                                            取得した値を Employee イン
40      } catch (SQLException e) {                     スタンスに格納する
41        e.printStackTrace();                        ArrayList インスタンスに Employee
42        return null;                                 インスタンスを追加する
43      }
44      return empList;
45    }
46  }
```

EmployeeDAO を利用すると、コード 13-1（P383）の SelectEmployeeSample.
java は、次のように書き換えることができます。

コード13-4　DAO を利用して全従業員情報を検索するクラス

SelectEmployeeSample.java
（デフォルトパッケージ）

```
1  import java.util.List;
2  import model.Employee;
3  import dao.EmployeeDAO;
4
5  public class SelectEmployeeSample {
6    public static void main(String[] args) {
7      // employeeテーブルの全レコードを取得
```

392

```
 8      EmployeeDAO empDAO = new EmployeeDAO();
 9      List<Employee> empList = empDAO.findAll();
10
11      // 取得したレコードの内容を出力
12      for(Employee emp : empList){
13        System.out.println("ID:" + emp.getId());
14        System.out.println("名前:" + emp.getName());
15        System.out.println("年齢:" + emp.getAge() + "\n");
16      }
17    }
18 }
```

JDBC プログラムの特有のコードがないやん。これやったら私でも書けるわ！

　DAO パターンのメリットを再度確認しておきましょう。コード 13-4 の**コードには、JDBC プログラム特有のコード（Connection や ResultSet の利用、SQL、例外処理などの記述）が一切書かれていない**ことに注目してください（java.sql パッケージのインポートすらしていません）。このため、元のコード（P383 のコード 13-1）に比べて見通しがよくなっただけでなく、利用するデータベースに変更があっても影響を受けません。さらに、綾部さんのように **JDBC プログラムの知識がなくてもデータベースをクラス内で利用することができます**。

13.2.4　Web アプリケーションと DAO パターンの関係

どこつぶで DAO パターンを使うにはどうしたらいいのかな？

それについて考えるために、Web アプリケーションと DAO パターンの関係を整理しておこう。

Webアプリケーションの場合、DAOは、サーブレットクラス、JSPファイル、Modelのクラスのいずれからでも利用することができます。

どれからDAOを呼び出すかは設計の方針で異なりますが、MVCモデルにおいてアプリケーションで扱う情報の管理はModelの役割ですので、**Modelのクラス（〜Logicクラス）からDAOを利用することが一般的**です（図13-8）。

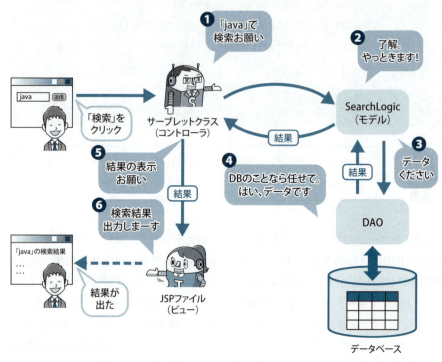

図13-8　MVCモデルとDAOパターン

　サーブレットクラスやJSPファイルからは、なるべくデータベースを利用しないようにしよう。

コネクションプーリング

　本書の方法でデータベースを利用する場合、リクエストのたびに、データベースとの接続（コネクション）の確立と切断が行われます。これらの処理はアプリケーションサーバにとって負荷が大きく、Webアプリケーションのボトルネックになってしまう可能性があります。

　業務で使用するような本格的なWebアプリケーションの場合、この問題を回避するために**コネクションプーリング**を使用します。

　コネクションプーリングは、データベースとの接続の確立と切断を下の図のように行い、接続を使い回します。これにより、リクエストのたびに接続の確立と切断を行う必要がなくなります。

　コネクションプーリングはアプリケーションサーバが提供する機能なので、使用方法はアプリケーションサーバによって異なります。使用するアプリケーションサーバのマニュアルや解説サイトを参照してください。

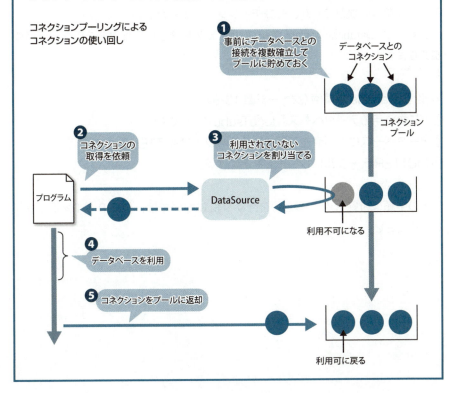

コネクションプーリングによるコネクションの使い回し

13.3 どこつぶでデータベースを利用する

13.3.1 データベース化の準備

よし！ DAO パターンを使って、どこつぶのつぶやきが残るように変更するぞ！

　第 10 章で作成した「どこつぶ」について、つぶやきの保存先をアプリケーションスコープからデータベースに変更して、サーバを停止しても、投稿したつぶやきが残るようにします。データベースや JDBC プログラミングの経験がない方にとっては難しい課題ですが、ぜひチャレンジしてください。
　まず、H2 Database と動的 Web プロジェクトでそれぞれ次の準備を行う必要があります。

・H2 Database の準備（次ページ図 13-9）
①どこつぶ用のデータベース「docoTsubu」を作成する。
②データベースにつぶやきを保存するテーブル「MUTTER」を作成する。
③ MUTTER テーブルにレコードを追加する。

　①の手順は付録 A を、②と③を行う SQL については、付録 D の D.4.4 を参照してください。

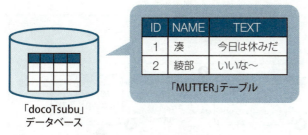

図 13-9　どこつぶ用のデータベースとテーブル

- **動的 Web プロジェクト「docoTsubu」の準備**
  <Apache Tomcat ディレクトリ >/lib に JDBC ドライバを配置する（すでに配置済みの場合は不要）。

  手順については付録 A を参照してください。

13.3.2　データベース化のしくみ

つぶやきをデータベースに保存するためには、次のように、既存のクラスの変更や、クラスの新規作成を行います。

- Mutter.java →　MUTTER テーブルのレコードを表すように変更する。
- Main.java →　つぶやきの取得と追加の処理を変更する。
- PostMutterLogic.java →　つぶやきの保存処理を変更する。
- GetMutterListLogic.java →　新規に作成する。全つぶやきをデータベースから取得する処理を担当する。
- MutterDAO.java →　新規に作成する。MUTTER テーブルを担当する DAO。全レコードを取得するメソッドとレコードの追加を行うメソッドを持つ。

これらのクラスを使用して、つぶやきリストの取得と、つぶやきの投稿の処理を次ページ図 13-10 のように変更します。図の❶～❺について、その内容を少し詳しく見てみましょう。

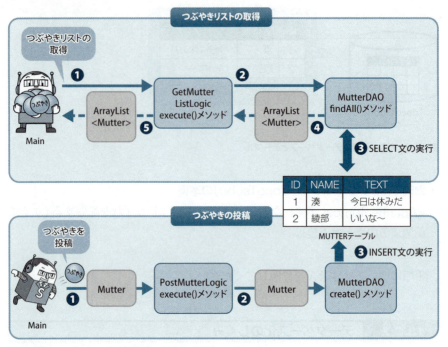

図13-10 つぶやきリストの取得とつぶやきの投稿

　つぶやきリストの取得処理は、GetMutterListLogic が担当します。サーブレットクラス Main は、つぶやきリストの取得を GetMutterListLogic に依頼します（❶）。GetMutterListLogic は MUTTER テーブル担当の MutterDAO に検索を依頼します（❷）。MutterDAO の findAll() メソッドは、MUTTER テーブルに対して SELECT 文を実行して検索を行い（❸）、取得したレコードの内容を Mutter インスタンスに設定し、それを ArrayList に格納して返します（❹）。GetMutterListLogic は返ってきた ArrayList インスタンスをつぶやきリストとして、サーブレットクラス Main に返します（❺）。

　つぶやきの投稿処理は PostMutterLogic が担当します。サーブレットクラス Main は、追加するつぶやき（Mutter インスタンス）を PostMutterLogic に渡し、その追加を依頼します（❶）。PostMutterLogic は、MUTTER テーブル担当の MutterDAO に追加を依頼します（❷）。MutterDAO の create() メソッドが MUTTER テーブルに対して INSERT 文を実行し、レコードを追加します（❸）。

第 13 章　JDBC プログラムと DAO パターン

13.3.3　プログラムの作成

13.3.2 項の内容をコード 13-5 ～ 13-9 で確認しながら、プログラムを作成してください。

コード 13-5 では、MUTTER テーブルのレコードに対応させるための変更を行います。

コード 13-5　MUTTER テーブルのレコードを表すクラス

Mutter.java
（model パッケージ）

```java
1  package model;  // 色の付いた部分が変更箇所
2
3  import java.io.Serializable;
4
5  public class Mutter implements Serializable {
6    private int id;        // id       ←追加
7    private String userName; // ユーザー名
8    private String text;     // つぶやき内容
9
10   public Mutter() {}
11   public Mutter(String userName, String text) {
12     this.userName = userName;
13     this.text = text;
14   }
15   public Mutter(int id, String userName, String text) {
16     this.id = id;
17     this.userName = userName;           ←変更
18     this.text = text;
19   }
20   public int getId() { return id; }  ←追加
21   public String getUserName() { return userName; }
22   public String getText() { return text; }
23 }
```

13
章

399

第 IV 部　応用的な知識を深めよう

　コード 13-6 は新規に作成します。全レコードを取得する findAll() メソッドと、
レコードを追加する create() メソッドを含みます。28 行目の SELECT 文では
「ORDER BY ID DESC」を付けることで、検索結果を ID が大きい順に並び替えるこ
とができます。これにより、投稿が新しいものから取得できるようになります。

コード 13-6　MUTTER テーブルを担当する DAO

MutterDAO.java
(dao パッケージ)

```java
1   package dao;
2
3   import java.sql.Connection;
4   import java.sql.DriverManager;
5   import java.sql.PreparedStatement;
6   import java.sql.ResultSet;
7   import java.sql.SQLException;
8   import java.util.ArrayList;
9   import java.util.List;
10  import model.Mutter;
11
12  public class MutterDAO {
13    // データベース接続に使用する情報
14    private final String JDBC_URL =
          "jdbc:h2:tcp://localhost/~/docoTsubu";
15    private final String DB_USER = "sa";
16    private final String DB_PASS = "";
17
18    public List<Mutter> findAll() {
19      List<Mutter> mutterList = new ArrayList<>();
20
21      // データベース接続
22      try(Connection conn = DriverManager.getConnection(
          JDBC_URL, DB_USER, DB_PASS)) {
23
```

400

第 13 章　JDBC プログラムと DAO パターン

```
24        // SELECT文の準備
25        String sql =
            "SELECT ID,NAME,TEXT FROM MUTTER ORDER BY ID DESC";
26        PreparedStatement pStmt = conn.prepareStatement(sql);
27
28        // SELECTを実行
29        ResultSet rs = pStmt.executeQuery();
30
31        // SELECT文の結果をArrayListに格納
32        while (rs.next()) {
33          int id = rs.getInt("ID");
34          String userName = rs.getString("NAME");
35          String text = rs.getString("TEXT");
36          Mutter mutter = new Mutter(id, userName, text);
37          mutterList.add(mutter);
38        }
39      } catch (SQLException e) {
40        e.printStackTrace();
41        return null;
42      }
43      return mutterList;
44    }
45    public boolean create(Mutter mutter) {
46      // データベース接続
47      try(Connection conn = DriverManager.getConnection(
            JDBC_URL, DB_USER, DB_PASS)) {
48
49        // INSERT文の準備(idは自動連番なので指定しなくてよい)
50        String sql = "INSERT INTO MUTTER(NAME, TEXT) VALUES(?, ?)";
51        PreparedStatement pStmt = conn.prepareStatement(sql);
52
53        // INSERT文中の「?」に使用する値を設定しSQLを完成
```

13
章

401

第 IV 部 応用的な知識を深めよう

```
54        pStmt.setString(1, mutter.getUserName());
55        pStmt.setString(2, mutter.getText());
56
57        // INSERT文を実行(resultには追加された行数が代入される)
58        int result = pStmt.executeUpdate();
59        if (result != 1) {
60          return false;
61        }
62      } catch (SQLException e) {
63        e.printStackTrace();
64        return false;
65      }
66      return true;
67    }
68 }
```

コード 13-7 では、MutterDAO を使用して引数の Mutter インスタンスを
MUTTER テーブルに追加するように変更します。また、引数も変更しているの
で注意してください。

コード 13-7　つぶやきの投稿に関する処理を行うモデル（DAO を利用）

PostMutterLogic.java
（model パッケージ）

```
1  package model; // 色の付いた部分が変更箇所
2
3  import dao.MutterDAO;
4
5  public class PostMutterLogic {
6    public void execute(Mutter mutter) {     変更
7      MutterDAO dao = new MutterDAO();        変更
8      dao.create(mutter);
9    }
10 }
```

402

第 13 章　JDBC プログラムと DAO パターン

次のコード 13-8 は新規に作成します。MutterDAO を使用して MUTTER テーブルの全レコードを取得し、それを返します。

コード 13-8　つぶやきの取得に関する処理を行うモデル（DAO を利用）

GetMutterListLogic.java
（model パッケージ）

```java
1  package model;
2
3  import java.util.List;
4  import dao.MutterDAO;
5
6  public class GetMutterListLogic {
7    public List<Mutter> execute() {
8      MutterDAO dao = new MutterDAO();
9      List<Mutter> mutterList = dao.findAll();
10     return mutterList;
11   }
12 }
```

コード 13-9 では、つぶやきリストの取得とつぶやきの投稿の処理を変更します。アプリケーションスコープを使用していた箇所はすべて削除します。

コード 13-9　つぶやきに関するリクエストを処理するコントローラ

Main.java
（servlet パッケージ）

```java
1  package servlet; // 色の付いた部分が変更箇所
2
3  import java.io.IOException;
4  import java.util.List;
5  import javax.servlet.RequestDispatcher;
6  import javax.servlet.ServletException;
7  import javax.servlet.annotation.WebServlet;
8  import javax.servlet.http.HttpServlet;
9  import javax.servlet.http.HttpServletRequest;
```

13
章

403

第 IV 部　応用的な知識を深めよう

```java
10    import javax.servlet.http.HttpServletResponse;
11    import javax.servlet.http.HttpSession;
12    import model.GetMutterListLogic;    ]── 追加
13    import model.Mutter;
14    import model.PostMutterLogic;
15    import model.User;
16
17    @WebServlet("/Main")
18    public class Main extends HttpServlet {
19      private static final long serialVersionUID = 1L;
20
21      protected void doGet(HttpServletRequest request,
            HttpServletResponse response)
            throws ServletException, IOException {
22        // つぶやきリストを取得して、リクエストスコープに保存
23        GetMutterListLogic getMutterListLogic =
              new GetMutterListLogic();
24        List<Mutter> mutterList = getMutterListLogic.execute();
25        request.setAttribute("mutterList", mutterList);
26
27        // ログインしているか確認するため
28        // セッションスコープからユーザー情報を取得
29        HttpSession session = request.getSession();
30        User loginUser = (User) session.getAttribute("loginUser");
31
32        if (loginUser == null) { // ログインしていない
33          // リダイレクト
34          response.sendRedirect("/docoTsubu/");
35        } else { // ログイン済み
36          // フォワード
37          RequestDispatcher dispatcher =
              request.getRequestDispatcher("/WEB-INF/jsp/main.jsp");
```

第13章 JDBC プログラムと DAO パターン

```java
38        dispatcher.forward(request, response);
39      }
40    }
41    protected void doPost(HttpServletRequest request,
          HttpServletResponse response)
          throws ServletException, IOException {
42      // リクエストパラメータの取得
43      request.setCharacterEncoding("UTF-8");
44      String text = request.getParameter("text");
45
46      // 入力値チェック
47      if(text != null && text.length() != 0) {
48        // セッションスコープに保存されたユーザー情報を取得
49        HttpSession session = request.getSession();
50        User loginUser = (User) session.getAttribute("loginUser");
51
52        // つぶやきをつぶやきリストに追加
53        Mutter mutter = new Mutter(loginUser.getName(), text);
54        PostMutterLogic postMutterLogic = new PostMutterLogic();
55        postMutterLogic.execute(mutter);
56      } else {
57        // エラーメッセージをリクエストスコープに保存
58        request.setAttribute("errorMsg",
            "つぶやきが入力されていません");
59      }
60
61      // つぶやきリストを取得して、リクエストスコープに保存
62      GetMutterListLogic getMutterListLogic =
            new GetMutterListLogic();
63      List<Mutter> mutterList = getMutterListLogic.execute();
64      request.setAttribute("mutterList", mutterList);
65
```

13
章

405

```
66      // フォワード
67      RequestDispatcher dispatcher = request.getRequestDispatcher(
            "/WEB-INF/jsp/main.jsp");
68      dispatcher.forward(request, response);
69    }
70  }
```

main.jspがコード12-6（P367）ではなく、コード10-17（P304）の状態の場合は、つぶやきリストをリクエストスコープから取得するように変更する必要があります。

```
List<Mutter> mutterList = (List<Mutter>) request.getAttribute("mutterList");
```

お疲れさま。これでより実践的なアプリになったね。

第10章から長い道のりでしたが、とても上達した気分です！

この知識を生かしてがんがんアプリ作るワ！

第13章 JDBC プログラムと DAO パターン

13.4 この章のまとめ

データベースについて

・データをテーブル形式で管理するデータベースを「リレーショナルデータベース」という。

・1件分のデータは行で表され「レコード」と呼ぶ。

・データの管理は「DBMS（データベース管理システム）」が行う。

・DBMS に命令を出すには「SQL」を使用する。

JDBC プログラムについて

・Java でデータベースを利用するプログラムを「JDBC プログラム」と呼ぶ。

・JDBC プログラムを使うには次のものが必要である。

　① java.sql パッケージのクラスやインタフェース

　②データベースの開発元が配布する JDBC ドライバ

・JDBC ドライバはクラスパス（Eclipse の場合、ビルドパス）に追加する。

DAO パターンについて

・データベースの操作を担当する DAO クラスを作成する。

・データベースの操作は DAO を介して行うようにする。

Web アプリケーションと DAO パターンについて

・JDBC ドライバを「<Apache Tomcat ディレクトリ>/lib」に配置する必要がある（<Apache Tomcat ディレクトリ>/lib に配置したファイルはビルドパスに自動的に追加される）。

13
章

第 IV 部　応用的な知識を深めよう

13.5　練習問題

練習 13-1

　次の文章の（1）～（8）に適切な語句を入れて、文章を完成させてください。

　本格的な Web アプリケーションでは、データの格納にデータベースを用いる。なかでも、データを複数のテーブル（表）の形で格納する　(1)　という種類のデータベースが一般的である。　(1)　には、　(2)　という言語を用いてデータの読み書きを指示する。

　Java から　(1)　を制御する場合に用いるのが JDBC と呼ばれる一連の API である。この API は、　(3)　パッケージに属したクラスやインタフェースから構成される。さらに、利用するデータベース製品ごとに提供される　(4)　をクラスパスが通る場所に配置することで、利用可能となる。

　データベースの接続や切断には　(5)　、SQL の送信には　(6)　、検索結果を受け取るためには　(7)　など、複数のクラスやインタフェースを用いた JDBC プログラムは複雑なものとなりやすい。そこで、データベース操作を専門に受け持つ　(8)　と呼ばれるクラスを作成するデザインパターンが広く利用されている。

練習 13-2

　コード 13-3 の EmployeeDAO に、次のような責務を持つメソッド remove() を追加してください。

・呼び出される際、従業員 ID として文字列を 1 つ受け取る。

・該当する従業員の情報をデータベースから削除する。

・従業員を削除した場合は true、該当従業員がいない場合やエラーが発生した場合は false を戻り値として返す。

408

第 13 章　JDBC プログラムと DAO パターン

13.6　練習問題の解答

練習 13-1 の解答

(1)リレーショナルデータベース（RDB も可）

(2)SQL　　　　　　(3)java.sql　　　　　　(4)JDBC ドライバ

(5)Connection　　(6)PreparedStatement（Statement も可）

(7)ResultSet　　　(8)DAO

練習 13-2 の解答

EMPLOYEE テーブルを担当する DAO（抜粋）

EmployeeDAO.java
(dao パッケージ)

```java
public boolean remove(String id) {
  try (Connection conn = DriverManager.getConnection(
      JDBC_URL, DB_USER, DB_PASS)) {
    String sql = "DELETE FROM EMPLOYEE WHERE ID=?";
    PreparedStatement pStmt = conn.prepareStatement(sql);
    pStmt.setString(1, id);
    int result = pStmt.executeUpdate();
    return (result == 1);
  } catch (SQLException e) {
    e.printStackTrace();
  }
}
```

13
章

409

第V部 設計手法を身に付けよう

第14章　Webアプリケーションの設計

実現したいものを明確にしよう

お疲れさま。これからは今まで学んだことを使って、どんどんオリジナルのWebアプリケーションを開発していってほしい。

はい。ありがとうございました！

あれ？　でもよく考えたら、イチからWebアプリケーションを作るって、やったことない…。

本当だ。どうやって作っていったらいいんだろう？

それでは卒業のはなむけに、自分の力でWebアプリケーションを作っていく手順を紹介しておくよ。

　これまで学んだことを組み合わせれば、かなり本格的なWebアプリケーションを作ることができるでしょう。
　しかし、Webアプリケーションのアイデアが頭に浮かんでも、何から始めたらいいのか悩んでしまう方も多いと思います。最後となる第Ⅴ部では、これまで学んだ知識を組み合わせ、自分が望むとおりのWebアプリケーションを作成するための方法や手順について学びましょう。

第14章

Webアプリケーションの設計

これまでの各章を通じて、Webアプリケーションを作るうえで必要となる文法やしくみを学習してきました。しかし、実際に何かWebアプリケーションを作るとなると、どこから始めたらよいのか頭を悩ませてしまうことが多いのではないでしょうか。

この最終章では、1つの機能の開発を通して入門者向けの開発の手順を紹介します。ぜひ身に付けて、Webアプリケーション開発に役立ててください。

CONTENTS

14.1 Webアプリケーションの設計とは
14.2 プログラムを完成させる
14.3 この章のまとめ

14.1 Webアプリケーションの設計とは

14.1.1 アプリケーションの要件

菅原さーん、助けてください。自分でWebアプリケーションを作ってみようとしたんですけど、全然うまくいかなくて…。

いきなりプログラミングから始めているね。それじゃあ、うまくいかないぞ。プログラムを作り始める前にはいろいろやっておくことがあるんだ。

　これまで学習してきた内容を組み合わせれば、いろいろなWebアプリケーションを作ることができるようになります。理解を深めるためにも、どんどんWebアプリケーション作成にチャレンジしてください。

　とはいえ、湊くんのようにいきなりプログラミングを始めても、あまりうまくいかないでしょう。「どんな機能を作ろうか、どのように作ろうか」と考えながら作ることになるため、開発速度が低下するだけでなく、エラーやその修正が多くなり効率的ではありません。

　本章では、新しい文法や技術的なしくみではなく、Webアプリケーションを効率よく開発する手順を紹介します。

まずはどんなものを作りたいかを決めるんだ。

　アプリケーション作成の第一歩は、**要件**を決めることです。要件とは、アプリケーションの機能とその仕様のことです。ざっくり言えば、「どんなものを開発

したいか」を決めてまとめたものです。業務としての開発では依頼元と話し合って決めますが、今回のように自己研鑽のためにアプリケーションを作る場合は、自分で要件を考える必要があります。

なんとなくですけど、こんな感じでどうでしょうか。

ショッピングサイト「スッキリ商店」の要件（抜粋）

①**ログイン機能（本章ではこの機能の開発を取り上げます）**
　・アプリケーションにログインする。
　・ユーザー ID とパスワードの入力によりユーザー認証を行う。
　・ユーザーは登録されている必要がある。

②**ユーザー登録機能**
　・ユーザーの登録を行う。
　・登録する情報は、ユーザー ID、パスワード、メールアドレス、姓名、年齢。
　・同じユーザー ID は登録できない。
（以下略）

うん、初めてにしてはなかなかいい感じじゃないか。

「どこつぶ」をだいぶ真似しました（笑）。

　最初は欲張らず、1〜3個くらいの機能しか持たない小規模なアプリケーションを作ります。大きなアプリケーションの一部の機能だけを開発することにしてもよいでしょう。なお、インターネット上に公開されている本物の Web アプリケーションを参考にしても構いませんが、Web 開発のプロたちが時間とお金を十分かけて作ったものと同等のレベルを最初から目指すのはお薦めできません。作る機能は簡単にして、数も減らしましょう。

> **機能要件と非機能要件**
>
> 要件には「機能要件」と「非機能要件」の2種類があります。機能要件はアプリケーションの機能のことで、本章でいう「要件」はこの機能要件のことを指しています。非機能要件とは、性能や信頼性、拡張性、運用性、セキュリティといった、機能要件以外の全般を指します。開発の現場では、この機能要件と非機能要件の両方を満たすように開発を行います。

14.1.2　さまざまな設計手法

要件ができたら、プログラムを作るんですか。

いや、まだだ。要件だけでプログラミングをすると失敗も多くなるよ。

　要件を決めたら、それをどのような構成で作るかを決める**設計**という作業を行います。どのように要件をプログラムに落とし込むかを考える作業と思えばいいでしょう。具体的には、画面の遷移、テーブルやクラスの仕様、クラス間の連携手順などを決めます。

特に、大規模なWebアプリケーションを複数のメンバーで手分けして開発する場合は、設計はとても重要だよ。

　設計の方法としては、**OOAD**（オブジェクト指向分析／設計）や DOA（データ中心アプローチ）といったさまざまな方法論が知られています。開発現場では、これらの設計方法論（または、それを会社やプロジェクトの事情に合わせてカスタマイズしたもの）を用いて設計を行います。しかし、サーブレットとJSPを学

んだばかりの私たちにとって、こうした本格的な設計方法論を使いこなすのは至難の業です。

「OOAD」って調べてみたんですけど、チンプンカンプンでした…。

今は仕方ないよ。OOAD もゆくゆくはマスターできるから、まずはこれから紹介する方法でやってごらん。

　この章では本書オリジナルの設計の方法を紹介します。この方法は、本格的な大規模開発での使用には向いていませんが、入門者が小規模な Web アプリケーションを開発する場合に適したものです。設計を次の 4 つに分けます。

①テーブルの設計（14.1.3 項）
②画面の設計（14.1.5 項）
③サーブレットクラスと JSP ファイルの設計（14.1.6 項）
④サーバサイドの設計（14.1.7 項）

　まず、「テーブルの設計」（①）を行い、その後、機能ごとに画面の設計（②）、サーブレットクラスと JSP ファイルの設計（③）、サーバサイドの設計（④）を行います。②〜④の作業を行うことによって、プログラミングを効率的に行うための準備資料が作成されます。この資料を使ってプログラミングを行い、機能を完成させます（次ページ図 14-1）。

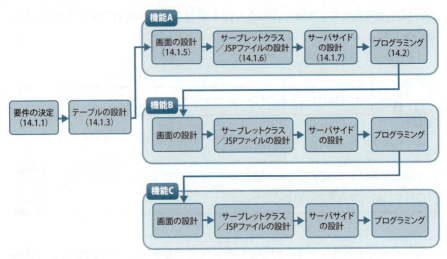

図 14-1　開発の手順

機能ごとに完成させていくんですね。

手間やなあ。一度で済ましたいわあ。

慣れるまでの我慢だ。最初は少しずつ完成させたほうがいいよ。

　1回の設計とプログラミングでアプリケーションを完成させることも不可能ではありませんが、それには多くの経験と高いスキルが必要です。まずは、機能ごとに設計とプログラミングを行うことで経験を積み、スキルを高めましょう。機能ごとならば、設計で考えるべき範囲が限定されるので、経験が少なくても設計がしやすくなります。

　ただし、機能ごと設計することによるデメリットもあります。基本的には他の機能との連携を考慮しないで1つひとつの機能を設計するため、単純に作業を進めてもそれぞれの機能がうまく連携せずに全体として動作しないことがありま

す。そのため、一度完成させた機能を後から修正しなければならないことも出てきます。

これは、**最初のうちはある程度仕方がありません**。経験を積んで慣れてきたら、関連のある機能を2つ、3つとまとめて設計できるようになります。そうすれば、修正の回数や量を減らすことができるようになるでしょう。今はまだ、焦らず経験を積むことを優先しましょう。

手直しも経験のうち、と思えば苦じゃなくなるよ。

14.1.3 テーブルの設計

アプリケーションで扱う情報の保存先にデータベースを使用する場合、テーブルを設計する必要があります。具体的には、テーブル名、列名、および列の型や制約といったテーブルの仕様を決定します。

テーブルを設計するには、まず、作りたいアプリケーションの要件を実現するために、どのような情報を扱う必要があるのか、**要件に登場する情報を整理**しましょう。たとえば、湊くんのログイン機能を実現するには、ユーザーの情報（IDやパスワード）を使う必要があることに気づくでしょう。それらの情報を適切に保存できるように、データベースのテーブルを設計していきます。

本格的なテーブルの設計は、「概念設計→論理設計→物理設計」という手順で行います（詳しくは、『スッキリわかるSQL入門 第2版』などのデータベース解説書を参照）。しかし、最初のうちは、頭の中で想像したり整理してみることから始めても構いません。

ログインとユーザー登録で扱う情報を整理して、テーブルを考えてみてごらん。

こんな感じかな。

列名	型（桁）	制約	備考
USER_ID	CHAR(10)	PRIMARY KEY	ユーザーID
PASS	VARCHAR(10)	NOT NULL	パスワード
MAIL	VARCHAR(100)	NOT NULL	メールアドレス
NAME	VARCHAR(40)	NOT NULL	姓名
AGE	INT	NOT NULL	年齢

図14-2 ログインとユーザー登録で扱う情報を整理した「ACCOUNTテーブル」

いい感じだね。

図14-2のACCOUNTテーブルは、次のSQLで作成することができます。

```
CREATE TABLE ACCOUNT (
  USER_ID CHAR(10) PRIMARY KEY,
  PASS VARCHAR(10) NOT NULL,
  MAIL VARCHAR(100) NOT NULL,
  NAME VARCHAR(40) NOT NULL,
  AGE INT NOT NULL
);
```

この後は、**このテーブルがデータベース「sukkiriShop」に作成**されているものとして解説を進めます。

14.1.4　開発する機能の順番を決定

次に開発する機能の順番を決めるよ。

第 14 章 Web アプリケーションの設計

どうやって決めたらいいんですか?

　開発する機能の順番は重要です。なぜなら先述したように、機能ごとに開発をする場合、一度完成させた機能の修正が必要となることがあるからです。こうした修正を減らすには、他の機能との関わりが少ない機能から作ることがポイントです。また、すでに同じ機能やよく似た機能を開発した経験があれば、設計ミスも抑えられるでしょうから、そうした機能から着手することも一案です。

じゃあ、ログイン機能から作ろう。作ったことがあるし。

　開発する順番によっては、テーブルにデータの追加が必要となることがあります。たとえば、今回のようにユーザー登録機能の前にログイン機能を作成する場合、登録されているユーザーがいないためログイン機能の動作確認ができません。そのため、次のような SQL を使用してユーザーを登録する必要があります。

```
INSERT INTO ACCOUNT (USER_ID, PASS, MAIL, NAME, AGE)
  VALUES('minato', '1234', 'minato@sukkiri.com', '湊 雄輔', 23);
```

14.1.5　画面の設計

いよいよここからは機能ごとの設計に入るよ。

　まずは開発する機能の画面に関する設計を行います。機能に必要となる画面の概要と遷移を決めて図にまとめます(次ページ図 14-3)。本章では、この図のことを**画面遷移図**と呼ぶことにします。

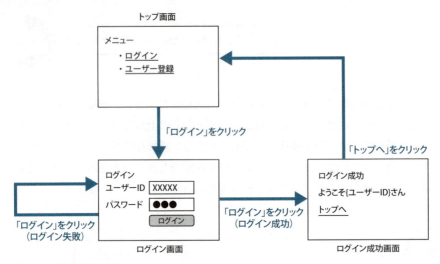

図 14-3　画面遷移図の例

画面遷移図を描くには、主に次の 2 点が重要となります。

①画面の遷移とそのきっかけ

機能を実現するために必要となる画面の概要と、遷移の流れをもれなく記述します。遷移のきっかけとなるユーザーの操作（送信ボタンやリンクのクリック）もこのタイミングでしっかりと決めて図中に描いていきましょう。

②各画面において入出力する項目

それぞれの画面でどのような情報を出力し、また、ユーザーにどのような情報を入力させるのかを決定します。

14.1.6　サーブレットクラスと JSP ファイルの設計

次に、サーブレットクラスと JSP ファイルに関する設計を行います。作成した画面遷移図にサーブレットクラスと JSP ファイルを加え、それらと画面を線でつないで関係を整理します（次ページ図 14-4）。

第 14 章 Web アプリケーションの設計

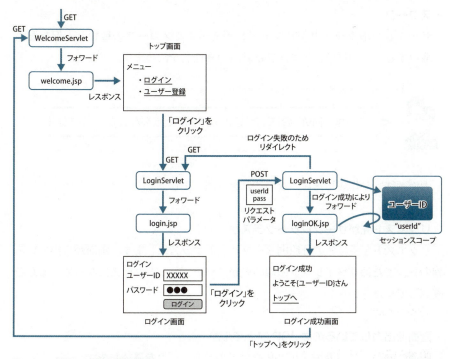

図 14-4　拡張した画面遷移図の例

　サーブレットクラスや JSP ファイルの名前以外にも、次のことも決めて、画面遷移図に加えます。

・**画面、サーブレットクラス、JSP ファイルのつながり**

　それぞれの線のつながりが、GET リクエスト、POST リクエスト、フォワード、リダイレクト、レスポンスのいずれかになるようにします。図 14-4 のように各線の横にわかるように書いてもよいですし、線の種類や色を変えるなどしてもよいでしょう。

・**リクエストパラメータの名前**

　画面からサーブレットクラスに送信するリクエストパラメータの名前を決めます。

・スコープ

　サーブレットクラスと JSP ファイルが使用するスコープの種類と、保存および取得する情報の種類、スコープ格納時の属性名を決めます。

これは、MVC の「V」と「C」に関することを設計しているんだ。

画面遷移図が作成したら、次のことを確認しましょう。

・リクエスト先がサーブレットクラスか

　リクエストを受けるのは原則サーブレットクラスにします。画面から出ている線の先、またはリダイレクトの線の先が、サーブレットクラスになっているかを確認してください。

・画面を出力しているのは JSP ファイルか

　画面に向かう矢印の根元が JSP ファイルであることを確認します。

・処理に必要な情報が揃っているか

　サーブレットクラスが、処理に必要となる情報をリクエストパラメータまたはスコープから取得できるかを確認します。

・画面に出力するのに必要な情報が揃っているか

　JSP ファイルが、画面を出力するために必要となる情報をスコープから取得できるかを確認します。

14.1.7　サーバサイドの設計

　最後に、サーブレットクラスにリクエストが届き、JSP ファイルからレスポンスが返るまでの間、どのような処理を行うかを設計します。対象となるのは、画面遷移図の中で、サーブレットクラスと JSP ファイルが連携しているところです。次ページ図 14-5 の場合、青い背景 ア、イ、ウ で表した 3 箇所になります。

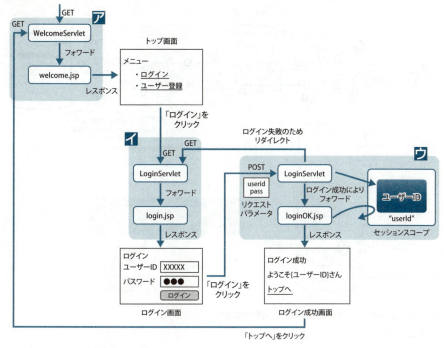

図 14-5　サーバサイドの設計を行う箇所

　それぞれのサーバサイド処理の部分について、利用するクラスとその連携をより詳細に決めて、次ページ図 14-6 のような図にします。本書ではこの図を**基本アーキテクチャ図**と呼ぶことにします。

　図 14-6 は、図 14-5 の**ウ**の部分を基本アーキテクチャ図に表したものです（図中の❶〜❾は処理の順番を表しています）。

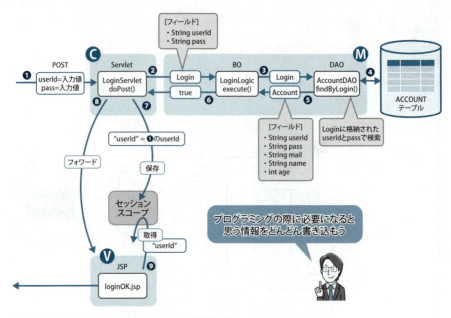

図14-6 基本アーキテクチャ図（ログイン成功時の例）

サーブレットクラスとJSPファイルの間の処理を行うクラスをどのように設計するかは自由ですが、**パターンを決めたほうがよいでしょう**。今回紹介する方法では、BO、DAO、Entityの3つのクラスを必ず使うことにしています。

・BO

BO（Business Object）とは、サーブレットクラスから呼び出され、アプリケーションの中核となる処理を行うクラス、またはそのインスタンスのことです。本書では、「～Logic」という名前を付けていたクラスが該当します。通常、処理ロジックを含むメソッドを1つだけ含む設計とします。メソッド名、引数、および戻り値を決定し、基本アーキテクチャ図に書き込んでおくとプログラミング時に便利です。

・DAO

DAO（Data Access Object）は、BOから呼び出され、データベース（テーブル）の操作を行います。DAOについても、メソッド名、引数、および戻り値を明確にし、基本アーキテクチャ図に書き込んでしまいましょう。

・Entity

　Entityとは、「どこつぶ」のUserクラスやMutterクラスなど、アプリケーション内で取り扱うひとかたまりの情報を表すクラスです。これらのクラスは基本的にフィールドと必要なgetter/setterのみを持ちます（図14-6の場合、ログイン情報を表すLoginクラス、ACCOUNTテーブルのレコードを表すAccountクラスが該当します）。Entityクラスのインスタンスは、BOやDAOの引数や戻り値に使用したり、スコープへの情報格納時に利用したりします。**スコープに保存することが十分に予見される場合はJavaBeansの条件を満たす**ようにします。

ここではMVCの「M」に関することを主に設計するんだ。

 基本アーキテクチャ図を作成する際のポイント
　図14-5の**ア**、**イ**のような、サーバサイドの処理が単にサーブレットからJSPファイルにフォワードのみを行うものである場合は、画面遷移図（図14-4）からの新しい情報がないため、基本アーキテクチャ図を作成しなくてもよい。

でも図14-6って、ログインに失敗したときのことは書かなくていいのかな？

　処理が分岐する場合、1つの図にすると複雑になり見づらくなることがあります。そのような図では、プログラミングの際に役に立たないだけでなく、見間違えて不具合の原因となることもあります。それでは本末転倒なので、**図が見づらくなるような場合は、別の図として作成する**ようにしましょう。
　たとえば、図14-5の**ウ**の部分でログインが失敗したときの基本アーキテクチャ図は、次のようになります（次ページ図14-7）。

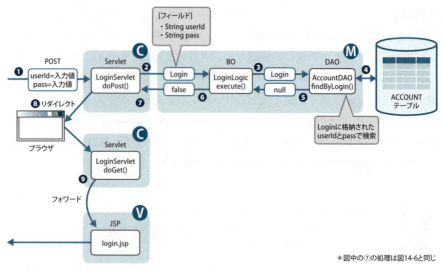

図14-7 基本アーキテクチャ図（ログイン失敗時の例）

お疲れさま。これでやっとプログラミングに入れるよ。

どこかにミスがないか心配だなあ。

あるかもしれないね。でも、最初から完璧じゃなくていいんだ。

　要件の策定や設計作業など、プログラミング前の作業を「上流工程」といいます。上流工程をミスなく行うというのは経験豊富なエンジニアでもとても難しいことです。サーブレットやJSPを学んだばかりで完璧にこなすのは不可能と言っていいでしょう。**ある程度の要件や設計ができたら（プログラムを作り始められそうだなと感じたら）プログラミングの作業に入って構いません。**

　プログラミングを行っている最中に要件や設計のミスに気付いたら、その都度修正を行いましょう。そうした修正の経験を繰り返し積むことで、上流工程のスキルが少しずつ身に付いていきます。

14.2 プログラムを完成させる

14.2.1 プログラムを書いて機能を完成

設計が終わったね。それじゃ、プログラムを書いて機能を完成させよう。

よし、得意な JSP ファイルから作ろう。

それでもいいけど、お薦めの順番を紹介しておくよ。

　これまで作成した画面遷移図（図 14-4）と基本アーキテクチャ図（図 14-6、14-7）を参考にしながら、ログイン機能についてプログラミングを行います。
　プログラムを効率よく作成するには、プログラミングの順番が重要です。ここからは初心者にやさしいお薦めの順番を紹介しましょう。

① Entity クラスの作成
　まず、さまざまなクラスで使用される Entity クラスから作成します。今回の場合 Login クラス、Account クラスが該当します（コード 14-1、14-2）。

コード 14-1　ログイン情報を表す Entity

Login.java
(model パッケージ)

```
1  package model;
2
3  public class Login {
4    private String userId;
```

第 V 部 設計手法を身に付けよう

```
5    private String pass;
6    public Login(String userId, String pass) {
7      this.userId = userId;
8      this.pass = pass;
9    }
10   public String getUserId() { return userId; }
11   public String getPass() { return pass; }
12 }
```

コード14-2 ACCOUNTテーブルのレコードを表すEntity

```
1    package model;
2
3    public class Account {
4      private String userId;
5      private String pass;
6      private String mail;
7      private String name;
8      private int age;
9
10     public Account(String userId, String pass, String mail,
           String name, int age) {
11       this.userId = userId;
12       this.pass = pass;
13       this.mail = mail;
14       this.name = name;
15       this.age = age;
16     }
17     public String getUserId() { return userId; }
18     public String getPass() { return pass; }
19     public String getMail() { return mail; }
```

Account.java
(model パッケージ)

第14章 Webアプリケーションの設計

```java
20    public String getName() { return name; }
21    public int getAge() { return age; }
22  }
```

② DAO の作成

次に、DAO を作成します（コード 14-3）。今回の場合、AccountDAO が該当します。

コード 14-3　ACCOUNT テーブルを担当する DAO

AccountDAO.java
（dao パッケージ）

```java
1  package dao;
2
3  import java.sql.Connection;
4  import java.sql.DriverManager;
5  import java.sql.PreparedStatement;
6  import java.sql.ResultSet;
7  import java.sql.SQLException;
8  import model.Account;
9  import model.Login;
10
11  public class AccountDAO {
12    // データベース接続に使用する情報
13    private final String JDBC_URL =
              "jdbc:h2:tcp://localhost/~/sukkiriShop";
14    private final String DB_USER = "sa";
15    private final String DB_PASS = "";
16
17    public Account findByLogin(Login login) {
18      Account account = null;
19
20      // データベースへ接続
21      try (Connection conn = DriverManager.getConnection(
```

14章

第 V 部　設計手法を身に付けよう

```
              JDBC_URL, DB_USER, DB_PASS)) {
22
23        // SELECT文を準備
24        String sql = "SELECT USER_ID, PASS, MAIL, NAME, AGE FROM
              ACCOUNT WHERE USER_ID = ? AND PASS = ?";
25        PreparedStatement pStmt = conn.prepareStatement(sql);
26        pStmt.setString(1, login.getUserId());
27        pStmt.setString(2, login.getPass());
28
29        // SELECT文を実行し、結果表を取得
30        ResultSet rs = pStmt.executeQuery();
31
32        // 一致したユーザーが存在した場合
33        // そのユーザーを表すAccountインスタンスを生成
34        if (rs.next()) {
35          // 結果表からデータを取得
36          String userId = rs.getString("USER_ID");
37          String pass = rs.getString("PASS");
38          String mail = rs.getString("MAIL");
39          String name = rs.getString("NAME");
40          int age = rs.getInt("AGE");
41          account = new Account(userId, pass, mail, name, age);
42        }
43      } catch (SQLException e) {
44        e.printStackTrace();
45        return null;
46      }
47      // 見つかったユーザーまたはnullを返す
48      return account;
49    }
50  }
```

よしっ、DAO も完成！ コンパイルエラーも出てないし。菅原さん、次は何を作ればいいんですか？

次に進む前に、作った DAO が本当に問題ないか、この段階でチェックしておこう。急がば回れ、だよ。

③ DAO のテスト

作成した DAO の動作を確認するため、メインメソッドを持つクラスを用意します。メインメソッド内で DAO のインスタンスを生成してメソッドを呼び出し、その結果（戻り値やテーブルの状態）を確認します。今回の findByLogin() メソッドのように引数によって結果が変わる場合、結果を網羅するように引数を変えてテストを行います（コード 14-4）。

コード 14-4　AccountDAO をテストするクラス

AccountDAOTest.java
（test パッケージ）

```java
 1  package test;
 2
 3  import model.Account;
 4  import model.Login;
 5  import dao.AccountDAO;
 6
 7  public class AccountDAOTest {
 8    public static void main(String[] args) {
 9      testFindByLogin1(); // ユーザーが見つかる場合のテスト
10      testFindByLogin2(); // ユーザーが見つからない場合のテスト
11    }
12    public static void testFindByLogin1() {
13      Login login = new Login("minato", "1234");
14      AccountDAO dao = new AccountDAO();
15      Account result = dao.findByLogin(login);
```

第 V 部　設計手法を身に付けよう

```
16      if(result != null &&
            result.getUserId().equals("minato") &&
            result.getPass().equals("1234") &&
            result.getMail().equals("minato@sukkiri.com") &&
            result.getName().equals("湊 雄輔") &&
            result.getAge() == 23) {
17        System.out.println("testFindByLogin1:成功しました");
18      } else {
19        System.out.println("testFindByLogin1:失敗しました");
20      }
21    }
22    public static void testFindByLogin2() {
23      Login login = new Login("minato", "12345");
24      AccountDAO dao = new AccountDAO();
25      Account result = dao.findByLogin(login);
26      if(result == null) {
27        System.out.println("testFindByLogin2:成功しました");
28      } else {
29        System.out.println("testFindByLogin2:失敗しました");
30      }
31    }
32  }
```

　この AccountDAOTest は、main メソッドを持つクラスなので実行することが
可能です。Eclipse の場合、ファイルを選択して右クリック→「実行」→「Java ア
プリケーション」で実行できます。
　次のような結果が表示されたらテストは成功です。

```
testFindByLogin1: 成功しました
testFindByLogin2: 成功しました
```

　テストに失敗した場合、データベース、または、Login クラス、Account クラス、

434

第 14 章　Web アプリケーションの設計

AccountDAO クラスに問題があると考えられるので、これらを見直します。

単体テストと JUnit

　コード 14-4 で行った DAO のテストのように、クラスのメソッドが正しく作られているのかを確認するテストのことを「単体テスト」といいます。今回は使用していませんが、単体テストフレームワーク「JUnit」を使うと単体テストを効率よく行うことができます。単体テストの詳しい手法や JUnit については『スッキリわかる Java 入門 実践編 第 2 版』で紹介しているので、興味があれば参照してください。

---

④ BO の作成

　次に BO を作成します。今回の場合、LoginLogic クラスが該当します（コード 14-5）。

コード 14-5　ログイン処理を担当する BO

LoginLogic.java
（model パッケージ）

```
 1  package model;
 2
 3  import dao.AccountDAO;
 4
 5  public class LoginLogic {
 6    public boolean execute(Login login) {
 7      AccountDAO dao = new AccountDAO();
 8      Account account = dao.findByLogin(login);
 9      return account != null;
10    }
11  }
```

---

⑤ BO のテスト

　DAO 同様、④で作成した BO の動作を確認します。

第 V 部　設計手法を身に付けよう

コード14-6　LoginLogic をテストするクラス

LoginLogicTest.java
（test パッケージ）

```java
1   package test;
2
3   import model.Login;
4   import model.LoginLogic;
5
6   public class LoginLogicTest {
7     public static void main(String[] args) {
8       testExecute1(); // ログイン成功のテスト
9       testExecute2(); // ログイン失敗のテスト
10    }
11    public static void testExecute1() {
12      Login login = new Login("minato", "1234");
13      LoginLogic bo = new LoginLogic();
14      boolean result = bo.execute(login);
15      if(result) {
16        System.out.println("testExecute1:成功しました");
17      } else {
18        System.out.println("testExecute1:失敗しました");
19      }
20    }
21    public static void testExecute2() {
22      Login login = new Login("minato", "12345");
23      LoginLogic bo = new LoginLogic();
24      boolean result = bo.execute(login);
25      if(!result) {
26        System.out.println("testExecute2:成功しました");
27      } else {
28        System.out.println("testExecute2:失敗しました");
29      }
```

```
30     }
31 }
```

ここまでで Model が完成だよ。

このクラスを実行し、次のような結果が表示されたらテストは成功です。

```
testExecute1: 成功しました
testExecute2: 成功しました
```

テストに失敗した場合、LoginLogic クラスに問題があることが考えられます。**Model は通常のクラスなので、サーブレットクラスや JSP ファイルより、実行しやすくエラーも修正しやすいという特徴があります**。この特徴を活かして、まず Model から作成してテストを行い、内容を確実なものとしておきます。そうすることで、後にサーブレットクラスと連携したときに発生するエラーの原因となる箇所を減らすことができます。

動作確認を一度にすると大変だからね。こまめに行って、確実な箇所を少しずつ増やしていくんだ。

⑥サーブレットクラスと JSP ファイルの連携の作成

ここからは Web アプリケーション独自の部品を作っていきます。具体的にはサーブレットクラスと JSP ファイルを作成しますが、**一気に完成させず、まず画面遷移だけを先に作ることがポイントです**。また、画面遷移が分岐するような場合、とりあえず基本となる遷移だけを実装します（後述のコード 14-9 では、ログイン成功時の処理だけを実装しています）。

サーブレットクラスには BO の呼び出しは記述せず、フォワードまたはリダイレクトの処理だけを書きます。また、JSP ファイルも必要最低限の内容のみを記述しておくだけで構いません。

第 V 部　設計手法を身に付けよう

このように、画面遷移を先に完成させておけばブラウザで実行できるようにな
るので、この後のテスト作業が行いやすくなります。

コード14-7　トップに関するリクエストを処理するコントローラ（遷移のみ）

WelcomeServlet.java
（servlet パッケージ）

```java
1  package servlet;
2
3  import java.io.IOException;
4  import javax.servlet.RequestDispatcher;
5  import javax.servlet.ServletException;
6  import javax.servlet.annotation.WebServlet;
7  import javax.servlet.http.HttpServlet;
8  import javax.servlet.http.HttpServletRequest;
9  import javax.servlet.http.HttpServletResponse;
10
11 @WebServlet("/WelcomeServlet")
12 public class WelcomeServlet extends HttpServlet {
13   private static final long serialVersionUID = 1L;
14
15   protected void doGet(HttpServletRequest request,
         HttpServletResponse response)
         throws ServletException, IOException {
17     RequestDispatcher dispatcher = request.getRequestDispatcher(
         "/WEB-INF/jsp/welcome.jsp");
18     dispatcher.forward(request, response);
19   }
20 }
```

第14章　Webアプリケーションの設計

コード14-8　トップ画面を出力するビュー

welcome.jsp（WebContent/WEB-INF/jsp ディレクトリ）

```jsp
1  <%@ page language="java" contentType="text/html; charset=UTF-8"
2      pageEncoding="UTF-8" %>
3  <!DOCTYPE html>
4  <html>
5  <head>
6  <meta charset="UTF-8">
7  <title>スッキリ商店</title>
8  </head>
9  <body>
10 <ul>
11 <li><a href="/sukkiriShop/LoginServlet">ログイン</a></li>
12 <li>ユーザー登録</li>
13 </ul>
14 </body>
15 </html>
```

コード14-9　ログインに関するリクエストを処理するコントローラ（遷移のみ）

LoginServlet.java
（servlet パッケージ）

```java
1  package servlet;
2
3  import java.io.IOException;
4  import javax.servlet.RequestDispatcher;
5  import javax.servlet.ServletException;
6  import javax.servlet.annotation.WebServlet;
7  import javax.servlet.http.HttpServlet;
8  import javax.servlet.http.HttpServletRequest;
9  import javax.servlet.http.HttpServletResponse;
```

14
章

439

第 Ⅴ 部　設計手法を身に付けよう

```java
10
11  @WebServlet("/LoginServlet")
12  public class LoginServlet extends HttpServlet {
13    private static final long serialVersionUID = 1L;
14
15    protected void doGet(HttpServletRequest request,
          HttpServletResponse response)
          throws ServletException, IOException {
16      RequestDispatcher dispatcher = request.getRequestDispatcher(
          "/WEB-INF/jsp/login.jsp");
17      dispatcher.forward(request, response);
18    }
19    protected void doPost(HttpServletRequest request,
          HttpServletResponse response)
          throws ServletException, IOException {
20      RequestDispatcher dispatcher = request.getRequestDispatcher(
          "/WEB-INF/jsp/loginOK.jsp");
21      dispatcher.forward(request, response);
22    }
23  }
```

コード14-10　ログイン画面を出力するビュー

login.jsp (WebContent/WEB-INF/jsp ディレクトリ)

```jsp
1  <%@ page language="java" contentType="text/html; charset=UTF-8"
2      pageEncoding="UTF-8" %>
3  <!DOCTYPE html>
4  <html>
5  <head>
6  <meta charset="UTF-8">
7  <title>スッキリ商店</title>
```

440

第 14 章　Web アプリケーションの設計

```
 8   </head>
 9   <body>
10   <form action="/sukkiriShop/LoginServlet" method="post">
11   ユーザー ID:<input type="text" name="userId"><br>
12   パスワード:<input type="password" name="pass"><br>
13   <input type="submit" value="ログイン">
14   </form>
15   </body>
16   </html>
```

　JSP ファイルで、スコープに保存されている情報を出力する箇所がある場合、この段階ではダミーの情報を出力しておきます（コード 14-11 の 10 行目）。

コード 14-11　ログイン成功画面を出力するビュー（ユーザー ID はダミー）

loginOK.jsp（WebContent/WEB-INF/jsp ディレクトリ）

```
 1   <%@ page language="java" contentType="text/html; charset=UTF-8"
 2       pageEncoding="UTF-8" %>
 3   <!DOCTYPE html>
 4   <html>
 5   <head>
 6   <meta charset="UTF-8">
 7   <title>スッキリ商店</title>
 8   </head>
 9   <body>
10   <p>ようこそ{ユーザー ID}さん</p>          ダミーのユーザー ID
11   <a href="/sukkiriShop/WelcomeServlet">トップへ</a>
12   </body>
13   </html>
```

14
章

441

⑦画面遷移の確認

　画面遷移が正しく行われるかブラウザを使って確認します。「http://localhost:8080/sukkirShop/WelcomeServlet」にリクエストするか、「WelcomeServlet」をEclipseの実行機能を使って実行して、図14-8のように画面遷移が行えることを確認します。

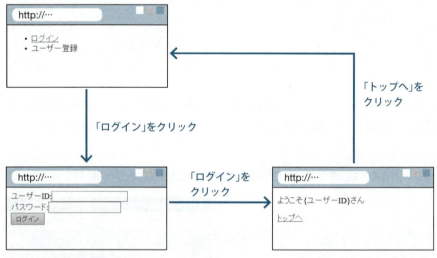

図14-8　画面遷移を確認する

⑧サーブレットクラスの仕上げ

　doGet()やdoPost()の中に、リクエストパラメータを取得する処理、BOを呼び出す処理、スコープの処理などを追加して、サーブレットクラスを完成させます（コード14-12）。**一度に完成させるのが大変だと感じるなら、少し処理を追加しては実行し、問題が起きないことを確認しながら進めましょう**。問題が起きた場合でも、事前のテストでDAOとBOに問題のないことはわかっているので、これらを調査の対象から外すことができます。サーブレットに新しく追加した処理を中心に、問題の原因を探しましょう。

コード14-12　ログインに関するリクエストを処理するコントローラ

LoginServlet.java
(servletパッケージ)

```
1   package servlet;
```

第 14 章　Web アプリケーションの設計

```java
import java.io.IOException;
import javax.servlet.RequestDispatcher;
import javax.servlet.ServletException;
import javax.servlet.annotation.WebServlet;
import javax.servlet.http.HttpServlet;
import javax.servlet.http.HttpServletRequest;
import javax.servlet.http.HttpServletResponse;
import javax.servlet.http.HttpSession;
import model.Login;
import model.LoginLogic;

@WebServlet("/LoginServlet")
public class LoginServlet extends HttpServlet {
    private static final long serialVersionUID = 1L;

    protected void doGet(HttpServletRequest request,
        HttpServletResponse response)
        throws ServletException, IOException {
        // フォワード
        RequestDispatcher dispatcher = request.getRequestDispatcher(
            "/WEB-INF/jsp/login.jsp");
        dispatcher.forward(request, response);
    }
    protected void doPost(HttpServletRequest request,
        HttpServletResponse response)
        throws ServletException, IOException {
        // リクエストパラメータの取得
        request.setCharacterEncoding("UTF-8");
        String userId = request.getParameter("userId");
        String pass = request.getParameter("pass");
```

443

```java
29        // ログイン処理の実行
30        Login login = new Login(userId, pass);
31        LoginLogic bo = new LoginLogic();
32        boolean result = bo.execute(login);
33
34        // ログイン処理の成否によって処理を分岐
35        if(result) { // ログイン成功時
36          // セッションスコープにユーザー IDを保存
37          HttpSession session = request.getSession();
38          session.setAttribute("userId", userId);
39
40          // フォワード
41          RequestDispatcher dispatcher =
                 request.getRequestDispatcher("/WEB-INF/jsp/loginOK.jsp");
42          dispatcher.forward(request, response);
43        } else { // ログイン失敗時
44          // リダイレクト
45          response.sendRedirect("/sukkiriShop/LoginServlet");
46        }
47      }
48    }
```

⑨ JSP ファイルの仕上げ

　作成済みの JSP ファイル（コード 14-11）にスコープからインスタンスを取得する処理などを加えて完成させます（次ページのコード 14-13）。開発現場での実践力を身に付けることを意識するならば、EL 式、アクションタグをなるべく使用するようにして、スクリプト要素（スクリプトレット、スクリプト式）の使用は避けるようにしましょう。

第14章 Webアプリケーションの設計

コード14-13 ログイン成功画面を出力するビュー

loginOK.jsp（WebContent/WEB-INF/jsp ディレクトリ）

```jsp
1  <%@ page language="java" contentType="text/html; charset=UTF-8"
2      pageEncoding="UTF-8" %>
3  <%@ taglib prefix="c" uri="http://java.sun.com/jsp/jstl/core" %>
4  <!DOCTYPE html>
5  <html>
6  <head>
7  <meta charset="UTF-8">
8  <title>スッキリ商店</title>
9  </head>
10 <body>
11 <p>ようこそ<c:out value="${userId}" />さん</p>
12 <a href="/sukkiriShop/WelcomeServlet">トップへ</a>
13 </body>
14 </html>
```

> ダミーのユーザー ID だった部分を <c:out> タグに変更

⑩機能の最終動作確認

開発した機能が要件を満たしているか、また画面遷移図どおりに遷移するか、ブラウザを使って確認します。画面からの入力値をさまざまに変えて実行し、意図どおりに動作することを確認しましょう。

14章

445

14.2.2　次の機能を開発する際のコツ

よし、ログイン機能が完成したぞ。

お疲れさま。次の機能に進もう、と言いたいところだけど、本書での解説はここまで。あとは身に付けたことを生かして自分たちだけでやってみてごらん。ポイントは拡張だよ。

　1つ機能が完成したら次の機能に取りかかります。再び画面の設計（14.1.5項を参照）から行います。画面遷移図は、機能ごとに作成しても構いませんが、前の機能のために作成したものを拡張することをお薦めします。そのほうが、Webシステムの全体像を見ながら開発できるので、見落としを減らすことが可能になります。

画面遷移図
2つ目以降の画面遷移図は、すでにあるものを拡張するとよい。

　また、今回紹介した画面設計図や基本アーキテクチャ図には厳密な記述ルールがあるわけではありません。慣れてきたら、自分なりの書き方にアレンジして使いやすくしていきましょう。

ようし！　教えてもらった方法でアプリケーションをどんどん作るぞ！

機能が少ない簡単なアプリケーションでいいので、まずは手順に沿って作ることに慣れよう。

私は「どこつぶ」を自分なりに設計して作ってみるわ。

　アプリケーションを開発した経験がない、または少ないなら、今回紹介した手順に沿って、アプリケーション開発の経験を積みましょう。**完成度は低くてもいいので、まずはひととおり作ってみる、ということが重要です。**

 もう少し経験を積んだら、プロジェクトに参加してもらうよ。一緒に開発できる日を楽しみにしているからね。

はい！！　そのときはよろしくお願いします。

第 V 部　設計手法を身に付けよう

14.3　この章のまとめ

アプリケーションの要件とは

・アプリケーションに求める機能とその仕様のことである。

アプリケーションの設計手法

・要件をプログラムに落とし込む作業である。

・本格的な大規模開発向けにはさまざまな設計の方法論がある。

・まずは、小規模開発向けの簡易な手法から始め、経験を積むことが重要である。

入門者向けの設計開発方法

・まず、テーブル設計と機能を開発する順序を決定する。

・1 つの機能について、次の手順で設計を行う。

　① 画面だけの画面遷移図を作成する。

　② 利用するサーブレットや JSP を画面遷移図に書き込む。

　③ サーブレットと JSP の連携内容を基本アーキテクチャ図にまとめる。

・設計した機能について、次の手順で開発を行う。

　① Entity の作成

　② DAO の作成　　③ DAO のテスト

　④ BO の作成　　　⑤ BO のテスト

　⑥ サーブレットと JSP の連携の作成

　⑦ 画面遷移の確認

　⑧ サーブレットクラスの仕上げ

　⑨ JSP ファイルの仕上げ

　⑩ 機能の最終動作確認

付録 A

使用するソフトウェアの操作手順

ここでは、本編で使用する **Eclipse** などのソフトウェアをセットアップしたり、操作したりする手順を紹介します。

CONTENTS ....

A.1 各種手順について

付録

A.1　各種手順について

　本書で使用するPleiadesなどのソフトウェアは、バージョンアップにより使用手順が変わってしまうことがあります。
　各種の手順は「https://sukkiri.jp/books/sukkiri_servlet2」で公開していますので、セットアップや操作方法は上記のサイトで確認してください。

ITの世界は、どんどん変わっていくからね。

最新の手順を確認できるから、安心だね。

---

sukkiri.jp

　https://sukkiri.jp/ は、「スッキリわかる」シリーズの著者や制作陣が中心となって各種情報を集めたサイトです。書籍に掲載したコード（一部）がダウンロードできるほか、ツール類の導入手順や学び方なども紹介しています。学び手の皆様のお役に立てる情報をお届けできたらと考えております。

「スッキリわかる」シリーズ。今後も続刊予定です。
※表紙画像は変更になる場合があります。

付録 B

フォーム作成の注意点

第 5 章で学んだ「フォーム」は、ユーザーが入力したデータをサーバサイドプログラムに送信する、非常に重要な役割を果たします。ここでは、フォーム側とデータの送信先とで対応させておかなければならないポイントについて解説します。

CONTENTS

B.1 フォームの作り方

付録

B.1　フォームの作り方

B.1.1　4つの連携点

　フォームで送信したデータをサーブレットクラスで正しく取得するには、送信元のフォームと送信先のサーブレットクラスの両方で対応させるべきポイントが4つあります。

表 B-1　フォームとサーブレットクラスで対応させる必要があるポイント

	送信元のフォーム	送信先のサーブレットクラス
①	action 属性	サーブレットクラスの URL パターン
②	method 属性	サーブレットクラスの実行メソッド
③	HTML の文字コード	setCharacterEncoding() メソッドの引数
④	各部品の name 属性	getParameter() メソッドの引数

　これら4つのポイントをどのように対応させるかについて、コード B-1 および次ページのコード B-2 で確認しましょう。コード B-1 の JSP ファイルにおける①～④の部分と、コード B-2 のサーブレットクラスにおける①～④の部分が、一致（対応）していることがわかると思います。

コード B-1　フォーム（JSP ファイル）

```
<%@ page contentType="text/html; charset=UTF-8" %>
<form action="/example/Hoge" method="post">
名前:<input type="text" name="name">
<input type="submit" value="送信">
</form>
```

452

付録 B　フォーム作成の注意点

コード B-2　フォームのリクエスト先（サーブレットクラス）

```
@WebServlet("/Hoge")
                ①
public class Hoge extends HttpServlert {
  protected void doPost(HttpServletRequest request,
                  ②
      HttpServletResponse response)
      throws ServletException, IOException {
    request.setCharacterEncoding("UTF-8");
                                     ③
    String name = request.getParameter("name");
                                        ④
  }
}
```

B.1.2　対応していない場合に生じる問題

　表 B-1 の①から④のポイントが対応してない場合、次のような問題が発生します。

①が対応していない→　送信ボタンを押すと 404 ページが表示される。
②が対応していない→　送信ボタンを押すと 405 ページが表示される。
③が対応していない→　取得したリクエストパラメータが文字化けする。
④が対応していない→　取得したリクエストパラメータが「null」になる。

　このような問題が発生した場合は、対応するポイントがフォームとサーブレットクラスで対応しているかを確認しましょう。それでも、問題が解決されない場合、「付録 C　エラー解決・虎の巻」を参照してください。

付録
B

453

付録 C

エラー解決・虎の巻

Web アプリケーションの開発には、サーブレットクラスと JSP ファイルだけでなく、HTML や SQL、アプリケーションサーバなどさまざまな要素が絡みます。そのため、エラーが起きたときに独力で原因を見つけて解決することがなかなか難しい場合もあるでしょう。

ここでは、よく起こしてしまうエラーやトラブル、およびその対応方法を紹介します。うまくいかず困ったときは、ぜひ参考にしてください。

CONTENTS

C.1 エラーとの上手な付き合い方

C.2 トラブルシューティング

付録

C.1 エラーとの上手な付き合い方

C.1.1 エラーを解決できるようになる3つのコツ

Javaプログラミングを始めて間もなくは、開発したプログラムが思うように動かないことも多いでしょう。些細なエラーの解決に長い時間を要することもあるかもしれませんが、誰もが通る道ですから自信をなくす必要はありません。

しかし、その「誰もが通る道」を可能な限り効率よく通り、「エラーをすばやく解決できるプログラマ」になれたら理想的です。

幸い**「エラーをすばやく解決する」にはコツがあります**ので、この節で紹介し、さらに次節C.2以降で状況別のエラー対応方法を紹介しましょう。

[コツ1] エラーメッセージを逃げずに読む

エラーが出ると、エラーメッセージをきちんと読まずに「何が悪かったのだろう、どこが悪いのだろう?」と思いつきでソースコードを書き換え始める人がいます。

しかし**「何が悪いのか、どこが悪いのかという情報」は、エラーメッセージに書いてあります**。その貴重な手がかりを読まないのは「目隠しをして探し物をする」も同然です。上級者でも難しい「ノーヒント状態でのエラー解決」を、初心者ができるはずがありません。

メッセージが英語、あるいは不親切な日本語であったとしても、エラーメッセージはきちんと読みましょう。特に**英語の意味を調べる手間を惜しまない**でください。調べるのに数分の時間を使えば、悩む時間が何時間も減ることもあります。

[コツ2] 原因を理解した上で修正する

「なぜエラーが発生したか」という原因を理解しないままエラーを修正してはいけません。いずれまた、同じエラーに悩まされます。理解に1時間かかるとしても、同じエラーに悩まされなくなるほうが時間の節約になるでしょう。特に、原因を理解していなくても表面的にエラーを消せてしまう、開発ツールや統合開

発環境の「エラー修正支援機能」には注意が必要です。**初心者のうちはできるだけ、この機能を使わない**ようにしましょう。

［コツ 3］ エラーと試行錯誤をチャンスと考える

熟練した開発者がすばやくエラーを解決できるのは、頭がよいから、またはJava の文法に精通しているからではありません。頭のなかに「エラーを起こした失敗経験と、それを解決した成功経験」の記憶の引き出しをたくさん持っている、つまり、「似たようなエラーで悩んだ経験があるから」なのです。

このことが示すように、**エラー解決上達のためには、「たくさんのエラーに出会い、試行錯誤し、引き出しを 1 つずつ増やすこと」が不可欠**です。つまり、誰もが避けたいと思う新しいエラーに直面して試行錯誤している時間こそ、自分が一番成長しているときなのです。深く悩むときや切羽詰まるときもあるでしょうが、「自分は今、成長している」と思って、前向きに試行錯誤してください。

これら 3 つのコツのなかで、**基本であり最も重要なのが「エラーメッセージをきちんと読むこと」**です。しかし、「そもそもエラーメッセージの読み方がわからない」という方もいるでしょう。そこで、次項以降ではエラーメッセージの読み方を紹介します。

C.1.2　Eclipse とコンパイルエラー

Eclipse には Java のコンパイラが含まれており、コードを書いたり、上書き保存したりすると自動的にコンパイルが行われます。その際にコンパイルエラーがあると、行の先頭にエラーを表す赤色のマークと、コンパイルエラーが起きた箇所に赤色の波線が表示されます（次ページ図 C-1 の青い線で囲んだ部分）。

付録

■コンパイルエラーがあると赤色のマークと波線が表示される

■コンパイルエラーのマークにマウスを重ねると、エラーメッセージが表示される

■コンパイルエラーのマークをクリックすると、修正方法の候補が表示される

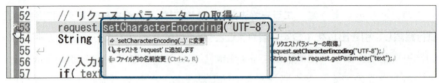

図 C-1　Eclipse のコンパイルエラーと修正支援機能

　ソースコードを書いている最中に一時的に表示されるコンパイルエラーは気にする必要はありませんが、**保存時にコンパイルエラーが表示されていたら解決する必要があります**。エラーの印の上にマウスポインタを重ねるとエラーメッセージが表示されるので、それを手がかりに原因を探り解決を行います。

　Eclipse には「エラー修正支援機能」があり、エラーのマークをクリックするか、赤の波線の上にマウスポンタを重ねると Eclipse が修正方法の候補をいくつか表示します。そのなかから 1 つを選択すると、自動でその処理が行われエラーが解消されます。

　ただし、適当に修正候補を選択しただけでは、単にエラーが消えただけで根本的な解決になっていなかったり、余計にエラーを増やしてしまったりすることがあります。エラー発生の理由を理解しないまま、**Eclipse が提示する修正候補を適当に選択するのはやめましょう**（C.1.1 項のコツ 2 参照）。

　Eclipse が表示する修正候補の意味がわからないなら、まだ、「エラーを起こした失敗経験と、それを解決した成功経験」が不足しています。まずは、自分でエラーを解決して成功経験をたくさん積みましょう。そうすれば、Eclipse のエラー修正支援機能をうまく活用できるようになります。

　なお、コンパイルエラーではなく警告（黄色のマークと波線）が表示される場合もあります（次ページ図 C-2 の青い線で囲んだ部分）。

```
 29    List<Mutter> mutterList = (List<Mutter>) context.getAttribute("mutterList");
 30    if (mutterList == null) {
 31        mutterList = new ArrayList<Mutter>();
 32        context.setAttribute("mutterList", mutterList);
 33    }
```
        ↑警告のマーク   ↑波線で示された部分

図 C-2　警告

　警告もコンパイルエラーと同じ方法で、メッセージや修正方法を表示させることができます。ただし、**警告はコンパイルエラーではないので修正しなくても実行することが可能**です。警告の表示を抑止したい場合は「@SuppressWarnings アノテーション」を使用します。（C.2.5 項の❶参照）。

C.1.3　スタックトレースの読み方

　プログラムを実行中に例外が発生し、最後まで catch されないと、500 ページが表示されます（図 C-3）。

図 C-3　500 ページ

　500 ページにはスタックトレースが表示されており、エラーの原因を探るために役立てることができます（スタックトレースは Eclipse のコンソールビューにも表示されます）。図 C-3 に表示されているスタックトレースを次に示します。

付録

```
java.lang.NumberFormatException: null
    java.lang.Integer.parseInt(Integer.java:417)          直接原因
    java.lang.Integer.parseInt(Integer.java:499)          最も怪しむべき間接原因
    model.Sample.execute(Sample.java:6)                   次に怪しむべき間接原因
    servlet.SampleServlet.doGet(SampleServlet.java:26)
    javax.servlet.http.HttpServlet.service(HttpServlet.java:621)
    javax.servlet.http.HttpServlet.service(HttpServlet.java:728)
```

　スタックトレースからエラーの原因を探るには、**まず先頭行を見て、発生した例外の種類とメッセージを確認し「何が起きたか」を把握**します。図 C-3 の例では、NumberFormatException とあるため、「数字形式を期待された個所で数字形式以外のもの（null）を使用した」ということが推測できます。

　次に、**「どこで起きたか」を把握するために、次の行（字下げして表示されている最初の行）を見ます**。この行に記述があるクラスおよびメソッド内で今回の例外が発生しており、「例外の直接原因となった場所」がこれだとわかります。

　この行のメソッドが自作の場合、ソースコードを確認して例外がなぜ発生したかが判明すれば、それを修正します。しかし、その行を見ても問題が見つからないときや、それが API のメソッドの場合は、次の行を読みます。

　たとえば、今回の例では、エラーの直接原因は「java.lang.Integer クラスの parseInt() メソッド」です。しかし、API として準備されているメソッドにバグがあるとは考えにくいので、「java.lang.Integer.parseInt() メソッドの呼び出し方が悪かったのではないか」と仮定して、その呼び出し元メソッド（スタックトレースの次の行）を読みます。

　そのように読み進めると、そのうち自作のクラスのメソッドが出てきます。今回の例の場合、「model.Sample クラスの execute() メソッド」です。このクラスは API のクラスではなく、自分で開発したクラスであるため、誤ったコードが含まれている可能性が比較的高いと言えます。Sample.java の 6 行目を確認し、例外がなぜ発生したかが判明すれば、それを修正します。そのコードに問題がなければ、呼び出し元メソッドのコードに問題がないか検証する作業を繰り返します。今回の例の場合、model.Sample クラスの execute() メソッドに問題がなければ、その呼び出し元の servlet.SampleServlet クラスの doGet() メソッドに問題がないか検証します。

付録C　エラー解決・虎の巻

C.2　トラブルシューティング

C.2.1　リクエストしていないページや画面が表示される

1 404ページが表示される（その1）

症状 サーブレットクラスやHTML／JSPファイルを実行すると「HTTP ステータス404」と書かれたページが表示される。

原因 リクエストしたファイルやサーブレットクラス、またはWebアプリケーションがアプリケーションサーバにありません。

対応 URLの記述を修正します（URLの記述をリンクで実行した場合は<a>タグのhref属性、フォームで実行した場合は<form>タグのaction属性の値）。URLに記述したWebアプリケーションの名前に問題がない場合、特に以下のことについて確認しましょう。

・HTMLファイル／JSPファイルを実行した場合、ファイル名（特に大文字・小文字の区別、スペルミス）、およびファイルの配置されているディレクトリ（WEB-INF以下に配置するとリクエストできない。また、意図せずファイルをドラッグしてしまい、配置場所が変わっていることがある）
・サーブレットクラスを実行した場合は、サーブレットクラスのURLパターン（@WebServlet アノテーション）

参照 2.5.4、3.2.1、3.2.3、4.3.1、5.1.4 各項

2 404ページが表示される（その2）

症状 フォワード／リダイレクトを行うサーブレットクラスを実行すると「HTTPステータス404」と書かれたページが表示される。

原因 実行したサーブレットクラスのフォワード先／リダイレクト先がありません。

対応 フォワード先／リダイレクト先の指定を修正します。

参照 6.2.2、6.2.6 各項

付録C

461

3 404 ページが表示される（その 3）

[症状] サーブレットクラスや HTML ／ JSP ファイルを実行すると「HTTP ステータス 404」と書かれたページが表示される。

[原因] Eclipse のプロジェクトは、右クリックして「プロジェクトを閉じる」を選択すると、そのプロジェクトを使用不可の状態にすることができます（図 C-4）。この操作を意図せず行ってしまい、動的 Web プロジェクトを閉じてしまっている可能性があります。

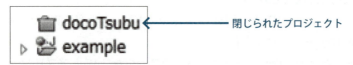

図 C-4　プロジェクトが閉じられた状態

[対応] もしプロジェクトが閉じられていたら、開きます（プロジェクトを右クリックして「プロジェクトを開く」を選択）。

4 405 ページが表示される

[症状] サーブレットクラスを実行すると「HTTP ステータス 405 - HTTP の XXX メソッドは、この URL ではサポートされません」というメッセージが表示される (XXX は GET または POST)。

[原因] リクエストしたサーブレットクラスにリクエストメソッドに対応したメソッドが定義されていません。

[対応] 実行したサーブレットクラスに、メッセージの「XXX」の箇所が GET なら doGet() メソッド、POST なら doPost() メソッドを定義します。

[参照] 5.2.2 項

5 500 ページが表示される

[症状] サーブレットクラスや JSP ファイルを実行すると「HTTP ステータス 500」と書かれたページが表示される。

[原因] アプリケーションサーバがリクエストされたサーブレットクラス／ JSP ファイルを実行している途中で、サーバ内部で問題が起きています。

[対応] このページが表示される原因はさまざまなので、まず、このページに表示

される情報（メッセージやスタックトレース等）を手がかりに原因を探します。多くの場合は、catch されない例外の発生が原因です。その場合、発生した例外に対処します。C.2.6 項では、よく起こる例外とその対処を紹介しているので参考にしてください。

参照 C.1.3 項

6 「Web サイトはページを表示できません」というページが表示される（IE）

症状 Internet Explorer でサーブレットクラスや HTML ／ JSP ファイルを実行すると、ブラウザの「Web サイトはページを表示できません」というメッセージのページが表示される（図 C-5）。

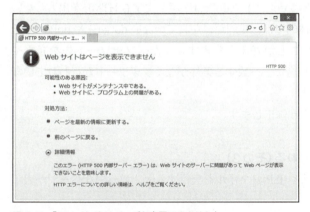

図 C-5 「Web サイトはページを表示できません」

原因 アプリケーションサーバがリクエストされたサーブレットクラス／ JSP ファイルを実行している途中で、サーバ内部で問題が起きています。

対応 このページが表示される原因はさまざまあります。Eclipse の「コンソール」ビューに表示されているスタックトレースを手がかりに原因を探して修正します。

7 真っ白なページが表示される（その 1）

症状 サーブレットクラスや HTML ／ JSP ファイルを実行すると、真っ白なページが表示される。

原因 レスポンスされた HTML の構文に致命的な誤りがあり、ブラウザが内容

付録

を表示できていません。

対応 正しい構文の HTML がレスポンスされるように修正します。レスポンスされた HTML は、ブラウザのソースを表示する機能を利用すると確認することができます。タグのスペルミス、タグやダブルクォーテーションの閉じ忘れ、または全角の記号やスペースの使用などが原因であることが多いので、これらについて特に重点的に確認しましょう。

参照 1.1.2、1.3.5 項

❽ 真っ白なページが表示される（その 2）

症状 サーブレットクラスを実行すると、真っ白なページが表示される。

原因 サーブレットクラスの doGet() や doPost() が 1 文字も HTML を出力しないまま終了しています。具体的には、処理が書かれていない doGet() や doPost() をリクエストして実行したことが考えられます。また、フォワード先を if 文や switch 文で分岐している場合に、一致する条件がなくフォワードが行われていないときもこの症状となります。

対応 HTML を出力するよう修正します。

❾ 真っ白なページが表示される（その 3）

症状 サーブレットクラスや JSP ファイルを実行すると、真っ白なページが表示される。

原因 レスポンスに関する処理中に例外が発生しています。

対応 Eclipse の「コンソール」ビューに表示されているスタックトレースを手がかりに原因を探して修正します。もしスタックトレースが出力されていない場合、ソースコード中で、例外を catch して printStackTrace() をせずにもみ消していないか確認します。

参照 C.1.3 項

❿ 「このサイトにアクセスできません」というページが表示される

症状 Google Chrome でサーブレットクラスや HTML ／ JSP ファイルを実行すると、ブラウザに「このサイトにアクセスできません」というメッセージのページが表示される（次ページ図 C-6）。

付録 C　エラー解決・虎の巻

図 C-6 「このサイトにアクセスできません」

[原因] サーバが起動されていないか、リクエストしたサーバが存在しません。
[対応] サーバを起動します。起動していた場合は、URL に記述したサーバの指定に誤りがないかを確認します。特に「localhost」のスペルを誤っていることが多いので注意しましょう。

11 ダウンロードの実行画面が表示される（ダウンロードが実行される）

[症状] サーブレットクラスや JSP ファイルを実行すると、ダウンロードの実行画面が表示される（図 C-7）。

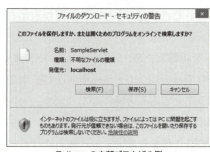
Eclipse の内部ブラウザの例

Google Chrome の例

図 C-7　ダウンロードの実行画面

[原因] ブラウザが受け取った Content-Type が正しくありません。
[対応] レスポンスの Content-Type ヘッダを修正します。特に「text/html」を「test/

465

付録

html」にするなどのスペルミスが多いので注意しましょう。

参照 3.1.4 項

C.2.2　サーバを起動できない

■1 サーバを起動すると「ポートがすでに使用中」という画面が表示される

症状 Eclipse の「サーバー」ビューでサーバを起動したら、「ローカル・ホストの Tomcat vX.X ポートでいくつかのポート（8005,8080,8009）がすでに使用中です。このサーバーを始動するには、他のプロセスを停止するか、ポート番号を変更する必要があります。」というメッセージの画面が表示される（X.X はバージョン番号）。

原因 すでにサーバが起動されている状態でサーバを起動しています（サーバの二重起動）。サーバを停止せずに Eclipse を強制終了するなどした場合、このような状態になります。

対応 すでに起動しているサーバを、次の方法で停止します。

・Ctl+Alt+Del を押してタスクマネージャーを開く。「詳細」タブを選択し、「javaw.exe」を右クリックして「タスクの終了」を選択。Mac の場合は、アクティビティモニターで「java」を終了する。

■2 サーバを起動すると「サーバー構成をロードできません」という画面が表示される（その1）

症状 Eclipse の「サーバー」ビューでサーバを起動したら、「¥Servers¥ローカル・ホストの Tomcat vX.X サーバー -config での Tomcat のサーバー構成をロードできませんでした。構成が破壊されているか不完全である可能性があります。」というメッセージを含む画面が表示される（X.X はバージョン番号）。

原因 サーバの設定ファイル（server.xml）に誤りがあります。server.xml は直接編集していなくても Eclipse によって書き換えられます。適切でない Eclipse の操作により、server.xml の内容がおかしくなることがあります。

対応 server.xml を修正するか（次ページの手順を参照）、Eclipse で使用するサーバを削除し作り直します（付録 A 参照）。server.xml の修正には server.xml と XML の知識が必要となるので、サーバを作り直すほうをお薦めします。サーバ

466

付録C　エラー解決・虎の巻

を作り直した場合は、動的 Web プロジェクトを追加し直してください。

・server.xml を修正する手順

① Servers プロジェクト内の「ローカル・ホストの Tomcat vX.X サーバー-config」を開く（X.X はバージョン番号）。

② server.xml を右クリックして「次で開く」→「テキストエディター」を選択する。

❸ サーバを起動すると「サーバー構成をロードできません」という画面が表示される（その2）

症状 Eclipse の「サーバー」ビューでサーバを起動したら、「¥Servers¥ローカル・ホストの Tomcat vX.X サーバー -config での Tomcat のサーバー構成をロードできませんでした。サーバープロジェクトが閉じられています。」というメッセージを含む画面が表示される（X.X はバージョン番号）。

原因 Servers プロジェクトが閉じられています（C.2.1 項の❸参照）。

対応 Servers プロジェクトを開きます（手順は C.2.1 項の❸参照）。

❹ サーバを起動すると「問題が発生しました」と表示される

症状 Eclipse の「サーバー」ビューでサーバを起動したら「' 開始中 ローカルホストの TomcatX(JavaX)' に問題が発生しました。サーバーローカルホストの TomcatX(JavaX) は始動に失敗しました。」と表示される（X はバージョン番号）。

原因 さまざまな原因が考えられますが、URL パターンが重複している可能性が高いです。

対応 動的 Web プロジェクトの中に、同じ URL パターンを持つサーブレットクラスが存在しないかを確認します。特にコピーして作成したサーブレットクラスがある場合、重点的に確認してください。コピーして作成したサーブレットクラスは、コピー元と同じ URL パターンが設定されています。同じ URL パターンを持つサーブレットクラスが存在した場合、@WebServlet アノテーションを書き換えます。

参照 3.3.1 項

付録C

467

付録

C.2.3　エラーは出ないが動作がおかしい

1 ファイルの内容を変更しても実行結果に反映されない（その1）

症状 サーブレットクラスや JSP ファイル／ HTML ファイルの内容を変更しても実行結果に反映されない。

原因 ファイルの内容が保存されていません（エディタ上部に表示されるファイル名の横に「*」が表示されている）。または、変更したファイルとは別のファイルを実行しています。

対応 ファイルが保存されていない場合はファイルの上書き保存をします。保存されている場合、変更したファイルを実行しているかを確認します。

2 ファイルの内容を変更しても実行結果に反映されない（その2）

症状 サーブレットクラスや JSP ファイル／ HTML ファイルの内容を変更しても実行結果に反映されない。

原因 ブラウザのキャッシュが使用されています。

対応 ブラウザの更新ボタンをクリックします。それでも改善されない場合は、スーパーリロードやキャッシュのクリアを行います。

3 サーブレットクラスの内容を変更しても実行結果に反映されない

症状 サーブレットクラスのソースファイルを変更しても実行結果に反映されない。

原因 変更前に実行したサーブレットクラスのインスタンスが利用されています。

対応 サーバの再起動を行います（オートリロード機能を有効にしている場合は、しばらく待ちます）。それでも反映されない場合は、プロジェクトのクリーンを行い（「プロジェクト」メニュー→「クリーン」を選択）、Tomcat ディレクトリのクリーンを行います（「サーバー」ビューで「ローカル・ホストの Tomcat vX.X サーバー」を右クリック（X.X はバージョン番号）→「Tomcat ワーク・ディレクトリをクリーン」を選択）。

参照 3.4.1 項

4 JSP ファイルの内容を変更しても実行結果に反映されない

症状 JSP ファイルを変更しても実行結果に反映されない。

付録C　エラー解決・虎の巻

原因 通常 JSP ファイルの変更はすぐ実行結果に反映されます。しかし、まれに JSP ファイルの更新日時がずれ、更新されたと認識されず反映されなくなることがあります。

対応 JSP ファイルを更新し直してみます。それでも反映されない場合はプロジェクトのクリーン（「プロジェクト」メニュー→「クリーン」を選択）や、Tomcat ディレクトリのクリーンを行います（「サーバー」ビューで「ローカル・ホストの Tomcat vX.X サーバー」を右クリック（X.X はバージョン番号）→「Tomcat ワーク・ディレクトリをクリーン」を選択）。それでも解決されない場合は、以下のディレクトリの中身を削除してください（ディレクトリは Eclipse のバージョンや設定によって変わる可能性があります）。

```
<Pleiadesインストールディレクトリ>¥workspace¥.metadata¥.plugins¥org.
eclipse.wst.server.core¥tmp0¥work¥Catalina¥localhost¥<プロジェクト名>
¥org¥apache¥jsp
```

5 セッションスコープが新しく作成されない

症状 新しいセッションスコープを作成するサーブレットクラスまたは JSP ファイルを実行しても作成されず、以前の実行時に作成したセッションスコープを取得してしまう。

原因 ブラウザに以前の実行時に設定されたセッション ID が残っています。

対応 ブラウザをすべて閉じてから実行します。それでも、Eclipse の実行機能で実行していた場合、使用しているデフォルトの内部ブラウザだと解決できないときがあります。この場合、Eclipse を再起動するか、Eclipse の実行機能で使用するブラウザを Google Chrome などのブラウザに変更します。または Tomcat ディレクトリのクリーンを行ってください（前ページ C.2.3 の 3 または 4 を参照）。

6 フォームの送信ボタンをクリックしてもリクエストされない

症状 フォームの送信ボタンを押してもリクエストが行われず、ページが変わらない。

原因 フォームが正しく作成されていません。

対応 フォームに関係するタグを確認して修正します。特に、次のようなミスをしやすいので重点的に確認しましょう。

付録

- form の終了タグの書き忘れ
- form タグのスペルミス（例：form を from にするなど）
- action 属性の書き忘れ
- 全角スペースの使用
- 全角のダブルクォーテーションの使用

参照 5.1.4 項

⑦リクエストパラメータの値が文字化けする

症状 リクエストパラメータの値を取得するために HttpServletRequest の getParameter() メソッドを使用したら、文字化けした文字列が返される。

原因 リクエストパラメータの文字コードが正しく指定されていません。

対応 getParameter() メソッドを使用する前に、HttpServletRequest の set CharacterEncoding() メソッドでリクエストパラメータの文字コード（送信元ページの文字コード）を指定します。

参照 5.2.2 項、付録 B

⑧リクエストパラメータが取得できない

症状 リクエストパラメータの値を取得するために HttpServletRequest の getParameter() メソッドを使用したら、null が返される。

原因 getParameter() メソッドの引数で指定したリクエストパラメータが送信されていません。

対応 getParameter() メソッドの引数で指定した名前がフォームの部品の名前（name 属性の値）と完全に一致していることを確認します。その点に問題がない場合、フォームの部品のタグが正しく記述できているかを確認します。

参照 5.1.3、5.2.2 項、付録 B

⑨リスナーが実行されない

症状 対応するイベントが起きてもリスナーが実行されない。

原因 リスナーがアプリケーションサーバに登録されていません。

対応 リスナーに「@WebListener アノテーション」を付与します。不要なコメントを削除する際に、誤って一緒に削除してしまっていることがあります。

参照 11.2.3 項

付録C　エラー解決・虎の巻

⑩ フィルタが実行されない

症状 フィルタを設定したサーブレットクラスをリクエストしても、フィルタが実行されない。

原因 フィルタがアプリケーションサーバに登録されていません。

対応 フィルタに「@WebFilter アノテーション」を付与します。不要なコメントを削除する際に、誤って一緒に削除してしまっていることがあります。

参照 11.3.2 項

C.2.4　Eclipse の操作で生じる不具合

① サーブレットクラス／ JSP ファイルが作成できない

症状 サーブレットクラス／ JSP ファイルを作成しようとして、プロジェクトを右クリックして「新規」を選択しても、「サーブレット」や「JSP ファイル」が表示されない。

原因 パースペクティブが「Java EE」以外になっています。

対応 パースペクティブを「Java EE」に変更します。

② 「サーバー」ビューが見つからない

症状 サーバを起動／停止しようとして、「サーバー」ビューを探したが見つからない。

原因 パースペクティブが「Java EE」以外になっています。または、「サーバー」ビューを閉じてしまっています。

対応 パースペクティブを「Java EE」に変更します。パースペクティブが「Java EE」である場合は、「サーバー」ビューを表示します（「ウィンドウ」メニュー→「ビューの表示」→「その他」→「サーバー」→「サーバー」を選択）。

付録
C

471

付録

C.2.5 　Eclipse のエディタで警告／エラーが表示される

■ JavaBeans のクラスを作成すると警告が表示される

症状 JavaBeans のクラスを作成すると警告が表示され、「シリアライズ可能クラス XXX は long 型の static final serialVersionUID フィールドを宣言していません。」というメッセージが表示される（XXX はクラス名）。

原因 直列化可能なクラスでの宣言が推奨されている serialVersionUID フィールドが宣言されていません。

対応 警告を消すには、警告マークをクリックして「@SuppressWarnings 'serial' を 'XXX' に追加します」を選択します（XXX はクラス名）。

　もしくは、serialVersionUID フィールドを追加します。このフィールドは警告マークをクリックして「デフォルト・シリアル・バージョン ID の追加」を選択すれば Eclipse が自動で追加します。

参照 7.1.3 項

■ キャストを記述すると警告マークが表示される

症状 キャストを記述すると警告が表示され、「型の安全性：Object から XXX<YYYY> への未検査キャスト」というメッセージが表示される（XXX と YYY は型名）。

原因 Object 型からジェネリクス（総称型）を利用した型へのキャストをしています。

対応 警告を消すには、警告マークをクリックして「@SuppressWarnings 'unchecked' を 'XXX' に追加します」を選択します（XXX は変数名またはメソッド名）。JSP ファイルの場合、警告マークをクリックしても修正の候補が表示されないので、次のコードのように手書きで追加します（青い文字の部分）。

```java
@SuppressWarnings("unchecked")
List<Mutter> mutterList =
    (List<Mutter>) application.getAttribute("mutterList");
```

参照 7.2.2 項

付録 C　エラー解決・虎の巻

3 taglib ディレクティブの箇所にエラーのマークが表示される

症状 JSTL の Core タグライブラリを使用するため、taglib ディレクティブを記述するとコンパイルエラーとなり、「"http://java.sun.com/jsp/jstl/core"のタグ・ライブラリー記述子が見つかりません」というメッセージが表示される。

原因 JSTL の JAR ファイルが正しく配置されていません。

対応 JSTL の JAR ファイルを WEB-INF/lib に配置します（手順は付録 A 参照）。それでも解決されない場合、taglib ディレクティブの記述が間違っていないか確認します。

参照 12.3.2 項

C.2.6　例外が発生する

1 ServletException が発生する

症状 サーブレットクラスを実行すると ServletException が発生する。

原因 サーブレットクラスを実行中に問題が起きています。

対応 この例外が発生する原因は数多くあるので、500 ページや Eclipse の「コンソール」ビューに表示される情報（メッセージやスタックトレース等）を手がかりに原因を探して修正します。

　500 ページの「原因」の項目に例外が表示されている場合、その例外が原因でServletException が発生しているので、その例外の対処を行います。

参照 C.1.3 項

2 JasperException が発生する

症状 JSP ファイルを実行すると JasperException が発生する。

原因 JSP ファイルをコンパイルまたは実行中に問題が起きています。

対応 この例外が発生する原因は数多くあるので、500 ページや Eclipse の「コンソール」ビューに表示される情報（メッセージやスタックトレース等）を手がかりに原因を探して修正します。

　500 ページの「原因」の項目に例外が表示されている場合、その例外が原因でJasperException が発生しているので、原因となった例外の対処を行います。

付録
C

473

付録

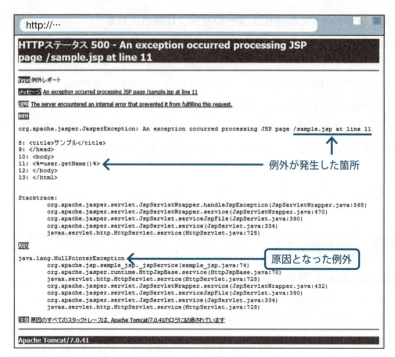

図 C-8　JasperException の例

　図 C-8 の例では、sample.jsp の 11 行目で JasperException が発生していますが、原因の欄に NullPointerException が表示されています。この場合、11 行目で NullPointerException が発生したと考えて対処します（NullPointerException についてはこの項の 6 を参照）。

参照 C.1.3 項

3 JasperException（"jsp:param" 標準アクションが必要です）が発生する

症状 標準アクションタグを記述した JSP ファイルを実行すると、JasperException が発生して「"name" 属性 と "value" 属性を持つ "jsp:param" 標準アクションが必要です」というメッセージが表示される。

原因 記述した標準アクションタグが正しく閉じられていません。

対応 終了タグを追加するか、開始タグに「/」を追加してタグを閉じます。

参照 12.1.1 項

付録C　エラー解決・虎の巻

4 IllegalStateException（レスポンスをコミットした後でフォワードできません）が発生する

症状 フォワードを行うと、IllegalStateException が発生し「レスポンスをコミットした後でフォワードできません」というメッセージが表示される。

原因 レスポンスの実行後に、さらにレスポンスを行っています。この例外は下記のようなコードが原因で発生します。

```
if(条件式) {
  RequestDispatcher dispatcher = request.getRequestDispatcher(
      "/a.jsp");
  dispatcher.forward(request, response);
}
RequestDispatcher dispatcher = request.getRequestDispatcher("/b.jsp");
dispatcher.forward(request, response);
```

　フォワードの仕様では、フォワード実行後はフォワード元の処理は行われないとされています。しかし、Apache Tomcat はフォワード後でもフォワード元に戻り続きを実行します。そのため、if 文の条件式の結果が true になると a.jsp フォワード後に b.jsp にもフォワードされてしまい、この例外が発生します。

対応 500 ページや Eclipse の「コンソール」ビューに表示される情報（メッセージやスタックトレース等）を手がかりに、この例外が発生した箇所を探して、レスポンスが 2 回実行されないように修正します。

　上のようなコード例の場合は、次のように「return 文」を入れることでこの問題を回避できます（青い文字の部分）。

```
if(条件式) {
  RequestDispatcher dispatcher = request.getRequestDispatcher(
      "a.jsp");
  dispatcher.forward(request, response);
  return;
}
RequestDispatcher dispatcher = request.getRequestDispatcher("/b.jsp");
```

475

```
dispatcher.forward(request, response);
```

5 ClassCastException が発生する

症状 スコープからインスタンスを取得すると、ClassCastException が発生する。

原因 インスタンスのキャスト（型変換）に失敗しています。たとえば、セッションスコープに model.User インスタンスが属性名「user」で設定されている場合、次のコードを実行すると発生します。

```
String user = (String) session.getAttribute("user");
```

対応 キャストで指定する型を次のいずれかにします。

- getAttribute() メソッドで取得するインスタンスと同じ型
- getAttribute() メソッドで取得するインスタンスのスーパークラスの型
- getAttribute() メソッドで取得するインスタンスのインタフェースの型

6 NullPointerException が発生する

症状 スコープから取得したインスタンスを利用すると、NullPointerException が発生する。

原因 null に対して、フィールドやメソッドの操作を行っています。たとえば、セッションスコープに model.User インスタンスが属性名「user」で設定されているにも関わらず「User」で取り出そうとした次のコードを実行すると発生します。

```
User user = (User) session.getAttribute("User");  ── null が user に代入される
user.getName();
```

対応 getAttribute() メソッドの引数で指定する属性名は、setAttribute() メソッドの引数で指定した属性名と完全に一致するようにします。

7 UnsupportedEncodingException が発生する

症状 サーブレットクラスや JSP ファイルを実行すると、UnsupportedEncoding Exception が発生する。

原因 文字コードを指定する箇所で、Java でサポートしていない文字コードを指定しています。多くの場合は、文字コード指定のスペルミスが原因です。

```
response.setContentType("text/html; charset=UFT-9");
```
「UTF-8」を間違った

対応 Java でサポートしている文字コードに修正します。

8 NotSerializableException が発生する

症状 サーバの起動時や実行中に、NotSerializableException が発生し「永続記憶装置からセッションをロード中の例外です」というメッセージが表示される。

原因 セッションスコープに保存されているインスタンスの直列化に失敗しています。

対応 セッションスコープに保存するインスタンスは直列化可能にします。

参照 コラム「セッションスコープと直列化」(P240)

9 ELException が発生する

症状 EL 式を含んだ JSP ファイルを実行すると、ELException が発生する。

原因 EL 式に関係した問題が発生しています。多くの場合は、EL 式の文法を誤って記述したのが原因です。

```
${user.name
```
}を忘れた

対応 メッセージを手がかりに、原因を探して問題を修正します。この例の場合、次のメッセージが表示されます。

```
javax.el.ELException: Failed to parse the expression [${user.name]
```

10 PropertyNotFoundException が発生する

症状 EL 式を含んだ JSP ファイルを実行すると、PropertyNotFoundException が発生する。

原因 EL 式で指定したインスタンスに指定したプロパティがありません。多く

の場合は、getter メソッドの不足が原因です。

${user.name}]━ 属性名 "user" のインスタンスに getName() メソッドがない

対応 EL 式で指定したプロパティの名前が正しいかを確認します。問題ない場合、EL 式で指定したインスタンスのクラスに getter メソッドを追加します。

　メッセージから getter メソッドを追加するクラスと getter が必要なプロパティを確認することができます。この例の場合、次のメッセージが表示されます。

javax.el.PropertyNotFoundException: Property 'name' not found on type model.User]━ model.User クラスに getName() メソッドを定義する

参照 12.2.2 項

11 ClassNotFoundException が発生する

症状 JDBC ドライバを利用したプログラムを実行すると、ClassNotFoundException が発生する。

原因 JDBC ドライバがクラスパスに追加されていません。

対応 <Apache Tomcat ディレクトリ >/lib に JDBC ドライバが配置されているかを確認します。

参照 13.1.2、13.1.3 項

C.2.7　例外が発生する　− JdbcSQLException

　この項に出てくる「JdbcSQLException」は java.sql.SQLException を継承しています。このクラスは H2 Database 用の JDBC ドライバに含まれている例外クラスで、H2 Database を Java プログラムから利用している際に問題が起こると発生します。

　以降の各トラブルシューティングは、データベースに H2 Database を使用していることを前提に解説します。

付録 C　エラー解決・虎の巻

1 JdbcSQLException が発生する

症状 Java プログラムからデータベースを利用すると、JdbcSQLException が発生する。

原因 プログラムからの H2 Database の利用方法に誤りがあります。

対応 メッセージを手がかりに、原因を探して修正します。代表的なメッセージには、以下のものがあります。

- データベースが使用中です（C.2.7 の 2）
- ユーザー名またはパスワードが不正です（C.2.7 の 3）
- パラメータ "#x" がセットされていません（C.2.7 の 4）
- プリペアドステートメントにこのメソッドは許されていません（C.2.7 の 5）
- SQL ステートメントに文法エラーがあります（C.2.7 の 6）
- テーブル "XXX" が見つかりません（C.2.7 の 7）
- 列 "xxxx" が見つかりません（C.2.7 の 8、9）
- データ変換中にエラーが発生しました（C.2.7 の 10）

2 JdbcSQLException（データベースが使用中）が発生する

症状 データベースに接続するために DriverManager の getConnection() メソッドを使用すると、JdbcSQLException が発生し「データベースが使用中です」というメッセージが表示される。

原因 H2 Database が同時接続を許可しない「組み込み（Embedded）モード」の状態で、他の Java プログラムやアプリケーションがすでに接続をしています。

対応 H2 コンソールで、H2 Database に接続している Java プログラムやアプリケーションを以下の手順で切断し、サーバーモードで起動し直します。

① 「設定」をクリックして「H2 コンソール設定」を開く（次ページ図 C-9 左）。
② 「アクティブセッション」欄の「シャットダウン」をクリックする（図 C-9 右）。

付録
C

479

付録

図 C-9 「H2 コンソール」でのアクティブセッションの切断

❸ JdbcSQLException（ユーザー名またはパスワードが不正）が発生する

症状 データベースに接続するために DriverManager の getConnection() メソッドを使用すると、JdbcSQLException が発生し「ユーザー名またはパスワードが不正です」というメッセージが表示される。

原因 データベースに登録されていないユーザー名またはパスワードで接続しています。

対応 DriverManager の getConnection() メソッドで指定しているユーザー名とパスワードを修正します。

```
Connection conn =
  DriverManager.getConnection(JDBC URL,ユーザ名,パスワード);
```

データベースによって初期ユーザーが異なります。H2 Database では、「sa」というユーザーが、パスワードは「なし」で登録されているので、本書はそれを指定しています。

参照 13.1.3 項

付録C　エラー解決・虎の巻

❹ JdbcSQLException（パラメータがセットされていません）が発生する

症状 SQL を実行するために PreparedStatement の executeQuery() または executeUpdate() メソッドを使用すると、JdbcSQLException が発生し「パラメータ "#x" がセットされていません」というメッセージが表示される。

原因 SQL に使用したパラメータ「?」の値を設定せずに、SQL を実行しています。

対応 PreparedStatement の setXxx() メソッドを追加して、値が設定されていないパラメータに値を設定します。値が設定されていないパラメータは、メッセージ中の「"#x"」で確認することができます。たとえば、メッセージが「パラメータ "#2" がセットされていません」である場合、次のコードのように 2 つ目のパラメータに値が設定されていません。

```
String sql = "INSERT INTO mutter (name, text) VALUES (?, ?)";
PreparedStatement pStmt = conn.prepareStatement(sql);
pStmt.setString(1, "湊 雄輔")
int result = pStmt.executeUpdate();
```

❺ JdbcSQLException（このメソッドは許されていません）が発生する

症状 SQL を実行するために PreparedStatement の executeQuery() または executeUpdate() メソッドを使用すると、JdbcSQLException が発生し「プリペアドステートメントにこのメソッドは許されていません」というメッセージが表示される。

原因 PreparedStatement の executeQuery() または executeUpdate() メソッドの引数に SQL を指定しています。

対応 PreparedStatement の executeQuery() または executeUpdate() メソッドの引数を削除します。

❻ JdbcSQLException（SQL ステートメントに文法エラー）が発生する

症状 SQL を実行するために PreparedStatement の executeQuery() または executeUpdate() メソッドを使用すると、JdbcSQLException が発生し「SQL ステートメントに文法エラーがあります」というメッセージが表示される。

原因 PreparedStatement の executeQuery() または executeUpdate() メソッドの引数の SQL に文法エラーがあります。

付録C

481

付録

対応 メッセージを参照して、SQL を修正します。H2 Database の場合、誤りと思われる箇所に [*] が付けられます。

・SELECT 文を誤った例（FROM のスペルミス）

```
org.h2.jdbc.JdbcSQLException: SQLステートメントに文法エラーがあります
"SELECT NAME , TEXT  FORM[*] MUTTER ORDER BY ID DESC "
```

❼ JdbcSQLException（テーブル"XXX"が見つかりません）が発生する

症状 SQL を実行するために PreparedStatement の executeQuery() またはexecuteUpdate() メソッドを使用すると、JdbcSQLException が発生し「テーブル"XXX" が見つかりません」というメッセージが表示される（「XXX」はテーブル名）。

原因 接続先データベースを間違っています。または、データベースにないテーブルを SQL で指定しています。

対応 まず、DriverManager の getConnection() メソッドで指定する接続先データベースの指定（JDBC URL）が正しいかを確認します（図 C-10）。指定すべきJDBC URL は「H2 コンソール」の画面で調べることができます。

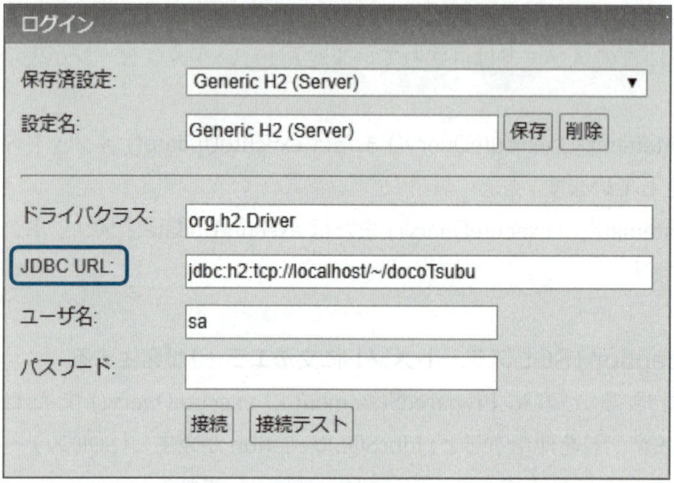

図 C-10　JDBC URL

482

付録 C　エラー解決・虎の巻

　接続するデータベースに誤りがない場合、SQL で指定したテーブル名に誤りがないか確認します。

参照 13.1.3 項

8 JdbcSQLException（列 "XXX" が見つかりません）が発生する（その 1）

症状 SQL を 実 行 す る た め に PreparedStatement の executeQuery() ま た は executeUpdate() メソッドを使用すると、JdbcSQLException が発生し「列 "XXX" が見つかりません」というメッセージが表示される（「XXX」は列名）。

原因 テーブルに存在しない列を SQL で指定しています。

対応 SQL で指定した列名に誤りがないか確認します。

9 JdbcSQLException（列 "XXX" が見つかりません）が発生する（その 2）

症状 SELECT 文の結果を取得するために ResultSet の getXxx メソッド（get String() メソッドや getInt() メソッドなど）を使用すると、JdbcSQLException が発生し「列 "XXX" が見つかりません」というメッセージが表示される（「XXX」は列名）。

原因 結果表にない列を指定しています。

対応 ResultSet の getXxx() メソッドの引数で指定する列名に誤りがないか確認します。

10 JdbcSQLException（データ変換中のエラー）が発生する

症状 SELECT 文の結果を取得するために ResultSet の getXxx メソッド（get String() メソッドや getInt() メソッドなど）を使用すると、JdbcSQLException が発生し「データ変換中にエラーが発生しました」というメッセージが表示される。

原因 ResultSet の getXxx() メソッドが、引数で指定した列の型に対応していません。

対応 getXxx() メソッドを引数で指定する列の型に対応するように修正します。たとえば、引数で指定した列の型が文字列型（VARCHAR、CHAR、TEXT など）の場合は getString() メソッドを使用し、引数で指定した列の型が整数型（SMALLINT、INT など）の場合は getInt() メソッドを使用します。

付録
C

483

付録 D

補足

この付録では本編の補足的な内容を紹介します。知らなければ学習を進めることができないという内容ではありませんがひととおり学習を済ませた後に目を通して、理解を深めるために役立ててください。

CONTENTS

D.1 Java EE の基礎知識
D.2 Web アプリケーションとデプロイ
D.3 リクエスト先の指定方法
D.4 本書のデータベース環境を構築

D.1 Java EE の基礎知識

D.1.1 Java EE とは

　Java の勉強をした多くの方は、Java SE（Standard Edition）をインストールしたと思います。これはコンソールアプリケーションなどの PC 上で動くアプリケーションを作成するために必要なものです。

　しかし、本書で学習する**サーブレットや JSP による Web アプリケーションを作成するには、この Java SE に加え「Java EE（Enterprise Edition）」も必要**です。Java EE とは、企業の基幹システムのような大規模システムを開発するための機能セットで、サーブレット／ JSP はこの Java EE に含まれる機能の 1 つです。

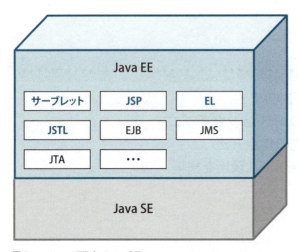

図 D-1　Java EE と Java SE

　Java EE の機能はアプリケーションサーバが提供しているので、アプリケーションサーバをインストールすれば入手できます。たとえば、本書で使用する Apache Tomcat をインストールすれば別途インストールする必要はありません。また Java SE は Eclipse に含まれているので、こちらも別途インストールする必

付録 D　補足

要はありません。つまり Pleiades をインストールすることで Java SE と Java EE の用意はできていることになります。

D.1.2　Java EE の仕様と実装

　厳密には、Java EE は仕様（規格）の集まりです。Java EE の仕様の実現（実装）はアプリケーションサーバが行っています。そのため、アプリケーションサーバをインストールすることで Java EE の機能が利用可能になります。

　本書で使用している Apache Tomcat は、Java EE のすべての仕様は実装していません。そのため、Apache Tomcat を使用する場合は、Java EE のすべてを利用できるわけではないことに注意してください。たとえば、JSTL は Java EE の仕様の一部ですが、Apache Tomcat が実装していないため、実装を追加しないと利用できません。

　Java EE のすべての仕様を実現しているアプリケーションサーバを、特に「Java EE アプリケーションサーバ」と呼び、「GlassFish（オラクル）」、「WebSphere Application Server（IBM）」などが有名です。

Java EE から Jakarta EE へ

　Java EE の仕様策定はオラクルが取りまとめていましたが、2018 年 2 月に Eclipse 財団に移管されました。それに伴い名称が Java EE から Jakarta EE に変更されました。2018 年中は、移管作業が中心でまだ大きな仕様変更はありませんが、今後の EE の仕様に関する変更については Eclipse 財団の発表をチェックする必要があります。

D.1.3　サーブレット／ JSP のバージョン

　サーブレット／ JSP にはバージョンがあります。バージョンが違うとサーブレットや JSP で使用できる機能や構文が異なります。たとえば、フィルタはサーブレット 2.3 以上、リスナーはサーブレット 2.4 以上、EL 式は JSP 2.0 以上でしか使用できません。

付録
D

487

付録

　どのバージョンが使用できるかは、アプリケーションサーバによって決まります（表 D-1）。たとえば、Apache Tomcat の 9.x を使用した場合は、サーブレットのバージョンは 4.0、JSP のバージョンは 2.3 が使用できます（ただし、Apache Tomcat 9.x を使用するには、Java SE のバージョンが 8 以上である必要があります）。

表 D-1　Apache Tomcat のバージョンとサーブレット／ JSP のバージョン

Apache Tomcat のバージョン	サーブレットの バージョン	JSP のバージョン	サポートしている Java SE のバージョン
9.0.x	4.0	2.3	8 以上
8.5.x	3.1	2.3	7 以上
8.0.x	3.1	2.3	7 以上
7.0.x	3.0	2.2	6 以上
6.0.x	2.5	2.1	5 以上
5.5.x	2.4	2.0	1.4 以上
4.1.x	2.3	1.2	1.3 以上
3.3.x	2.1	1.1	1.1 以上

　学習の環境では最新バージョンのアプリケーションサーバが使用できますが、開発現場では最新のバージョンを使うとは限りません。むしろ少し古いバージョンを使用していることが多いようです。**開発に参加する場合は、サーブレットや JSP のバージョンを必ず確認するようにしましょう。**

D.2 Web アプリケーションとデプロイ

D.2.1　Web アプリケーションのディレクトリ構成と動的 Web プロジェクト

アプリケーションサーバは Java EE の仕様によって定められているディレクトリ構成に従ってファイルを配置した Web アプリケーションしか動作させることはできません（図 D-2）。

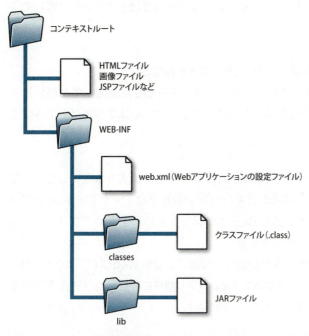

図 D-2　Java EE 仕様が定める Web アプリケーションのディレクトリ構成

　Web アプリケーションの最上位のディレクトリを**コンテキストルート**と呼びます。このコンテキストルート以下に、Web アプリケーションに関する以下のファイルを決められた構成で配置します。

付録

・web.xml

Web アプリケーションの設定ファイルです。WEB-INF 直下に配置する必要が
あります。本書では使用していません。

・Java のクラスファイル

サーブレットクラスや通常のクラスをコンパイルすることで生成されるクラス
ファイル（拡張子が「.class」のファイル）は、WEB-INF/classes に配置します。

・JAR ファイル

JSTL のタグライブラリなどの JAR ファイルは、WEB-INF/lib に配置します（自
動的にクラスパスが通ります）。JAR ファイルについては D.2.3 項を参照してく
ださい。

・HTML ファイル／画像ファイル／ JSP ファイルなど

これらのファイルはコンテキストルート以下ならどこに配置しても構いませ
ん。ただし WEB-INF 以下に配置した場合、ブラウザからはリクエストできなく
なります。

動的 Web プロジェクトは上記のようなディレクトリ構成ではないことに、気
付いた方もいるでしょう。厳密に言えば「動的 Web プロジェクト＝ Web アプリ
ケーション」ではないため、動的 Web プロジェクトのままではアプリケーショ
ンサーバ上で実行することはできません。

そこで Eclipse では、サーバを起動する際などに**動的 Web プロジェクトに含ま
れる各ファイルを、Java EE が定めたディレクトリ構成に変換**したフォルダを別途
作り、それを実行しています（次ページ図 D-3）。

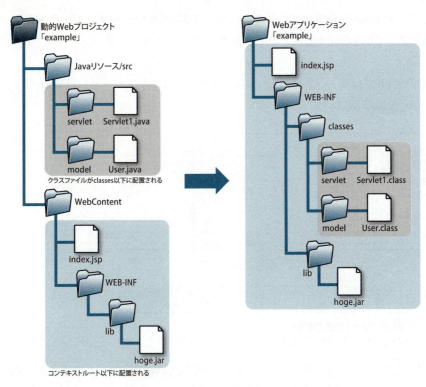

図 D-3　動的 Web プロジェクトと Web アプリケーション

D.2.2　Web アプリケーションのデプロイと WAR ファイル

　Web アプリケーションをアプリケーションサーバに登録して利用できるようにすることを**デプロイ（配備）**といいます。ざっくり言えば、アプリケーションサーバに Web アプリケーションをインストールする作業です。

　デプロイする Web アプリケーションは、図 D-2 のディレクトリ構成のままでも構いませんが、一般的には単一の **WAR（Web Application Resources）ファイル**にまとめます。このファイルは JDK に標準で付いてくる「jar コマンド」で作成することができます。たとえば、c:¥work にある Web アプリケーション「example」を WAR ファイルにする場合、次のように記述します。

```
C:¥work¥example> jar cvf example.war *
```

また、Eclipseを使用している場合、次の手順で動的WebプロジェクトからWARファイルを作成することができます。

①動的Webプロジェクトを選択→「右クリック」→「エクスポート」→「WARファイル」を選択（図D-4）。

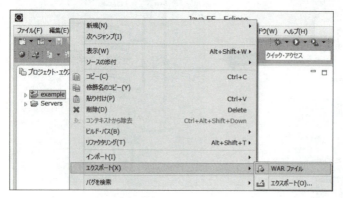

図D-4　WARファイルの出力を開始

②開いた画面で、宛先の横の「参照」ボタンを押し、WARファイルの出力先を指定して、「完了」ボタンを押す（図D-5）。

図D-5　WARファイルの出力（出力先の指定）

付録 D　補足

　WAR ファイルをデプロイする方法はアプリケーションサーバによって違いますが、一般的には次に挙げるような手段を使います。

・Web アプリケーション管理ツール

　一般的なアプリケーションサーバに付属している Web アプリケーションの管理を行うツールを利用します。たとえば Apache Tomcat の場合「Tomcat Web アプリケーションマネージャ」という Web アプリケーションが付属しており、デプロイやデプロイの解除をブラウザ上で行うことができます（図 D-6）。

　ツールやその使い方は製品によって異なるので、マニュアルを参照してください。

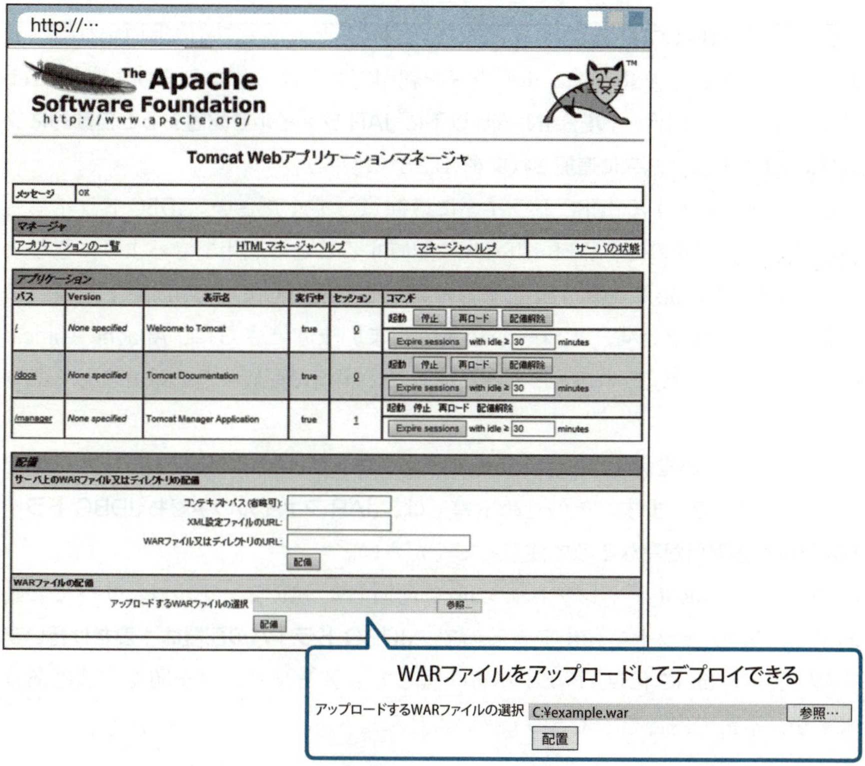

図 D-6　Tomcat Web アプリケーションマネージャ

付録

・ホットデプロイ機能

アプリケーションサーバが定める特定のディレクトリに WAR ファイルを配置するだけで自動的にデプロイされる機能です。WAR ファイルを配置するディレクトリは製品により異なりますが、Apache Tomcat の場合は「<Apache Tomcat ディレクトリ >¥webapps」と定められています。

D.2.3 　 JAR ファイル

JAR ファイルとは、クラスやインタフェースをまとめて格納したファイルです。JAR ファイルをクラスパスに追加すると、JAR ファイルに格納されているクラスやインタフェースを利用することができます。

Eclipse を利用している場合、プロジェクトの「ビルドパス」に追加すれば、そのプロジェクトで JAR ファイルの内容を利用できるようになります。動的 Web プロジェクトの場合、**WEB-INF/lib 以下に JAR ファイルを配置すると自動的にプロジェクトのビルドパスに追加されます** (D.2.1 項参照)。

第 13 章で使用する JDBC ドライバには注意してください。JDBC ドライバも JAR ファイルですので、WEB-INF/lib に配置することで利用できるようになりますが、WEB-INF/lib に配置すると本書のコードで使用している JDBC ドライバの自動ロードが機能せず、エラーが起きてしまいます。さらに、Apache Tomcat がメモリリークを起こすことがあるため、この場所に配置するのは好ましくありません。

JDBC ドライバを <Apache Tomcat ディレクトリ >/lib に配置することで上記の問題を解決できます。そのため本書では、**JAR ファイルの中でも JDBC ドライバだけは配置場所が異なる**ので注意してください。

<Apache Tomcat ディレクトリ >/lib に配置した JAR ファイルは、すべての動的 Web プロジェクトで使用できるので、**JDBC ドライバの配置は 1 度だけ行います** (WEB-INF/lib に JDBC ドライバを配置してもメモリリークを防ぐ方法はありますが、本書の内容を超えるので扱いません)。

付録 D　補足

D.3　リクエスト先の指定方法

D.3.1　指定方法の種類

　第1章で紹介したリンク、第5章で紹介したフォーム、第6章で紹介したリダイレクトでは、次のようにリクエスト先の URL を指定する必要があります。

・リンク先の指定

```
<a href="リクエスト (リンク)先">…</a>
```

・フォームの送信先の指定

```
<form action="リクエスト (送信)先">…</form>
```

・リダイレクト先の指定

```
response.sendRedirect("リダイレクト先");
```

　この「リクエスト先 URL」の記述方法には、次の3つがあります。

①絶対 URL
②相対 URL
③ルート相対 URL（本書で使用している方法）

　本書では主に③の方法を紹介して使用していますが、各方法には一長一短があるので、どの方法でもリクエスト先を指定できるようにしておくとよいでしょう。

付録
D

495

D.3.2 絶対 URL を使って指定する方法

リクエスト先を「http://〜」から始まる完全な URL で指定する方法です。ブラウザでサーブレットクラスや JSP ファイルをリクエストするときに、アドレスバーに指定する URL をそのまま使用します。

絶対 URL の書式

http://<サーバ>/<アプリケーション名>/<パス>

※<パス>の書き方はリクエスト先によって異なる。

　　・サーブレットクラスの場合　　　　　：URL パターン
　　・JSP ファイル／ HTML ファイルの場合：WebContent からのパス

・絶対 URL を使ってリンクのリクエスト先を指定する例

```
<a href= "http://localhost:8080/exmaple/SampleServlet">リンク</a>
```

他の方法に比べ記述が長くなりますが、リクエスト先のサーバの指定ができるので、**リクエスト元と異なるサーバに対してリクエストすることができます**。

D.3.3 相対 URL 指定を使って指定する方法

リクエスト元の URL を基準にしてリクエスト先を指定する方法です。

相対 URL の書式

<リクエスト元のURLを基準にしたパス>

次ページ図 D-7 は、リクエスト元「http://localhost:8080/example/index.jsp」でのパスの書き方により、リクエスト先がどう変化するかを表したものです。

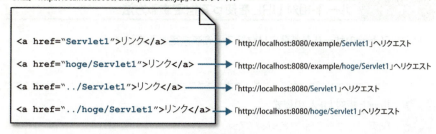

図 D-7 相対 URL を使ってリンクのリクエスト先を指定する例

なお、JSP ファイルがサーブレットクラスからフォワードされている場合、サーブレットクラスの URL が基準になるので注意しましょう（図 D-8）。

■サーブレットクラスのURLが「http://localhost:8080/example/Servlet1」の場合

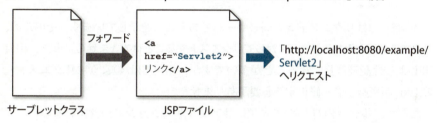

■サーブレットクラスのURLが「http://localhost:8080/example/hoge/Servlet1」の場合

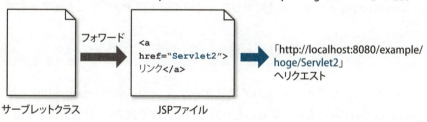

図 D-8 フォワードと相対 URL 指定

絶対 URL を使用した指定に比べて記述は短くなりますが、**リクエスト元と異なるサーバをリクエスト先にすることはできません**。また、リクエスト元 URL の変更に伴いリクエスト先の指定の修正が必要になることがあります。

D.3.4　ルート相対 URL を使って指定する方法

リクエスト元のサーバを基準にリクエスト先を指定する方法です。

ルート相対 URL の書式

/<アプリケーション名>/<パス>

※先頭は「/」から始める。

※<パス>の書き方はリクエスト先によって異なる。

・サーブレットクラスの場合　　　　　：URL パターン

・JSP ファイル／ HTML ファイルの場合：WebContent からのパス

先頭の「/」はリクエスト元と同じサーバであることを示しています。そのため、**リクエスト元と異なるサーバに対してリクエストすることはできません**。また、相対 URL よりは記述は長くなることが多いですが、相対 URL のようにリクエスト元の URL が変わっても修正する必要がありません。

ただし、ルート相対 URL の先頭にはアプリケーション名が含まれるので、アプリケーションの名前が変更されると修正が必要となります。この手間が懸念される場合、次のように「/ アプリケーション名」を返す HttpServletRequest の getContextPath() メソッドを使用することで修正の手間をなくすことができます。

```
<a href="<%= request.getContextPath() %>/Servlet1">リンク</a>
```

上記の場合、リクエスト元のアプリケーションの名前が「example」ならば、「/example/Servlet1」と指定することと同じ結果になります。

EL 式を使用する場合、次のように、コンテキストパスに EL 式の暗黙オブジェクト「pageContext」を使用すれば取得できます。

```
<a href="${pageContext.request.contextPath}/Servlet1">リンク</a>
```

D.4 本書のデータベース環境を構築

D.4.1 テーブルを作成する

第13章P379では、図13-3の環境を作成する作業について解説しています。ここでは、その際に使用するSQLを紹介します。

まず、データベース「example」にテーブル「EMPLOYEE」を作成するには、SQLの「CREATE TABLE文」を使用します。

CREATE TABLE文の基本構文（テーブルを作成）

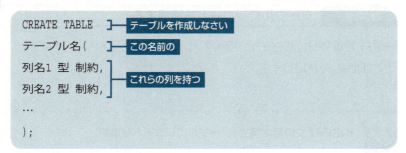

※「型」で列に格納できる値の種類（整数、文字列、日付など）を指定する。
※「制約」を指定すると、格納する値に制限をかけることができる。

図13-3のEMPLOYEEテーブルを作成するCREATE TABLE文は次のようになります。

```
CREATE TABLE EMPLOYEE (
  ID    CHAR(6) PRIMARY KEY,
  NAME VARCHAR(100) NOT NULL,
```

```
    AGE    INT NOT NULL
);
```

型と制約の指定によって、各列に格納できる値は次のようになります。

- ID 列　　：常に 6 桁の文字列。他のレコードと重複する値や NULL（空）は不可。
- NAME 列：最大 100 桁の文字列。NULL は不可。
- AGE 列　：整数。NULL は不可。

ID 列の値には重複が許されないので、この列の値を指定すると、あるレコードを完全に特定することができます。このような列のことを「**主キー**」といいます。**一般的にテーブルには主キーとなる列を持たせます。**

D.4.2　テーブルにレコードを追加する

テーブル「EMPLOYEE」にデータ（レコード）を追加する作業では、SQL の「INSERT 文」を使用します。

INSERT 文の基本構文（テーブルにレコードを追加）

※値が文字列の場合はシングルクォーテーションで囲む。

図 13-3（P379）の「EMPLOYEE（従業員）」テーブルにあるレコードを追加する INSERT 文は次のようになります。

```
INSERT INTO EMPLOYEE (ID, NAME, AGE)
            VALUES ('EMP001', '湊 雄輔', 23);
INSERT INTO EMPLOYEE (ID, NAME, AGE)
            VALUES ('EMP002', '綾部 みゆき', 22);
```

D.4.3　SELECT文でレコードを検索

図13-4に出てくる「SELECT ID, NAME, AGE FROM EMPLOYEE」はテーブルのレコードを検索するSQL文です。

SELECT文の基本構文（テーブルからレコードを検索）

※列名に「*（アスタリスク）」指定した場合、すべての列の値が取得される。

D.4.4　どこつぶ専用データベースを作成

最後に、動的Webプロジェクト「docoTsubu」の準備①〜③（P396）について解説します。

①でどこつぶ専用のデータベース「docoTsubu」を作成したら、②では次の「CREATE TABLE文」を使用してMUTTERテーブルを作成します。

```
CREATE TABLE MUTTER (
  ID    INT PRIMARY KEY AUTO_INCREMENT,
  NAME VARCHAR(100) NOT NULL,
  TEXT VARCHAR(255) NOT NULL
```

付録

```
);
```

AUTO_INCREMENT を指定すると、その列の値には自動で連番が格納されます。

MUTTER テーブルを作成したら、③では次の INSERT 文を使用してレコードを追加します。ID 列は自動連番の値が格納されるため指定する必要がありません。

```
INSERT INTO MUTTER (NAME, TEXT) VALUES ('湊', '今日は休みだ');
INSERT INTO MUTTER (NAME, TEXT) VALUES ('綾部', 'いいな〜');
```

H2 Database で SQL を実行する手順については付録 A を参照してください。

INDEX

記号

<% ～ %>	→スクリプトレット
<%-- ～ --%>	→ JSP コメント
<%= ～ %>	→スクリプト式
<%@ include file= ～ %>	→ include ディレクティブ
<%@ page ～ %>	→ page ディレクティブ
@SuppressWarnings アノテーション	459
<%@ taglib ～ %>	→ taglib ディレクティブ
@WebFilter アノテーション	333
@WebListener アノテーション	327
@WebServlet アノテーション	89

番号

404 ページ	72, 461
405 ページ	149, 462
500 ページ	97, 462

A

action 属性	135
applicationScope 暗黙オブジェクト（EL 式）	354
application 暗黙オブジェクト	251
ArrayList クラス	270
<a> タグ	37

B

BO	426
<body> タグ	31
border 属性	39
  タグ	37

C

<c:choose> タグ	364
<c:forEach> タグ	366
<c:if> タグ	364
ClassCastException 例外	476
ClassNotFoundException 例外	478
Connection インタフェース	380

503

contentType 属性 …………………… 116	
Content-Type ヘッダ………………… 57	
contextDestroyed() メソッド ………… 328	
contextInitialized() メソッド ………… 328	
Core タグライブラリ ………………… 361	
<c:out> タグ ………………………… 363	
CREATE TABLE 文 ………………… 499	
CSS ………………………………… 45	

D

DAO ……………………………… 387, 426
　―パターン ………………………… 387
DBMS ………… →データベース管理システム
DELETE 文 ………………………… 378
destroy() メソッド ………………… 314, 334
DOA ……………… →データ中心アプローチ
DOCTYPE 宣言 ……………………… 32
doFilter() メソッド ………………… 335
doGet() メソッド …………………… 84
doPost() メソッド …………………… 92
DriverManager クラス ……………… 380

E

ELException 例外 …………………… 477
EL 式 ………………………………… 351
　―の暗黙オブジェクト ……………… 354
empty 演算子 ………………………… 357
Entity ……………………………… 427

F

Filter インタフェース ………………… 334
<form> タグ ………………………… 135
forward() メソッド ………………… 170

G

GC ……………………→ガベージコレクション
getAttribute() メソッド …… 198, 221, 251
getParameter() メソッド…………… 142
getRequestDispatcher メソッド……… 170
getServletContext() メソッド …… 250, 328
getSession() メソッド ……………… 220
getWriter() メソッド………………… 86
GET リクエスト ……………………… 56
GoF ………………………→デザインパターン

H

<h1> タグ…………………………… 37
<head> タグ………………………… 31
hidden パラメータ …………………… 154
href 属性 …………………………… 37
HTML………………………………… 23
HTML コメント ……………………… 118
<html> タグ ………………………… 31
HTML ファイル ……………………… 34
HTML リファレンス ………………… 44
HTTP ………………………………… 54
　―ステータスコード ……→ステータスコード
HttpServletRequest インタフェース
……………………………… 84, 197
HttpServletResponse インタフェース
…………………………………… 84
HttpServlet クラス ………………… 83
HttpSession インタフェース ………… 219

I

IDE …………………………………… 65
IllegalStateException 例外 …………… 475
import 属性 ………………………… 117
include ディレクティブ ……………… 347
include() メソッド…………………… 343

init() メソッド	314, 334		
`<input>` タグ	134		
INSERT 文	378, 500		
invalidate() メソッド	238		

J

J2EE	→デザインパターン
Jakarta EE	487
JAR ファイル	381, 494
JasperException 例外	473
JavaBeans	191
Java EE	101, 486
java.io.Serializable インタフェース	192
java.sql パッケージ	380
javax.servlet.annotation パッケージ	89
javax.servlet.http パッケージ	84
javax.servlet パッケージ	84
JdbcSQLException 例外	478
JDBC ドライバ	381
JDBC プログラム	381
JSP	60
`<jsp:include>` タグ	344
JSP コメント	115
JSP ファイル	108
JSTL	360
JUnit	435

L

List インタフェース	270

M

`<meta>` タグ	37
method 属性	135
MVC モデル	164

N

not empty 演算子	357
NotSerializableException 例外	477
NullPointerException 例外	476

O

OOAD	→オブジェクト指向分析／設計
`<option>` タグ	158
out 暗黙オブジェクト	146

P

page ディレクティブ	115
param 暗黙オブジェクト (EL 式)	354
POST リクエスト	56
PreparedStatement インタフェース	380
PrintWriter クラス	86
PropertyNotFoundException 例外	356, 477
`<p>` タグ	37

R

RDB	→リレーショナルデータベース
removeAttribute() メソッド	222, 251
RequestDispatcher インタフェース	170, 343
requestScope 暗黙オブジェクト（EL 式）	354
request 暗黙オブジェクト	145, 199
ResultSet インタフェース	380

S

`<select>` タグ	158
SELECT 文	378, 501
sendRedirect() メソッド	177

505

ServletContextEvent クラス ………… 328
ServletContextListener インタフェース
………………………………………… 326
ServletContext インタフェース ……… 249
sessionScope 暗黙オブジェクト（EL 式）
………………………………………… 354
session 暗黙オブジェクト ………… 222
setAttribute() メソッド …… 197, 221, 250
setContentType() メソッド ………… 85
SQL ………………………………… 377
SQLException 例外 ………………… 380
SSL ………………………………… 140
style 属性 ………………………… 45

T

\<table\> タグ ………………………… 39
taglib ディレクティブ …………… 361
\<td\> タグ …………………………… 39
\<textarea\> タグ …………………… 158
\<th\> タグ …………………………… 39
\<title\> タグ ………………………… 37
\<tr\> タグ …………………………… 39

U

UnsupportedEncodingException 例外
………………………………………… 476
UPDATE 文 ………………………… 378
URL ………………………………… 53
　絶対— …………………………… 496
　相対— …………………………… 496
　ルート相対— …………………… 498
URL エンコード …………………… 136
URL パターン ……………………… 88

W

W3C ………………………………… 32

WAR ファイル ……………………… 491
WEB-INF ディレクトリ …………… 171
web.xml ファイル …………………… 92
Web アプリケーションサーバ
………………………… →アプリケーションサーバ
Web サーバ ………………………… 52
Web ブラウザ ……………………… →ブラウザ

X

XSS ………… →クロスサイトスクリプティング

あ

アクションタグ …………………… 345
　標準— …………………………… 345
アトリビュート …………………… →属性
アノテーション …………………… 89
アプリケーションサーバ ………… 62
アプリケーションスコープ ……… 246
暗黙オブジェクト ………………… 145
　EL 式の— ……………………… 354

い

イベント …………………………… 325

え

エレメント ………………………… →要素

お

オートリロード …………………… 248
オブジェクト指向分析／設計 …… 416

か

開始タグ …………………………… 27

カスタムタグ	360	上流工程	428
型変換	→キャスト	ショルダーハッキング	140
ガベージコレクション	237	シリアライズ	→直列化
画面遷移図	421		
空要素	28		

す

		スクリプト	112
		スクリプト式	114

き

機能要件	416	スクリプトレット	113
基本アーキテクチャ図	425	スコープ	189
キャスト	198	アプリケーション—	246
行	→レコード	セッション—	218
		リクエスト—	196
		スタックトレース	459

く

クッキー	235	ステータスコード	57
クロスサイトスクリプティング	364	ステータスライン	56
		ステートフル	239
		ステートレス	239

こ

		スレッド	260, 323
コネクションプーリング	395		
コンテキスト	265		

せ

コンテキストルート	489	正規表現	153
コントローラ	165	静的インクルード	347
コントロール	→部品	設計	416
		設計方法論	416

さ

		セッション ID	234
サーバービュー	248	セッションスコープ	218
サーバサイドプログラム	60	セッションタイムアウト	238
サーブレット	60	絶対 URL	496
サーブレットクラス	82	セレクトボックス	158
サーブレットコンテナ	62		
参照渡し	206		

そ

		送信ボタン	134

し

		相対 URL	496
終了タグ	27	属性	29
主キー	500	属性名	198

507

た

タグ	27
アクション—	345
タグライブラリ	360
Core—	362
単体テスト	435

ち

直列化	192, 240

て

データ中心アプローチ	416
データベース	376
データベース管理システム	377
データモデル	184
テーブル	377
—の設計	419
テキストエリア	158
テキストボックス	134
デザインパターン	388
GoF の—	389
J2EE—	389
デフォルトページ	274
デプロイ	491
テンプレート	112

と

統合開発環境	→ IDE
動的 Web プロジェクト	66
動的インクルード	342
ドロップダウンリスト	158

は

パースペクティブ	471
ハイパーリンク	37
配備	→デプロイ
配備記述子	→ web.xml ファイル

ひ

非機能要件	416
ビュー	165
表	→テーブル
標準アクションタグ	345

ふ

フィールド	321
フィルタ	330
—チェーン	332
フォーム	130
フォワード	169
フッター	342
部品	132
—の名前	133
プライマリーキー	→主キー
ブラウザ	23
プロジェクト	66
プロトコル	54
プロパティ	194

へ

ヘッダー	342

ほ

ポート番号	70
ホットデプロイ機能	494

も

文字コード	35
文字化け	42
モデル	165

ゆ

ユニットテスト	→単体テスト

よ

要件	414
機能—	416
非機能—	416
要素	27
空—	28

ら

ラジオボタン	134
ラッパークラス	190

り

リクエスト	53
GET—	56
POST—	56
—パラメータ	136
—メソッド	56
—ライン	56
リクエストスコープ	196
リクエストメソッド	56
リスナー	325
リダイレクト	176
リレーショナルデータベース	377
リンク	→ハイパーリンク

る

ルート相対 URL	498

れ

レコード	377
レスポンス	53

ろ

ロジックモデル	184

わ

ワークスペース	111

■著者
国本大悟（くにもと・だいご）

文学部・史学科卒。大学では漢文を読みつつ、IT 系技術を独学。会社でシステム開発やネットワーク・サーバ構築等に携わった後、フリーランスとして独立する。システムの提案、設計から開発を行う一方、プログラミングやネットワーク等の IT 研修に力を入れており、大規模 SIer やインフラ系企業での実績多数。

■監修・執筆協力
中山清喬（なかやま・きよたか）

株式会社フレアリンク代表取締役。IBM 内の先進技術部隊に所属しシステム構築現場を数多く支援。退職後も研究開発・技術適用支援・教育研修・執筆講演・コンサルティング等を通じ、「技術を味方につける経営」を支援。現役プログラマ。講義スタイルは「ふんわりスパルタ」。

飯田理恵子（いいだ・りえこ）

経営学部 情報管理学科卒。長年、大手金融グループの基幹系システムの開発と保守に SE として携わる。現在は株式会社フレアリンクにて、ソフトウェア開発、コンテンツ制作、経営企画などを通して技術の伝達を支援中。

■イラスト
高田ゲンキ（たかた・げんき）

神奈川県出身／ 1976 年生。東海大学文学部卒業後、デザイナー職を経て、2004 年よりフリーランス・イラストレーターとして活動。書籍・雑誌・web・広告等で活動中。
ホームページ　http://www.genki119.com

STAFF	
編集	石塚康世
	片元 諭
編集協力	坂井直美
イラスト	高田ゲンキ
DTP 制作	SeaGrape
カバーデザイン	阿部 修（G-Co.Inc.）
カバー制作	高橋結花・鈴木 薫
編集長	玉巻秀雄

「スッキリわかる」シリーズ

プログラミングの基礎はこの1冊でマスター！
スッキリわかるC言語入門

定価：本体 ¥2,700＋税
著者：中山清喬 著
A5判、752P
ISBN：978-4-295-00368-7

「なぜ?」「どうして?」にしっかりと答えながら解説を進めていく構成によって、「ポインタ」や「文字列操作」など、Cの学習でつまづきやすい部分が楽しく、グングン身に付きます。定番付録「エラー解決・虎の巻」も収録。学習用の開発環境は、複数のOSに対応し手軽に準備できる仮想化による学習環境を提供しています。

Javaの基本からオブジェクト指向までを「途中で挫折せず」学べる入門書
スッキリわかるJava入門 第2版

定価：本体 ¥2,600＋税
著者：中山清喬／国本大悟
A5判、658P　ISBN：978-4-8443-3638-9

豊富な図解で、初心者には理解しづらいオブジェクト指向を「ごまかさず、きちんと、分かりやすく」解説しました。本書読者専用のクラウドJava環境も用意。PCだけでなくスマートフォンなどでもJavaの学習が、いつでも、どこでも可能です。

Javaの開発現場で
即戦力になれる知識が身に付く！
スッキリわかるJava入門 実践編 第2版

定価：本体 ¥2,800＋税
著者：中山清喬
A5判、628P　ISBN：978-4-8443-3677-8

ラムダ式や日付APIの解説を増補してJava8に対応！Javaエンジニアとして最低限、現場で必要とされる周辺知識を易しく・楽しく・スッキリと分かりやすく解説。「Javaはマスターしたけれど、開発現場で必要とされる最低限の知識を身につけておきたい」という方にお勧めです。

現場で使えるSQLがドリルで
グングン身に付く！
スッキリわかるSQL入門 第2版 ドリル222問付き！

定価：本体 ¥2,800＋税
著者：中山清喬／飯田理恵子
監修：株式会社フレアリンク
A5判、488P　ISBN：978-4-295-00509-4

やさしく、楽しくデータベースとSQLに関する実践的な知識が学べる入門書です。手軽に取り組めるクラウド環境「dokoQL」と、徹底的にアウトプットを図る222問の巻末ドリルで、初学者でも現場で使える力がしっかり身に付きます。

 このマークがある書籍は「基本情報処理技術者試験」（略号：FE）の午後問題対策に有効です。

本書のご感想をぜひお寄せください
https://book.impress.co.jp/books/1118101130

読者登録サービス CLUB impress
アンケート回答者の中から、抽選で商品券（1万円分）や図書カード（1,000円分）などを毎月プレゼント。
当選は賞品の発送をもって代えさせていただきます。

■ 商品に関する問い合わせ先
インプレスブックスのお問い合わせフォームより入力してください。
https://book.impress.co.jp/info/
上記フォームがご利用頂けない場合のメールでの問い合わせ先
info@impress.co.jp

●本書の内容に関するご質問は、お問い合わせフォーム、メールまたは封書にて書名・ISBN・お名前・電話番号と該当するページや具体的な質問内容、お使いの動作環境などを明記のうえ、お問い合わせください。
●電話やFAX等でのご質問には対応しておりません。なお、本書の範囲を超える質問に関しましてはお答えできませんのでご了承ください。
●インプレスブックス（https://book.impress.co.jp/）では、本書を含めインプレスの出版物に関するサポート情報などを提供しておりますのでそちらもご覧ください。
●該当書籍の奥付に記載されている初版発行日から5年が経過した場合、もしくは該当書籍で紹介している製品やサービスについて提供会社によるサポートが終了した場合は、ご質問にお答えしかねる場合があります。

■ 落丁・乱丁本などの問い合わせ先
TEL 03-6837-5016　FAX 03-6837-5023
service@impress.co.jp
（受付時間／10:00-12:00、13:00-17:30 土日、祝祭日を除く）
●古書店で購入されたものについてはお取り替えできません。

■ 書店／販売店の窓口
株式会社インプレス 受注センター
TEL 048-449-8040
FAX 048-449-8041
株式会社インプレス 出版営業部
TEL 03-6837-4635

スッキリわかるサーブレット&JSP入門 第2版

2019年 3月21日　初版発行
2020年 2月21日　第1版第3刷発行

監　修　株式会社フレアリンク
著　者　国本大悟
発行人　小川　亨
編集人　高橋隆志
発行所　株式会社インプレス
　　　　〒101-0051 東京都千代田区神田神保町一丁目105番地
　　　　ホームページ　https://book.impress.co.jp/

本書は著作権法上の保護を受けています。本書の一部あるいは全部について（ソフトウェア及びプログラムを含む）、株式会社インプレスから文書による許諾を得ずに、いかなる方法においても無断で複写、複製することは禁じられています。

Copyright © 2019 Daigo Kunimoto. All rights reserved.

印刷所　日経印刷株式会社

ISBN978-4-295-00594-0　C3055
Printed in Japan